高等职业教育食品类专业系列教材

食品检验技术（感官评价部分）

（适合食品检验与质量控制技术专业）

汪浩明　主编

中国轻工业出版社

图书在版编目(CIP)数据

食品检验技术:感官评价部分/汪浩明主编.—北京:中国轻工业出版社,2019.11
高等职业教育食品类专业系列教材
ISBN 978-7-5019-5543-5

Ⅰ.食...　Ⅱ.汪...　Ⅲ.①食品检验-高等学校:技术学校-教材②食品感官评定-高等学校:技术学校-教材　Ⅳ.TS207.3

中国版本图书馆CIP数据核字(2006)第087498号

责任编辑:李亦兵　张　靓　秦　功
策划编辑:秦　功　　责任终审:孟寿萱　　封面设计:刘　鹏
版式设计:马金路　　责任校对:李　靖　　责任监印:张　可

出版发行:中国轻工业出版社(北京东长安街6号,邮编:100740)
印　　刷:北京君升印刷有限公司
经　　销:各地新华书店
版　　次:2019年11月第1版第11次印刷
开　　本:720×1000　1/16　印张:13
字　　数:257千字
书　　号:ISBN 978-7-5019-5543-5　　定价:26.00元
邮购电话:010—65241695
发行电话:010—85119835　传真:85113293
网　　址:http://www.chlip.com.cn
Email:club@chlip.com.cn

如发现图书残缺请与我社邮购联系调换

KG1033-051045

高等职业教育食品类专业系列教材
编审委员会成员名单

编写说明

随着生活水平的不断提高，人们对食品的要求已不仅仅满足于量的需要，而更注重质的要求，为此，食品质量鉴定与评价就显得更为重要，而感官鉴定与评价以其简单易行、方便快捷的不可替代性日益受到重视。

食品感官评定作为一门新兴学科，是近半个世纪随着现代生理学、心理学、统计学等多门学科的发展而逐步发展、成熟起来的，是一门交叉的边缘学科。在国内的《食品分析》教材中大多只是简略地介绍其方法，但其理论基础和技术要求、分析方法都未能做系统的深入的讲解。本书单独提出食品感官评定，目的在于从理论依据、可行性、可靠性、结果的准确性等方面详细地说明之，以此快速、准确地鉴定食品质量的好坏。

本书的内容包括概论、食品感官鉴定的生理和心理基础、食品感官鉴定良好的实践原则、感官鉴定的内容和技术、感官鉴定的分析方法及几种常见食品的鉴别方法等。本教材力求注重理论、突出技术，以培养技术型应用型人才为宗旨。

本书可供轻工食品类、食品营养与检测、食品质量与安全等专业作为教材，也可作为食品质量监督、各类食品企业及行政管理部门等单位的有关科技人员参考书。

本书由汪浩明任主编，湖北大学知行学院杨登想主审。参加编写的有：湖北大学职业技术学院汪浩明（第一章、第四章、第六章第六、七、九节），信阳农业高等专科学校豆成林（第二章、第六章第二、八、十二、十四节），吉林粮食高等专科学校杨柳（第三章、第六章第十、十一、十三、十五节），河南漯河职业技术学院樊军浩和双汇集团技术中心冯月荣（第五章、第六章第一、三、四、五节）。

在本书的编写中，得到了湖北大学知行学院及相关院校、中国轻工业出版社的大力帮助和支持，同时参考了许多文献资料，难以一一鸣谢，谨在此一并表示衷心感谢。限于编者的水平和时间的关系，书中的不妥及错误之处，请读者批评指正。

编者

目　录

第一章　绪　　论

【学习目标】掌握食品感官评定的概念，了解其重要性。

第一节　食品感官评定的概念和意义

食品感官评定由来已久，但真正意义上的感官检验还只是近几十年发展起来并逐步完善的。在食品的可接受性方面，它的可靠性、可行性、不可替代性逐步为人们所认识。

各种食品都具有一定的外部特征，消费者习惯上都凭感官来决定商品的取舍。所以，作为食品不仅要符合营养和卫生的要求，还必须能为消费者所接受。其可接受性通常不能由化学分析和仪器分析结果来下结论。因为用化学分析和仪器分析方法虽然能对食品中各组分的含量进行测定，但并没有考虑组分之间的相互作用和对感官的刺激情况，缺乏综合性判断。

一般的认为食品感官检验是依靠人的感官感觉，即味觉、嗅觉、视觉、触觉和听觉，对食品的色泽、风味、气味、组织状态、硬度等外部特征进行评价的方法。

目前被广泛接受和认可的定义源于 1975 年美国食品科学技术专家学会（Sensory Evaluation of the Institute of Food Technologists）的说法：食品感官评定是用于唤起、测量、分析和解释产品通过视觉、嗅觉、触觉、味觉和听觉对食品感官品质所引起反应的一门科学。

感官评定的原理和实践包括定义中所提及的四种活动：

① 唤起（evoke）：它提出了感官评定应该在一定的控制条件下，制备和处理样品，以使偏见因素最小这一原则。它指明样品应是随机的，感官评定应在专门的检验室完成，所有评价程序尽可能不影响检验人员感觉器官的正常发挥。

② 测量（measure）：感官评定是一门定量的科学，通过采集数据在产品性质和人的感知之间建立起合理的、特定的联系，应考虑精度、准确度、敏感性，而避免错误的结论。

③ 分析（analyze）：适当的数据分析是感官检验的重要部分。通过人的感官而产生的数据有时不完全一致，同时检验人员之间也不尽相同，这就需要数理统计方法对测量数据进行分析评价。

④ 解释（interpret）：这一过程是对结果的解释。它是基于数据、分析，所作出的合理判断。

感官评定不仅仅是一种经验，它包含的内容和实际功能要广阔得多，它强调过程和结果的科学性和准确性。感官检验可以为产品提供直接的、可靠的、便利的信息，可以更好地把握市场方向、指导生产，它的作用是独特的、不可替代的。随着我国经济的发展，感官检验的作用越来越突显出来。

第二节　食品感官评定的应用和方法

《中华人民共和国食品卫生法（试行）》第四条规定："食品应当无毒、无害，符合应当有的营养要求，具有相应的色、香、味等感官性状。"第七条规定了禁止生产经营的食品，其中第一项有："腐败变质、油脂酸败、霉变、生虫、污秽不洁，混有异物或者其他感官性状异常，可能对人体健康有害的食品。"这里所说的"感官性状异常"指食品失去了正常的感官性状，而出现的理化性质异常或者微生物污染等在感官方面的体现，或者说是食品发生不良改变或污染的外在警示。同样，"感官性状异常"不单单是判定食品感官性状的专用术语，而且是作为法律规定的内容和要求而严肃地提出来的。

感官检验用于鉴别食品的质量，各种食品的质量标准中都定有感官检验指标，如外形、色泽、滋味、气味、均匀性、浑浊程度、有无沉淀及杂质等。这些感官指标往往能反映出食品的品质和质量的好坏，当食品的质量发生了变化时，常引起某些感官指标也发生变化。因此，通过感官检验可判断食品的质量及其变化情况。总之，感官检验在食品生产中的原材料和成品质量控制、食品的贮藏和保鲜、新产品开发、市场调查等方面具有重要的意义和作用。

食品感官检验的方法很多。目前公认的感官检验的方法有三大类，每一类方法中有不同的目标和具体的方法（见表1-1）。

表1-1　　感官评定方法分类

方法名称	核心问题	具体方法
区别检验法	产品之间是否存在差别	成对比较法、3点检验、2-3点检验、A-非A检验、五中取二检验
描述检验法	产品的某项感官特性如何	风味剖面法、定量描述分析法
情感试验法	喜爱哪种产品或对产品的喜爱程度如何	快感检验

最简单的区别检验仅仅是试图回答两种类型产品间是否存在不同，这类检

验包括多种方法，如成对比较检验、3 点检验、2-3 点检验、A-非 A 检验、五中取二检验等。这一类检验已在实际应用中获得广泛采用，应用普遍的原因是数据分析简单的缘故，二项式分配的统计表格提供了正确反应的最小数，感官技术人员仅仅需要计算正确回答的数目，借助于该表格就可以得到一个简单的统计结论，从而可以简单而迅速地报告结果。

第二类感官检验方法是对产品感官性质感知强度量化的检验方法，这些方法主要是进行描述分析。它包括两种方法，第一种方法是风味剖面法，主要依靠经过训练的评价小组。这一方法首先以小组成员进行全面训练以使他们能够分辨一种食品的所有风味特点，然后通过评价小组成员达成一致性意见形成对产品的风味和风味特征的描述词汇、风味强度、风味出现的顺序、余味和产品的整体印象。第二种方法称为定量描述分析法，也是首先对评价小组成员进行训练，确定了标准化的词汇以描述产品间的感官差异之后，小组成员对产品进行独立评价。描述分析法已被证明是最全面、信息量最大的感官评定工具，它适用于表述各种产品的变化和食品开发中的研究问题。

第三类感官检验方法主要的对产品的好恶程度量化的方法，称作快感或情感法。快感检验是选用某种产品的经常性消费者 75 ~ 150 名，在集中场所或感官检验较方便的场所进行该检验。

最普通的快感标度是示于下列的 9 点快感标度，这也是已知的喜爱程度的标度。这一标度已得到广泛的普及。样品被分成单元后提供给评价小组（一段时间内一个产品），要求评价小组表明他们对产品标度上的快感反应。

样品编号 ×××

□ 极端喜欢
□ 非常喜欢
□ 一般喜欢
□ 稍微喜欢
□ 既不喜欢，也不厌恶
□ 稍微厌恶
□ 一般厌恶
□ 非常厌恶
□ 极端厌恶

第二章　食品感官评定的生理和心理基础

【学习目标】了解味觉、嗅觉相关理论；掌握影响味觉的因素，嗅觉识别技术。

第一节　感官评定和心理学方法

一、感觉的定义和分类

人类在生存的过程中时时刻刻都在感知自身存在的外部环境，这种感知是多途径的，并且这种感知大多都是通过人类在进化过程中不断变化的各种感觉器官，来分别接受这些引起感官反应的外部刺激，然后经大脑分析而形成对客观事物的完整认识。按照这样的观点，感觉应是客观事物的不同特性在人脑中引起的反应。比如面包作用于我们的感官时，通过视觉可以感受到它的颜色；通过味觉可以感受到它的味道；通过触摸或咀嚼可以感受到软硬等等。感觉是最简单的心理过程，是形成各种复杂心理的基础。

在人类产生感觉的过程中，感觉器官直接与客观事物特性相联系。他们主要存在于人体外部，而且不同的感官对于外部的刺激有较强的选择性。感官由感觉细胞或一组对外界刺激有反应的细胞组成，这些细胞获得刺激后，能将这些刺激信号通过神经传导到大脑。感觉的主要特征，是对周围环境和机体内部的化学和物理变化非常敏感。除此之外，感官还具有下面几个特征：

①一种感官只能接收和识别一种刺激。

②只有刺激量在一定范围内才会对感官产生作用。

③某种刺激连续施加到感官上一段时间后，感官会产生疲劳（适应）现象，感官灵敏度随之明显下降。

④心理作用对感官识别刺激有影响。

⑤不同感官在接受信息时，会相互影响。

人类具有多种感觉，这些感觉对外界的化学及物理变化会产生反应。早在两千多年前，就有人将人类的感觉划分成五种基本感觉，即：视觉、听觉、触觉、嗅觉和味觉。这些基本感觉都是由位于人体不同部位的感官受体，分别接受外界不同刺激而产生的。视觉是由位于人眼中的视觉受体接受外界光波辐射能的变化而产生。位于耳中的听觉感受体和遍布全身的触感神经接受外界压力变化后，则分别产生听觉和触觉。人体口腔内带有味感受体而鼻腔内有嗅感受体，当他们分别与呈味物质和呈嗅物质发生化学反应时，会产生相应的味觉和嗅觉。视觉、听觉和触觉是由物理变化而产生，味觉和嗅觉则是由化学变化而产生。因此，也有人将感觉分为化学感觉和物理感觉两大类。无论哪种感官或感受体都有较强的专一性。

除上述的五种基本感觉外，人类可辨认的感觉还有：温度觉、痛觉、疲劳觉等多种感觉。

二、感 觉 阈

感官或感受体并不是对所有的变化都产生反应。只有当引起感受体发生变化的外界刺激处于适当的范围内时，才能产生正常的感觉。刺激量过大或过小都会造成感受体无反应而不产生感觉或反应过于强烈而失去感觉。例如人眼只对波长 380 ~ 780nm 光波产生的辐射能量变化才有反应。因此，对各种感觉来说都有一个感受体所能接受的外界刺激变化范围。感觉阈就是指感官或感受体对所能接受范围的上下限和对这个范围内最微小变化感觉的灵敏度。依照测量技术和目的的不同，可以将各种感觉的感觉阈分为下列两种。

（1）绝对阈　绝对阈是指以产生一种感觉的最低刺激量为下限，导致感觉消失的最高刺激量为上限的一个范围值。低于该下限值的刺激称为阈下刺激，高于该上限值的刺激称为阈上刺激，而刚刚能引起感觉的刺激称为刺激阈或察觉阈。阈上刺激或阈下刺激都不能产生相应的感觉。

（2）差别阈　差别阈是指感官所能感受到的刺激的最小变化量。差别阈不是一个恒定值，它会随一些因素而变化。韦伯（Weber）发现在一定的范围内，差别阈会随刺激量的变化而变化，并且这种变化呈一定的规律性，即差别阈与刺激量的比值为一常数：

$$K = \frac{\ddot{A} I}{I}$$

式中　$\ddot{A} I$——差别阈

I——刺激量

K——常数，又称韦伯分数

韦伯公式使用的范围仅限于中等强度的刺激，在其他范围内 K 值不稳定。在刺激强度较低（接近刺激阈）时，K 值会迅速变大。米勒（Miller）根据这一特点在韦伯公式的基础上提出附加刺激量的概念（I_r），I_r 代表由各种刺激的相互作用，神经敏感性的变化、注意力的转移或喜好程度不同等因素引起的感觉差别所需要增加的刺激量。因此，韦伯公式经米勒改良后成为：

$$K = \frac{\ddot{A} I}{I + I_r}$$

I_r 值在刺激量 I 值较高时，影响不大，而当刺激量降低时，随降低程度逐步显示其作用，保持 K 值恒定。

除上述韦伯公式外，德国心理学家 G. H. 费希纳（G. H. Fechner）也提出一个经验公式：

$$R = a\lg s + b$$

式中　R——感觉量

s——刺激量

a 和 b——常数

该公式说明刺激量与所能感觉到的量呈对数关系。这个公式也只能适用于中等强度的刺激范围。

三、感觉疲劳和心理作用对感觉的影响

感觉疲劳是经常发生在感官上的一种现象。各种感官在同一种刺激施加一段时间后，均会发生程度不同的疲劳。疲劳现象发生在感官的末端神经、感受中心的神经和大脑的中枢神经上，疲劳的结果是感官对刺激灵敏度急剧下降。嗅觉器官若长时间嗅闻某种气味，就会使嗅觉受体对这种气味产生疲劳，敏感性逐渐下降，随时间的延长甚至达到忽略这种气味存在的程度。例如，刚刚进入出售新鲜鱼品的鱼店时，会嗅闻到强烈的鱼腥味，随着到鱼店逗留时间的延长，所感受到的鱼腥味渐渐变淡。对长期工作在鱼店的人来说甚至可以忽略这种鱼腥味的存在。对味道也有类似现象发生，刚开始食用某种食物时，会感觉到味道特别浓重，随后味觉逐步降低。感觉的疲劳依所施加刺激强度的不同而有所变化，在去除产生感觉疲劳的强烈刺激之后，感官的灵敏度还会逐步地恢复。一般情况下，感觉疲劳产生越快，感官灵敏度恢复就越快。心理作用对感觉的影响是特别微妙的，虽然这种现象很难解释，但他们确实存在。这种现象可以从下列几个现象来说明。

（1）对比增强现象　当两个刺激同时或相继存在时，把一个刺激的存在造成另一个刺激增强的现象称为对比增强现象。在感觉这两个刺激的过程中，两个刺激量都未发生变化，而感觉上的变化只能归于两种刺激同时或先后存在时对人心理上产生的影响。对比增强现象有同时对比或先后对比两种。在 15g/mL 蔗糖液中加入 17g/L 的氯化钠后会感觉甜度比单纯的 15g/mL 蔗糖液要高。同种颜色深浅不同放在一起比较时，会感觉深颜色者更深，浅颜色者更浅。这些都是常见的同时对比增强现象。在吃过糖后，再吃山楂则感觉山楂特别酸。这是常见的先后对比增强现象。

（2）对比减弱现象　与对比增强现象相反，若一种刺激的存在减弱了另一种刺激，则这种现象称为对比减弱现象。

（3）变调现象　当两种刺激先后存在时，一种刺激造成另一种刺激的感觉发生本质变化的现象称为变调现象。例如：尝过氯化钠或奎宁后，即使再饮用无味的清水也会感觉有微微的甜味。

（4）相乘作用　当两种或两种以上的刺激同时施加时，感觉水平超出每种刺激单独作用效果的叠加的现象称为相乘作用。例如，20g/L 味精和 20g/L 的核苷酸共存时，会使鲜味明显增强，增加的程度超过 20g/L 味精单独存在的鲜味与 20g/L 的核苷酸单独存在的鲜味的加合。又如麦芽酚添加到饮料或糖果中能增强这些产品的甜味。

（5）阻碍作用　当某种刺激的存在阻碍了对另一种刺激的感觉时称为阻碍作用。例如，产于西非的神秘果会阻碍味感受体对酸味的感觉。在食用过神秘果后，再食用带有酸味的物质也感觉不出酸味。

第二节　味觉的生理学及食品的味觉识别

味觉是人的基本感觉之一，对人类的进化和发展起着重要的作用。味觉一直是人类对食物进行辨别、挑选和决定是否予以接受的主要因素之一。同时由于食品本身所具有的风味对相应味觉的刺激，使得人类在进食的时候产生相应的精神享受。味觉在食品感官评定上占据有重要地位。

一、味觉生理学

味觉是可溶性呈味物质溶解在口腔中对味感受体进行刺激后产生的反应。从试验角度讲，纯粹的味感应是堵塞鼻腔后，将接近体温的试样送入口腔内而获得的感觉。通常，味感觉往往是味觉、嗅觉、温度觉和痛觉等几种感觉在口腔内的综合反应。

口腔内舌头上隆起的部分——乳头（Papilla）是最重要的味感受器。在乳头上分布有味蕾（taste-buds）。味蕾是味的受体，它的形状就像一个膨大的上面开孔的纺锤，在中间含有 5～18 个成熟的味细胞及一些尚未成熟的味细胞，同时还含有一些支持细胞及传导细胞（图 2-1）。在味蕾有孔的顶端存在着许多长约 2μm 的微丝，正是由于有这些微丝才使得呈味物质能够被迅速吸附。味蕾中的味细胞寿命不长，从味蕾边缘表皮细胞上有丝分裂出来后只能存活 6～8d。因此，味细胞一直处于变化状态。成年人的味蕾主要分布于舌头的味觉乳头上，但这种分布并不呈均匀状态。例如，在舌头前部有大量乳头状组织存在，但这些乳头状组织大多数是没有味蕾的丝状乳头和发育不完全的叶状乳头，对味觉作用不大。

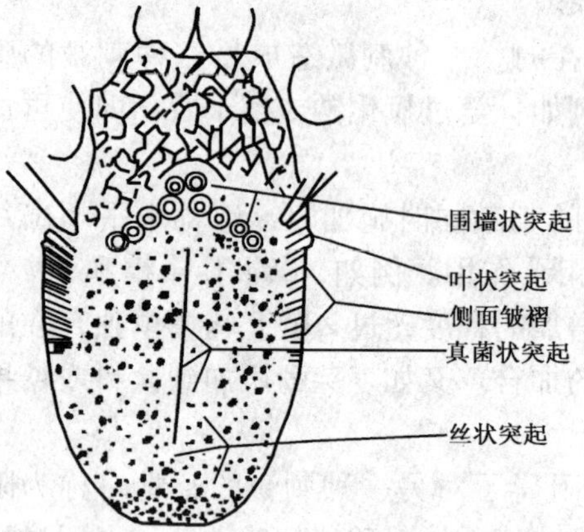

（1）舌头的表面平面示意图

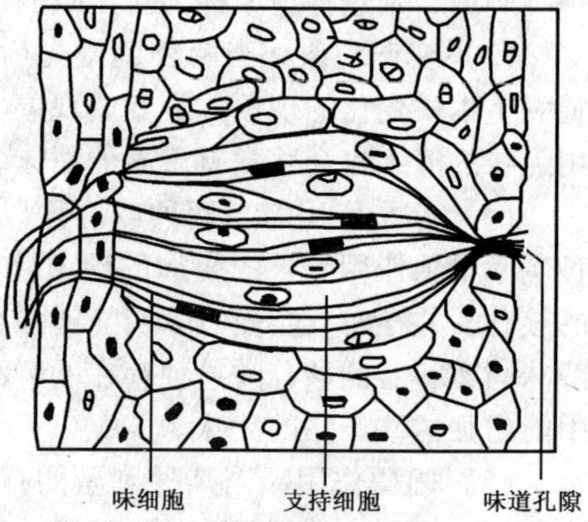

（2）带有味蕾的感受器细胞

图 2-1　舌头表面和味蕾的细胞分布

由于舌表面的味蕾乳头分布不均匀，而且对不同味道所引起刺激的乳头数目不相同，因此造成舌头各个部位感觉味道的灵敏度有差别。比如，在舌尖容易感觉甜味和咸味，苦味则在舌后部感觉较为灵敏，许多食物直到下咽时才能感觉到苦味就是这个原因造成的。酸味在舌两侧较易感觉（见图 2-2）。

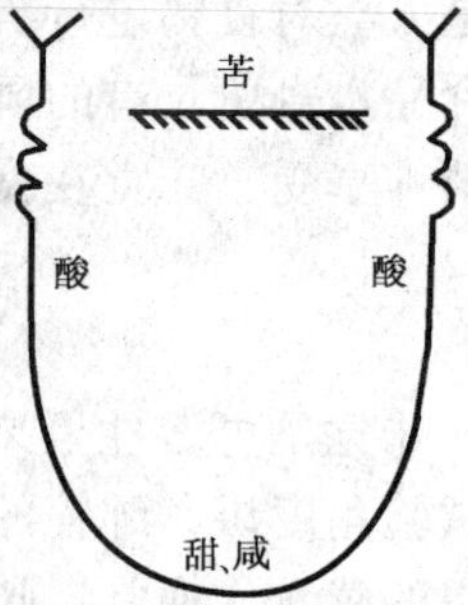

图 2-2　舌头上味觉敏感部位示意图

味觉产生的过程是：可溶性呈味物质进入口腔后，在舌头肌肉运动作用下将呈味物质与味蕾相接触，然后呈味物质刺激味蕾中的味细胞，这种刺激再以脉冲的形式通过神经系统传至大脑经分析后产生味觉。

二、基　本　味

酸、甜、咸、苦是味感中的四种基本味道。许多研究者都认为基本味和色彩中的三原色相似，它们以不同的浓度和比例组合时就可形成自然界千差万别的各种味道。例如，无机盐溶液带有多种味道，这些味道都可以用蔗糖、氯化钠、酒石酸和奎宁以适当的浓度混合而复现出来。

通过电生理反应实验和其他实验，现在已经证实四种基本味对味感受体产生不同的刺激，这些刺激分别由味感受体的不同部位或不同成分所接收，然后又由不同的神经纤维所传递。四种基本味被感受的程度和反应时间差别很大。表2-1为四种基本味的察觉阈和差别阈。四种基本味用电生理法测得的反应时间约为0.02~0.06s。咸味反应时间最短，甜味和酸味次之，苦味反应时间最长。

表2-1　四种基本味的察觉阈和差别阈

呈味物质	察觉阈		差别阈	
	单位：g/L	单位：mol/L	单位：g/L	单位：mol/L
蔗　糖	531	0.0155	271	0.008
氯化钠	81	0.014	34	0.0055
盐　酸	2	0.0005	1.05	0.00025
硫酸奎宁	0.3	0.0000039	0.135	0.0000019

除四种基本味外，鲜味、辣味、碱味和金属味等也列入味觉之列。但是有些学者认为这些不是真正的味觉，而可能是触觉、痛觉或者是味觉与触觉、嗅觉融合在一起产生的综合反应。

三、味觉理论

关于味觉的产生，许多学者都从不同的角度提出过自己的理论。限于试验技术和缺乏统一的标准，至今仍没有一个经试验证实的完整的味觉理论。有人曾提出过味觉理论应以下列条件为基础而建立：首先，味感受体对味觉刺激会迅速产生反应；其次，呈味物质应为可溶解状态；第三，能够刺激味感受体的物质种类繁多；第四，呈味物质不会对味感受体产生生理性反应而使味细胞迅速退化；第五，味感受体接受刺激后发生的反应能维持一段时间。

按上述条件的限制，味觉理论主要有以下几种。

1. 伯德罗（Beidler）理论

伯德罗提出味觉的产生是呈味物质的刺激在味感受体上达到热力学平衡的过程。这个过程非常快而且是可逆的。呈味物质的阳离子和阴离子都参与该过程。不同的化合物能达到不同的饱和水平。按照伯德罗的理论，在这个热力学平衡过程中，呈味物质会受到味感受体的特定构型及味感神经纤维上神经去电荷形式的影响。因此，不同呈味物质在味神经去电荷形式上的不同会引起脉冲数的变化以及所刺激的味神经纤维在去电荷时间上的差别，从而在大脑形成不同的味觉。

伯德罗认为味觉反应遵循质量作用定律，即呈味物质施加的刺激与味感受体上给定的物质间的相互作用可以用下式表达：

$$K \cdot c = \frac{n}{s-n} \quad ①$$

式中　n——在所施加刺激浓度为c时，能够与味感受体反应的离子或分子的总数

s——能够参与反应的离子或分子的总数

K——平衡常数

如果味觉反应的程度用 R 表示，而且 R 与已反应的分子或离子总数成正比，那么 $R = a \cdot n$（这里 a 是常数），最大反应 $R_m = a \cdot s$，将 R、R_m 代入式①得：

$$K \cdot c = \frac{R}{R_m - R} \text{ 或 } \frac{c}{R} = \frac{c}{R_m} + \frac{1}{K \cdot R_m} \quad ②$$

当 $R = R_m/2$ 时，$c = 1/K$。上述公式表示了味觉反应程度与所施加刺激浓度之间的关系。

如果用 c/R 对 c 作图，则会得到斜率为 $1/R_m$ 和截距为 $1/(K \cdot R_m)$ 的直线。若刺激浓度降低，c/R_m 值接近零，则上述式②可以简化为 $R_t = c_t \cdot K \cdot R_m$。这里的 R_t 和 c_t 都是在阈值浓度以下。因此，从这里可以看出，味阈值浓度不仅取决于到达味感受体特定位置的刺激浓度，而且与感受体上可接受刺激的特定位置的数量有关。由于存在这个因素，味觉反应的有效性在低浓度刺激和高浓度刺激之间变化很大。

2. 酶理论

这种理论首先指出味神经纤维附近酶活动性的变化，可导致影响味传导神经脉冲的离子发生相应变化。呈味物质与味感受体接触后，呈味物质会抑制某些酶的活动性，而另一些酶则不受影响。不同的呈味物质对酶活动性的抑制作用不相同，因而传导神经传递的脉冲形式也不同，由此区分出不同的味道。

酶理论的一个突出特点是能够解释为什么化学组成相差很大的物质却有类似的味道。但是酶理论对另外一些问题则无法给予合理解释。比如，味觉反应程度与温度关系不太大，而酶促反应却与温度关系极大。酶理论否定了味神经纤维与特定味感之间的关系，但所观察到的味神经纤维的作用与上述结论不符。

3. 其他理论

福伦斯（Frings）借助光谱理论建立起“味谱”概念。按照这个理论，基本味是“味谱”上几个最熟悉的点。所有的味道在“味谱”上都有相应的位置。

除上述理论外，还有其他一些解释味觉产生的理论。如味电偶理论、分解反应理论等等。这些理论都需要进一步证实和完善。

四、影响味觉的因素

1. 温度的影响

温度对味觉的影响表现在味阈值的变化上。感觉不同味道所需要的最适温度有明显差别。在四种基本味中甜味和酸味的最佳感觉温度在 35～50℃，咸味的最适感觉温度为 18～35℃，而苦味则是 10℃。各种味道的察觉阈会随温度的变化而变化，这种变化在一定温度范围内是有规律的。比如：甜味的阈值在 17～

37℃范围内逐渐下降，而超过37℃则又回升。咸味和苦味阈值在17～42℃的范围内都是随温度的升高而提高。酸味在此温度范围内阈值变化不大（见图2-3）。

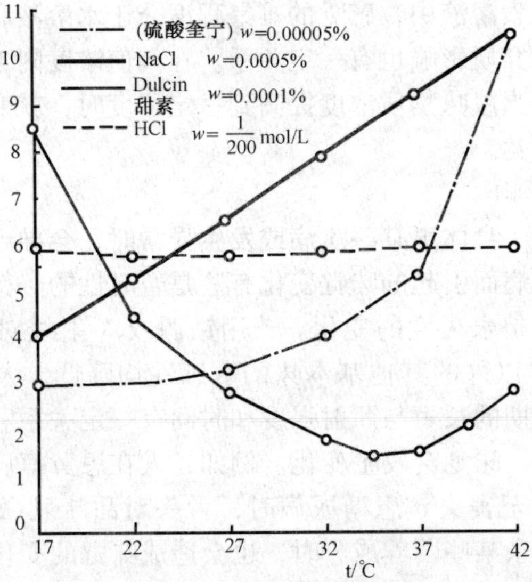

图2-3　四种基本味阈值与温度的关系

现在还没有搞清楚温度对味觉影响的真正原因。通过实验没有发现温度对引起味觉反应的有效刺激具有明显影响。但是，在温度变化时，味觉和痛觉相互有联系。

2. 介质的影响

由于呈味物质只有在溶解状态下才能扩散至味感受体进而产生味觉，因此味觉也会受呈味物质所处介质的影响。介质的黏度会影响可溶性呈味物质向味感受体的扩散，介质的性质会降低呈味物质的可溶性或抑制呈味物质有效成分的释放。

辨别味道的难易程度随呈味物质所处介质的黏度而变化。通常黏度增加，味道辨别能力降低。比如，四种基本味的呈味物质处于水溶液中时，最容易辨别；处于胶体状介质中时，最难辨别；而处于泡沫状介质中时，辨别能力居中。酸味感在果胶胶体溶液中会明显降低。这个事实一方面说明果胶溶液黏度较高，降低了产生酸味感的自由氢离子（H^+）的扩散作用；另一方面由于果胶自身的特性，它也可以抑制自由氢离子的产生，双重作用的结果使得酸味感在果胶溶液中明显下降。油脂也会对某些呈味物质产生双重影响，既降低呈味物质的扩散速度又抑制呈味物质的溶解性。油脂的后一种影响已经通过制备和油脂同样黏度的羧甲基纤维素溶液，然后将两种黏度相同的溶液溶解相同的呈味物质进行味感比较而获得证实。例如，咖啡因和奎宁的苦味及糖精钠的甜味在水溶液中比较容易感觉，在矿物油中则感觉比较困难，而在制备与矿物油黏度一样的羧甲基纤维素溶液中，感觉的难易程度介于水溶液和矿物油之间。

呈味物质浓度与介质影响也有一定关系。在阈值浓度附近时，咸味在水溶液中比较容易感觉，当咸味物质浓度提高到一定程度时，就变成在琼脂溶液中比在水溶液中更易感觉。

3. 身体状态的影响

（1）疾病的影响　身体患某些疾病或发生异常时，会导致失味、味觉迟钝或变味。这些由于疾病而引起的味觉变化有些是暂时性的，待病恢复后味觉可以恢复正常，有些则是永久性的变化。若用钴源或 X 射线对舌头两侧进行照射，7d 后舌头对酸味以外的其他基本味的敏感性均降低，大约两个月后味觉才能恢复正常。恢复期的长短与照射强度和时间有一定关系。

在患某些疾病时，味觉会发生变化。例如，人在患黄疸病的情况下，对苦味的感觉明显下降甚至丧失。患糖尿病时，舌头对甜味刺激的敏感性显著下降。身体内缺乏或富余某些营养成分时，也会造成味觉的变化。若长期缺乏抗坏血酸，则对柠檬酸的敏感性明显增加。血液中糖分含量升高后，会降低对甜味感觉的敏感性。这些事实也证明，从某种意义讲，味觉的敏感性取决于身体的需求状况。

体内某些营养物质的缺乏也会造成对某些味道的喜好发生变化，在体内缺乏维生素 A 时，会显现对苦味的厌恶甚至拒绝食用带有苦味的食物，若这种维生素 A 缺乏症持续下去，则对咸味也拒绝接受。通过注射补充维生素 A 以后，对咸味的喜好性可恢复，但对苦味的喜好性却不再恢复。

（2）饥饿和睡眠的影响　人处在饥饿状态下会提高味觉敏感性。有实验证明，四种基本味的敏感性在上午 11∶30 达到最高。在进食后 1h 内敏感性明显下降，降低的程度与所饮用食物的热量值有关。人在进食前味觉敏感性很高，证明味觉敏感性与体内生理需求密切相关。而进食后味觉敏感性下降，一方面是所饮用食物满足了生理需求；另一方面则是饮食过程造成味感受体产生疲劳导致味敏感性降低。饥饿对味觉敏感性有一定影响，但是对于喜好性却几乎没有影响。

缺乏睡眠对咸味和甜味阈值不会产生影响，但是能明显提高酸味的阈值。

（3）年龄和性别　年龄对味觉敏感性是有影响的，这种影响主要发生在 60 岁以上的人群中。老年人会经常抱怨没有食欲感及很多食物吃起来无味。感官试验证实，60 岁以下的人味觉敏感性没有明显变化，而年龄超过 60 岁的人则对咸、酸、苦、甜四种基本味的敏感性会显著降低。造成这种情况的原因，一方面是年龄增长到一定程度后，舌乳头上平均味蕾数为245个，可是到70岁以上时，舌乳头上平均味蕾数只剩88个；另一方面，老年人自身所患的疾病也会阻碍对味道感觉的敏感性。

性别对味觉的影响有两种不同看法。一些研究者认为在感觉基本味的敏感性上无性别差别。另一些研究者则指出性别对苦味敏感性没有影响，而对咸味和甜味，女性要比男性敏感，对酸味则是男性比女性敏感。

五、各种味之间的相互作用

自然界中大多数呈味物质的味道不是单纯的基本味，而是两种或两种以上的味道组合而成。食品就经常含有两种、三种甚至全部四种基本味。因此，不同味之间的相互作用对味觉有重大影响。有关这方面的研究已有许多报道，其中有关不同味之间补偿作用和竞争作用的研究比较引人注意。所谓的补偿作用是指在某种呈味物质中加入另一种物质后阻碍了它与另一种相同浓度呈味物质进行味感比较的现象。竞争作用是指在呈味物质中加入另一种物质而没有对原呈味物质味道产生影响的现象。表2-2列出了对咸味（氯化钠）、酸味（盐酸、柠檬酸、醋酸、乳酸、苹果酸、酒石酸）和甜味（蔗糖、葡萄糖、麦芽糖、乳糖、果糖）相互之间补偿作用和竞争作用研究的结果。通过这些结果可得如下结论：

表2-2　　基本味之间的补偿作用和竞争作用

试验物	对比物											
	氯化钠	盐酸	柠檬酸	醋酸	乳酸	苹果酸	酒石酸	蔗糖	葡萄糖	果糖	乳糖	麦芽糖
氯化钠	…	±	+	+	+	+	+	—	—	—	—	—
盐酸	…	…	…	…	…	…	…	—	—	—	—	—
柠檬酸	…	…	…	…	…	…	…	—	—	—	—	—
醋酸	…	…	…	…	…	…	…	—	—	—	—	—
乳酸	…	…	…	…	…	…	…	—	—	—	—	—
苹果酸	…	…	…	…	…	…	…	—	—	—	—	—
酒石酸	…	…	…	…	…	…	…	—	—	—	—	—
蔗糖	+	±	+	±	+	+	+	…	…	…	…	…
葡萄糖	+	—	±	—	±	±	±	…	…	…	…	…
果糖	+	±	±	—	—	—	—	…	…	…	…	…
麦芽糖	+	…	…	…	…	…	…	…	…	…	…	…
乳糖	+	…	…	…	…	…	…	…	…	…	…	…

注：“±”竞争作用；“+”或“—”补偿作用；“…”未试验。

（1）低于阈值的氯化钠只能轻微降低醋酸、盐酸和柠檬酸的酸味感，但是能明显降低乳酸、酒石酸和苹果酸的酸味感。

（2）氯化钠按下列顺序使糖的甜度增高：蔗糖、葡萄糖、果糖、乳糖、麦芽糖，其中蔗糖甜度增高程度最小，麦芽糖甜度增高程度最大。

（3）盐酸不影响氯化钠的咸味，但其他酸都增加氯化钠的咸味感。

（4）酸类物质中除盐酸和醋酸能降低葡萄糖的甜味感外，其他酸对葡萄糖的甜味无影响。乳酸、苹果酸、柠檬酸和酒石酸能增强蔗糖的甜味，而盐酸和醋酸保持蔗糖甜味不变。在酸类物质对蔗糖甜味的影响中，味之间的相互作用是主要因素，而不是由于酸的存在促进了蔗糖转化造成甜味变化。

（5）糖能减弱酸味感，但对咸味影响不大。除苹果酸和酒石酸外，不同的糖类物质降低其他酸类物质酸味的程度几乎相同。

上述试验结果中没有包括苦味与其他味的相互作用。因此，有人专门研究了咖啡因与其他味之间的相互作用，结论如下：

①咖啡因不会影响咸味感，反之，咸味对苦味也无影响。

②咖啡因不会影响甜味，但蔗糖能减弱苦味感，特别是在其高浓度下苦味减弱更加明显。

③咖啡因能明显增强酸味感。

除上面所涉及的四种基本味的相互作用外，不同的呈味物质以一定的浓度差混合时也有一定规律。例如，一种呈味物质的浓度远远高于另一种呈味物质，若将这两种呈味物质混合时，则高浓度呈味物质的味定会占主导地位，甚至可完全掩盖另一种味。若两种相混合的呈味物质浓度差别在一定范围内，则仍然可能是高浓度呈味物质的味占主要地位，但此时味调会发生变化或两种味同时能感觉到。在某些情况下，会先感觉到一种味，然后又感觉到另外一种。

由于味之间的相互作用受多种因素的影响，使这方面的研究工作困难较多。呈味物质相混合并不是味道的简单叠加，因此味之间的相互作用，不可能用呈味物质与味感受体作用的机理进行解释，只能通过感官鉴评员去感受味相互作用的结果。采用这样的手段进行分析时，鉴评员的感官灵敏性和所用试验方法对结果影响很大，尤其在浓度较低时影响更大，只有聘用经过训练的感官评定人员才能获得比较可靠的结果。

六、食品的味觉识别

1. 四种基本味的识别

制备甜（蔗糖）、咸（氯化钠）、酸（柠檬酸）和苦（咖啡碱）四种呈味物质的两个或三个不同浓度的水溶液。按规定号码排列成序（见表2-3）。然后，依次品尝各样品的味道。品尝时应注意品位技巧：样品应一点一点地啜入口内，并使其滑动接触舌的各个部位（尤其应注意使样品能达到感觉酸味的舌边缘部位）。样品不得吞咽，在品尝两个样品的中间应用35℃的温水漱口去味。

表 2-3　　四种基本味的识别

样　品	基本味觉	呈味物质	试验溶液/（g/100mL）
A	酸	柠檬酸	0.02
B	甜	蔗糖	0.40
C	酸	柠檬酸	0.03
D	苦	咖啡碱	0.02
E	咸	NaCl	0.08
F	甜	蔗糖	0.60
G	苦	咖啡碱	0.03
H	—	水	—
J	咸	NaCl	0.15
K	酸	柠檬酸	0.04

2. 四种基本味的察觉阈试验

味觉识别是味觉的定性认识，阈值试验才是味觉的定量认识。制备四种呈味物质（蔗糖、氯化钠、柠檬酸、咖啡碱）的一系列浓度的水溶液（见表 2-4），然后按浓度增加的顺序依次品尝，以确定每种味道的察觉阈。

表 2-4　　四种基本味的察觉阈

物（味） 浓度/(g/100mL) 样品	蔗糖(甜)	NaCl(咸)	柠檬酸(酸)	咖啡碱(苦)
1	0.00	0.00	0.000	0.000
2	0.05	0.02	0.005	0.003
3	0.10	0.04	0.010	0.004
4	0.20	0.06	0.013	0.005
5	0.30	0.03	0.015	0.006
6	0.40	0.10	0.018	0.008
7	0.50	0.13	0.020	0.010
8	0.60	0.15	0.025	0.015
9	0.60	0.18	0.030	0.020
10	1.00	0.20	0.035	0.030

注：划线为平均阈值。

第三节　嗅觉的生理学及食品的嗅觉识别

嗅觉是一种基本感觉。它比视觉原始，比味觉复杂。在人类没有进化到直立状态之前，原始人主要依靠嗅觉、味觉和触觉来判断周围环境。随着人类转变成直立姿态，视觉和听觉成为最重要的感觉，而嗅觉等退至次要地位。尽管现在嗅觉已不是最重要的感觉，但嗅觉的敏感性还是比味觉敏感性高很多。最敏感的气味物质——甲基硫醇只要在 $1m^3$ 空气中有 4×10^{-5}mg（约为 1.41×10^{-10}mol/L)，就能感觉到；而最敏感的呈味物质——马钱子碱的苦味至少要达到 1.6×10^{-6}mol/L 浓度才能感觉到。嗅觉感官能够感受到的乙醇溶液的浓度要比味觉感官所能感受到的浓度低 24000 倍。

食品除含有各种味道外，还含有各种不同气味。食品的味道和气味共同组成食品的风味特征影响人类对食品的接受性和喜好性，同时对内分泌亦有影响。因此，嗅觉与食品有密切的关系，是进行感官评定时所使用的重要感觉之一。

一、气　　味

与能够引起味觉反应的呈味物质相类似，气味是能够引起嗅觉反应的物质。尽管气味遍布我们周围，而且时刻都在有意识或无意识地感受到它们，但对于气味至今没有明确的定义。按通常的概念，气味就是“可以嗅闻到的物质”。这种定义非常模糊。有些物质人类嗅不出气味，但某些动物却能够嗅出其气味，这类物质按上述定义就很难确定是否为气味物质。有些学者根据气味被感觉的过程给气味提出一个现象学上的定义，即：“气味是物质或可感受物质的特性”。

在人类和高等脊椎动物中，通过吸入鼻腔和口腔，在这些感官的嗅感区上形成一个感应，产生一个不同于所见、所闻、所尝和感情的感觉。具有产生这种感觉潜力的物质就为气味物质。

由于气味没有确切定义，而且很难定量测定，所以气味分类比较混乱。不同的研究者都从各自的角度对气味进行分类。两种典型的气味分类法见表 2-5。海宁（Henning）曾提出过气味的三棱体概念，他所划分的六种基本气味分别占据三棱体的六个角（见图 2-4）。海宁相信所有气味都是由这六种基本气味以不同比例混合而成的，因此每种气味

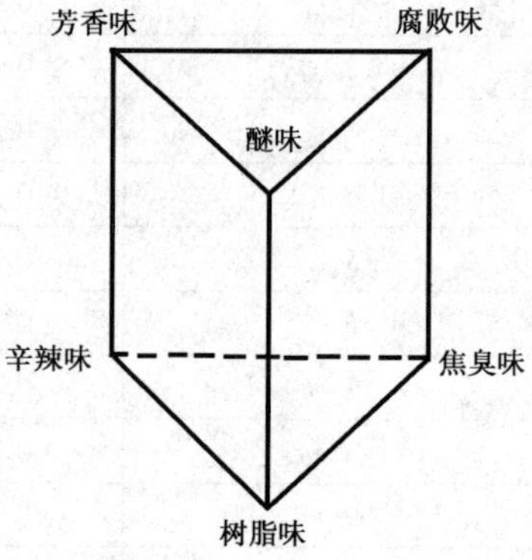

图 2-4　气味三棱体

在三棱体中有各自的位置。除此之外，还有一些按气味分子外形和电荷大小或按气味在一定温度下蒸气压大小进行分类的方法。所有这些方法都存在一些缺陷，不能准确而全面地对所有气味进行划分。

表 2-5　　两种典型的气味分类法

索额底梅克氏分类法（Zwardemaker）		舒茨氏分类法（Schutz）	
气味类别	实　例	气味类别	实　例
芳香味	樟脑、柠檬醛	芳香味	水杨酸甲酯
香脂味	香　草	羊脂味	乙硫醇
刺激辣味	洋葱、硫醇	醚　味	1-丙醇
羊脂味	辛酸、奶酪	甜　味	香　草
恶臭味	粪　便	败　味	丁　酸
腐臭味	某些茄属植物气味	油腻味	庚　醇
		焦糊味	愈疮木酚
醚　味	水果味、醋酸	金属味	己　醇
焦糊味	吡啶、苯酚	辛辣味	苯甲醛

二、嗅觉过程和嗅觉特征

1. 嗅觉过程

鼻腔是人类感受气味的嗅觉器官，其解剖图见图 2-5。在鼻腔的上部有一块对气味异常敏感的区域，称为嗅感区或嗅裂。嗅感区内的嗅黏膜是嗅觉感受体。嗅黏膜呈不规则形状，面积约为 $2.7 \sim 5.0cm^2$，厚度约 60μm，其上布满了嗅细胞、支持细胞和基细胞。嗅细胞是嗅觉感受体中最重要的成分。嗅细胞很小，直径约 5μm，形状为纺锤形，细胞中有圆形的核。在嗅细胞上有两种神经纤维，一种是嗅觉神经纤维末梢（嗅毛），另一种是三叉状神经末梢。这两种神经末梢都是气味分子的直接受体。支持细胞位于嗅细胞之间，比嗅细胞宽，顶端直达黏膜表面，底部较窄。基细胞呈锥形，位于黏膜底部，在基细胞表面有许多突状结构与支持细胞以及相邻基细胞连接。空气中气味物质的分子在呼吸作用下，首先进入嗅感区吸附和溶解在嗅黏膜表面，进而扩散至嗅毛，被嗅细胞所感受，然后嗅细胞将所感受到的气味刺激通过传导神经以脉冲信号的形式传递到大脑，从而产生嗅觉。

2. 嗅觉特性

(1) 嗅觉疲劳　嗅觉疲劳是嗅觉的重要特征之一，它是嗅觉长期作用于

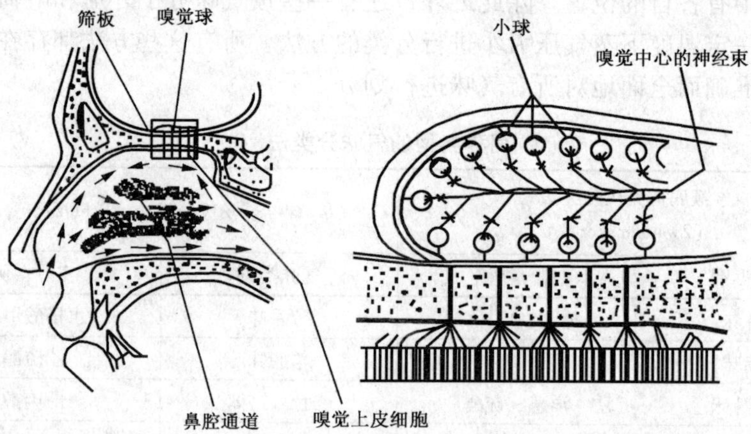

图 2-5　鼻腔解剖图

同一种气味刺激而产生的适应现象。嗅觉疲劳比其他感觉的疲劳都要突出。嗅觉疲劳存在于嗅觉器官末端，感受中心神经和大脑中枢上。嗅觉疲劳具有三个特征：

①施加刺激到嗅觉疲劳或嗅感消失有一定的时间间隔（疲劳时间）；

②在产生嗅觉疲劳的过程中，嗅味阈逐渐增加；

③嗅觉对一种刺激疲劳后，嗅感灵敏度再恢复需要一定的时间。

由于气味种类繁多、性质各异，而嗅觉过程又受多种因素的影响，因此，嗅觉的疲劳时间和疲劳过程中阈值的增加值绝大多数都是通过实际测定而取得。有些研究者通过测定的数据提出过一些经验公式，比如在高浓度下，疲劳时间 t 和疲劳强度 I 之间符合下列关系：

$$t = K + kI \quad \text{（Woodrow 经验公式）}$$

但这些公式都需进一步加以验证。

（2）嗅觉的相互影响　气味和色彩、味道不同，混合后会产生多重结果。当两种或两种以上的气味混合到一起时，可能产生下列结果之一：

①气味混合后，某些主要气味特征受到压制或消失，这样无法辨认混合前的气味；

②混合后气味特征变为不可辨认特征，即混合后无味，这种结果又称中和作用；

③混合中某种气味被压制而其他的气味特征保持不变，即失掉了某种气味；

④混合后原来的气味特征彻底改变，形成一种新的气味；

⑤混合后保留部分原来的气味特征，同时又产生一种新的气味。

气味混合中比较引人注意的是用一种气味去改变或遮盖另一种不愉快的气味，即“掩盖”。在日常生活中，气味掩盖应用广泛。香水就是一种掩盖剂，它能赋予其他物质新的气味或改变物质原有的气味。除臭剂也是一种通过掩盖臭味或与臭味物质反应来抵消或消除臭味的物质。气味掩盖在食品上也经常应用。例如，添加肌苷二钠盐能减弱或消除食品中的硫味；在鱼或肉的烹调过程中，加入葱、姜等调料可以掩盖鱼肉腥味。

三、嗅觉理论

关于嗅觉产生的机理，很多研究者都从不同的角度提出一些理论来解释，但这些理论都不完善。现在能被人们普遍接受的是产生嗅觉的基本条件。这些条件包括：产生气味的物质本身应能挥发，这样才能在呼吸作用下到达鼻腔内的嗅感区。气味物质既能在嗅感区上的水相黏膜中溶解，也能在嗅细胞的脂肪或脂类末端溶解。气味物质若在嗅感区域内溶解后，会引发一些化学反应，反应生成的刺激传入大脑则产生嗅觉。根据这些条件，比较系统的嗅觉理论有下面几种。

1. 吸附理论

按吸附理论的解释，嗅感黏膜吸附进入嗅感区的气味物质，这种吸附导致黏膜位置发生变化，进而诱发产生嗅觉的神经脉冲。在这个过程中，气味被感受的程度，主要取决于气味分子从气相转移到液相黏膜上的吸附能，以及吸附这些分子引起的膜换位，后者主要受分子形状和分子大小的影响。按上述概念，吸附理论的提出者推出计算嗅阈值的通用公式：

$$\lg OT + \lg K_{O/A} = \frac{-4.64}{p} + \frac{\lg p}{p} + 21.19$$

式中　OT——嗅阈值

$K_{O/A}$——气味分子在脂相和水相接触面上的吸附系数

p——所吸附的气味分子数量

按上述公式，一种气味物质若带有强烈气味，则该物质的 $K_{O/A}$ 值应比较大而 p 值应比较小。

2. 酶理论

酶广泛存在于人体各部位，嗅感区也不例外。酶理论着重强调嗅觉产生过程中酶所起的作用。该理论假定进入嗅感区的气味物质能抑制该区域内的一类或多类酶系的活性，这种有选择的抑制改变了嗅感受体上各种化合物间的相对浓度，从而引发产生嗅觉的神经脉冲。在酶理论中，位于嗅感黏膜上的脂类在感受气味时最重要。实验已经证实，在嗅感及味感黏膜上发现的碱性磷酸酯酶的活性可被香草、咖啡等物质所抑制，但糖、盐和奎宁等物质却不能抑制这种酶的活性。奎宁能够抑制脂酶的活性，而糖、盐类物质则不能。以上事实说明，在嗅感及味感形成过程中，有酶活性及某些物质浓度的变化。但是，也有研究者反对这样的解释，因为酶很少被某一特定物质所抑制，许多无气味的物质同样也会抑制酶活性。即使气味物质抑制酶活性而产生嗅觉的论断成立，也不能圆满解释某些气味物质在非常低的浓度下就能被感觉，因为此时气味物质的浓度从理论上说，不足以对酶产生抑制作用。酶理论虽然能解释嗅觉产生的一些现象，但这不是一个完整阐述嗅觉形成机理的理论。

3. 萨姆纳（Sumner）理论

萨姆纳总结了前人关于嗅觉方面的各种理论解释，比如，吸附理论、酶理论、吸收理论、嗅觉生理学解释等。他提出依据现在所掌握的实验技术和已取得的数据形成一个完整的理论相当困难，只能在此基础上描绘出嗅觉理论的粗略轮廓和嗅觉产生的过程。萨姆纳理论概括如下。

首先带有气味的化学物质Ⅰ会与嗅感受体 A 反应，从 A 上可释放出分子，这些释放出的分子刺激嗅感传导神经产生一个脉冲。另一种带有气味的化学物质Ⅱ会与嗅感受体 B 反应，从 B 上释放出的分子产生另一种刺激脉冲。物质Ⅱ还可以与感受体 C 反应，从 C 上释放分子。从感受体上释放的分子数量与气味物质量成正比。物质Ⅰ与嗅感受体 A 反应较快且比较专一，只有极少量与感受体 B、C 反应。当有气味的物质与嗅感受体反应一段时间后，由于嗅感受体连续释放分子，造成嗅感受体上缺少有效分子，这时就产生嗅觉疲劳现象，直到这类分子得到补充为止。由于各人在嗅感区内所拥有的嗅感受体 A、B 或 C 数量不同，因此造成某些人对一些特定气味非常敏感而对另一些气味则比较迟钝。上述过程可以描述成气味物质和嗅感受体之间逐步变化的物理或化学反应过程：

$$A + xB \rightarrow [A \cdots x \cdots B] \rightarrow Ax + B$$

反应式中，A 和 Ax 表示反应前后的气味物质分子，xB 和 B 表示嗅感建立前后的鼻腔嗅感受体，中间为转换状态，x 表示嗅觉过程中气味物质分子和嗅感受体上发生的变化。

四、嗅味阈和相对气味强度

1. 嗅味阈

嗅觉和其他感觉相似，也存在可辨认气味物质浓度范围和感觉气味浓度变化的敏感性问题。人类的嗅觉在察觉气味的能力上强于味觉，但对分辨气味物质浓度变化后气味相应变化的能力却不及味觉。由于嗅觉比味觉、视觉和听觉等感觉更易疲劳，而且持续时间比较长，影响嗅味阈测定的因素又比较多，因而准确测定嗅味阈比较困难。不同研究者所测得的嗅味阈值差别也比较大。影响嗅味阈测定的因素包括：测定时所用气味物质的纯度；采用的试验方法及试验时各项条件的控制；参加试验人员的身体状况和嗅觉分辨能力上的差别等。

2. 相对气味强度

相对气味强度是反映气味物质随浓度变化，其气味感相应变化的一个特性。由于气味物质察觉阈非常低，因此很多自然状态存在的气味物质在稀释后，气味感觉不但没有减弱反而增强。这种气味感觉随气味物质浓度降低而增强的特性称为相对气味强度。各种气味物质的相对气味强度不同，除浓度影响相对气味强度外，气味物质结构也会影响相对气味强度。

五、食品的嗅觉识别

1. 嗅技术

嗅觉受体位于鼻腔最上端的嗅上皮内。在正常的呼吸中，吸入的空气并不倾向通过鼻上部，多通过下鼻道和中鼻道。带有气味物质的空气只能极少量而且缓慢地通入鼻腔嗅区，所以只能感受到有轻微的气味。要使空气到达这个区域获得一个明显的嗅觉，就必须做适当用力的吸气（收缩鼻孔）或煽动鼻翼做急促的呼吸。并且把头部稍微低下对准被嗅物质使气味自下而上地通入鼻腔，使空气易形成急驶的涡流，气体分子较多地接触嗅上皮，从而引起嗅觉的增强效应。

这样一个嗅过程就是所谓的嗅技术（或闻）。值得注意的是，嗅技术并不适应所有气味物质，如一些能引起痛感的含辛辣成分的气味物质。因此，使用嗅技术要非常小心。通常对同一气味物质使用嗅技术不超过三次，否则会引起“适应”，使嗅敏感下降。

2. 气味识别

（1）范氏试验　一种气体物质不送入口中而在舌上被感觉出的技术，就是范氏试验。首先，用手捏住鼻孔通过张口呼吸，然后把一个盛有气味物质的小瓶放在张开的口旁（注意：瓶颈靠近口但不能咀嚼），迅速地吸入一口气并立即拿走小瓶，闭口，放开鼻孔使气流通过鼻孔流出（口仍闭着），从而在舌上感觉到该物质。

这个试验已广泛地应用于训练和扩展人们的嗅觉能力。

（2）气味识别　各种气味就像学习语言那样可以被记忆。人们时时刻刻都可以感觉到气味的存在，但由于无意识或习惯性也就并不觉察它们。因此要记忆气味就必须设计专门的试验，有意地加强训练这种记忆（注意：感冒者例外），以便能够识别各种气味，详细描述其特征。

训练试验通常是选用一些纯气味物质（如十八醛、对丙烯基茴香醚、肉桂油、丁香等）单独或者混合，用纯乙醇（99.8%）作溶剂稀释成10g/mL或

1g/mL 的溶液（当样品具有奇怪浓烈辣味时，可制成水溶液），装入试管中或用纯净无味的百滤纸制备尝味条（长 150mm，宽 10mm），借用范氏试验训练气味记忆。

3. 香识别

（1）啜食技术　因为吞咽大量样品不卫生，品茗专家和鉴评专家发明了一个专门的技术——啜技术，来代替吞咽的感觉动作，使香气和空气一起流过后鼻部被压入嗅味区域。这种技术是一种专门技术，对一些人来说要用很长时间来学习正确的啜技术。

品茗专家和咖啡品尝专家是用匙把样品送入口内并用劲地吸气，使液体杂乱地吸向咽壁（就像吞咽时一样），气体成分通过鼻后部到达嗅味区。吞咽成为不必要，样品可以被吐出。品酒专家随着酒被送入张开的口中，轻轻地吸气并进行咀嚼。酒香比茶香和咖啡香具有更多挥发成分，因此品酒专家的啜食技术更应谨慎。

（2）香的识别　香识别训练首先应注意色彩的影响，通常多采用红光以消除色彩的干扰。训练用的样品要有典型，可选各类食品中最具典型香的食品进行。果蔬汁最好用原汁，糖果蜜饯类要用纸包原块，面包用整块，肉类应该采用原汤。乳类应注意异味区别的训练。训练方法用啜食技术，并注意必须先嗅后尝，以确保准确性。

第四节　感官的相互作用

风味感觉长期存在的一个难题是味觉与嗅觉如何相互影响的问题。厨师们知道风味的感觉是味觉与嗅觉的结合，并受质地和温度，甚至也受外观的影响。但是，在一项心理物理学实验中，将蔗糖（口味物质）和柠檬醛（柠檬的气味/风味物质）简单混合，表现出几乎完全相加的效应，对单一物质（蔗糖，柠檬醛）的强度评分很少或没有影响。这使得烹饪专家的一般认识与心理物理学文献之间在关于味觉与嗅觉如何相互影响的问题上存在明显的差异，而食品专业人员和消费者普遍认为味觉和嗅觉以某种方式相关联。下面我们将从 5 个方面讨论这一问题。

第一，通过物理心理学的研究，我们知道感官强度是叠加的。Murphy 等人在 1977 年测量了糖精钠与挥发性风味物质丁酸乙酯的混合物的气味感知强度，味感知强度和总体的感知强度。几年之后，他又对蔗糖-柠檬醛混合物和 NaCl-柠檬醛混合物分别进行了同样的评估，这两项研究的结果相一致，强度评分显示了大约 90% 的叠加性。也就是说，当嗅觉和味觉被看作是简单累积时，这两种感觉方式之间没有相互影响作用。

第二，人们有时会将一些挥发性气味认为是“味觉”。正如前面提到的，后鼻嗅觉很难被定位，经常被作为口腔的味觉而被感知，因此会有以上错觉。丁酸乙酯和柠檬醛虽然都是气味物质，但他们与“味觉”的判断有关。为了消除气味物质对味觉的影响，可以在品尝时将鼻孔捏紧，这样就关闭了挥发物质的后鼻通道，有效地消除了挥发性物质的影响。除了这一错误的认识外，另外一个常见的错误认识就是味觉与嗅觉是相互影响的，而心理物理学的研究表明味觉和嗅觉的相互独立的程度大于相互影响的程度。

第三，令人不愉快的气味一般抑制挥发性气味，而令人愉快的味觉则对挥发性气味有增强作用。这一理论似乎和上面刚刚提到的有所矛盾，但在现实产品中这样的例子存在，Von Sydow 等人（1974）对加入不同量蔗糖的水果汁的口味和气味特性进行了评分。随着蔗糖浓度的提高，令人愉快的气味特性的得分会增加，而令人不愉快的气味特性的得分则降低。而检测的结果表明挥发性气体浓度却没有变化。

第四，口味和风味间的相互影响会随它们的不同组合而改变。这种相互影响可能取决于特定的风味物质和口味物质的结合，该模式由于这种情况而具有潜在的复杂性。阿斯巴甜增强了橘子和草莓溶液的果香味，但对蔗糖影响很小或没有影响，而且对橘子比对草莓的增强作用稍强些（Wiseman 和 McDaniel，1989）。在一项相似的研究中，草莓香气对甜味有增强作用，而花生油气味却没有（Frank 和 Byram，1988）。随后，对大量口味物质的研究表明挥发性风味物质对氯化钠的咸味有一些抑制作用。通过改变对鉴评员的指令也会使物质的口味之间产生一些更为复杂的相互作用。

第五，对鉴评员的指令发生改变也会影响风味、口味之间的相互作用。下达给鉴评员的指令会对感官得分产生很大影响。比如，有一对样品用 3 点检验法（只要求鉴评员说出二者是否存在总体差异）的结果是勉强能被发现有所不同，而当同样的两个样品用成对对比检验法检验，要求鉴评员就产品的甜度作出评价时，这两个产品的得分相差非常之大。因此，当受试者的注意力被集中到某一特定品质上时，所得到的结果会与总体差别实验得到的结果非常不同。

在食品中还有另外两种感官相互作用的形式，一是化学刺激与风味的相互影响，二是视觉对风味的影响。化学刺激会增强食品的风味，这我们都有过体验。比如，没人喜欢跑气的汽水，因为这样的汽水一般太甜；也没人喜欢跑气的啤酒和香槟，因为它们的口感和风味都会因此而改变。目前我们对化学刺激对嗅觉和味觉的相互影响了解还不是很多。

最后我们来谈一下视觉对风味感觉的影响。我们对好的食品通常要求的是“色、香、味俱全”，可见，食品的外观与它的风味、质地是同样重要的，一般的经验也表明，色泽越深的食品，风味得分也会越高。

第五节　三叉神经的风味官能

除了味觉和嗅觉系统具有化学感觉外，鼻腔和口腔中以及整个身体还有更为普遍的化学敏感性。一些黏膜、角膜等对化学刺激也很敏感。如切洋葱容易使人流泪，鼻腔和口腔中这种普通的化学反应是由三叉神经调节的。现在人们更多的是用“化学感觉”来描述三叉神经调节控制的感觉。比如苏打水中二氧化碳气泡破裂、辣椒、黑胡椒、生姜、孜然、芥末、大葱、大蒜等刺激的都是三叉神经末梢（图2-6），引起眼睛、鼻子和口腔产生麻辣感、烧感、辛辣感、刺鼻感以及刺痛感等。

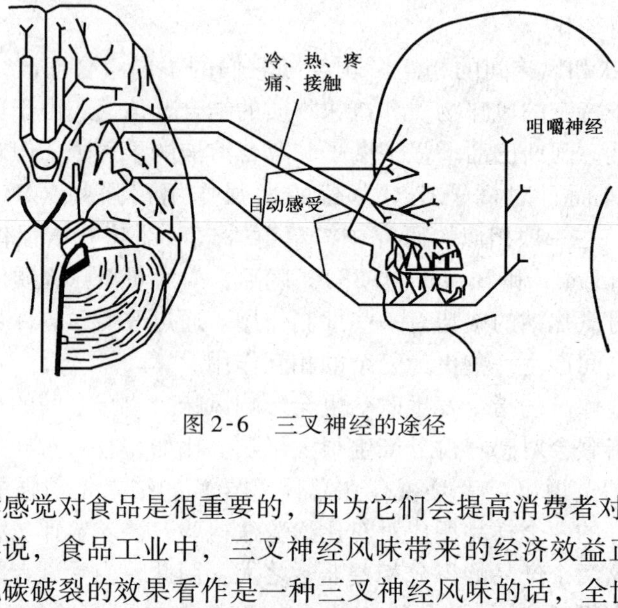

图2-6　三叉神经的途径

这些化学感觉对食品是很重要的，因为它们会提高消费者对产品的接受程度。有人这样说，食品工业中，三叉神经风味带来的经济效益正在不断增长，如果将二氧化碳破裂的效果看作是一种三叉神经风味的话，全世界碳酸饮料、啤酒、发泡酒的销售额总计可达到数十亿美元，胡椒粉每年的销售额也有好几亿美元，其他调味料的情况也是如此，这样看来，三叉神经的风味作用确实值得深入研究。

第三章　食品感官评定良好的实践原则

【学习目标】通过本章学习，使学生们了解到食品感官评定中环境的设置、样品的制备、检验方案的制定以及鉴评人员的筛选与培训。

食品感官评定是以人作为测量工具的，而人又易受外界因素的干扰，为了减少干扰，确保试验数据的准确性，感官评定一定要有良好的实践原则，主要包括：设置良好的感官评定的环境；准确制备样品；合理制定检验方案；认真进行鉴评员的选择和筛选。

第一节　感官评定的环境

在食品感官评定中，环境条件的影响主要体现在两个方面：对鉴评人员心理和生理上的影响；对样品品质的影响。

评定室的控制，包括评定室的环境、灯光、室内空气、出入口等。总体的设计应该从如何达到最能使感官发挥良好的作用，减少对鉴评员的干扰以及对样品质量的影响着手。因此，从这些要求出发，结合试验类型去考虑感官评定室的设置和各种条件的控制。

一、食品感官评定室的基本组成

1. 试验区

试验区是感官评定人员进行感官试验的场所。

早期的食品感官评定室试验区因经济原因或使用频率低，通常没有专门的鉴评小间，往往采用一些临时性的布置，通常是将一张实验台分割成6～10个隔间，每个小隔间的桌面上都摆放上待检测的样品，这样可以防止鉴评员互相接触从而避免受到干扰。按这种方式，普通实验室经过整理后也可暂时作为感官评定室。

现在所使用的感官评定室试验区通常由多个（6～10个不等）相邻的而又互相隔开的鉴评小间构成。鉴评小间面积很小，只能容纳一名感官评定人员在内独自进行感官评定试验。每个鉴评小间内要有一个小窗口，用来传递样品。小间内要带有供鉴评员使用的工作台和座椅，同时要备有一大杯漱口用的清水和吐液用的容器，最好在工作台上配备固定的水龙头和漱口池。通常鉴评小间内还要配备数个一次性纸杯、餐巾纸、答题用的铅笔，电源插座和控制本房间的电源开关，配备好的鉴评室还装有用来答题的电脑。

2. 样品制备区

样品制备区是准备感官评定试验样品的场所。

样品制备区的设置原则是：应靠近试验区；避免鉴评人员进入试验区时经过制备区看到所制备的各种样品和嗅到气味后产生的影响；防止制备样品时的气味传入试验区。

3. 其他附属设施

若条件允许，感官评定室也可设置一些附属部分，如样品准备室、工作人员的办公室、休息厅和数据处理室等。

二、试验区环境条件

1. 温度和湿度

人的味觉和对食品的喜好性等通常会受到环境中的温度和湿度的影响。当人处于不适当的温度、湿度环境中时，由于感官同样处在不良的环境中，因此，或多或少会抑制感官感觉能力的充分发挥。所以，在进行感官评定室的设置时，通常在试验区内都安装空气调节装置，使试验区内温度恒定在 20 ~ 22℃，湿度保持在 50% ~55%。

2. 光线和照明

光线的明暗决定视觉的灵敏性。不适当的光线会直接影响感官评定人员对样品色泽的鉴评。大多数感官评定试验都采用自然光线和人工照明相结合的方式。评定室的墙壁一般是白色的，灯光要有两种，一种是白炽灯，它经常配有灯罩，因为有的试验需要用有色光来屏蔽掉样品本身的颜色，这时使用的就是有色的白炽灯，评定室内使用的另一种光源是荧光灯。选择人工照明时，以光线垂直照射到样品面上不产生阴影为宜，避免在逆光、灯光晃动或闪烁的条件下工作。

3. 空气纯净度及换气速度

为保证试验区的空气纯净度，避免不良气味对感官评定人员嗅觉的影响，通常在建立感官评定室时都必须精心选择所用材料，避免使用有气味的材料；同时为保证试验区的空气始终清新，必须考虑有足够的换气速度，一般以每分钟左右换气两次为宜。

4. 评定室的位置

评定室的位置应设在较低的楼层，而且设计时要考虑鉴评人员的出入。同时必须控制外界对鉴评人员的干扰，如将感官评定室远离噪声源，如道路、噪声较大的机械等。若感官评定室设置在建筑物内，则应避开噪声较大的门厅、楼梯口、主要通道等。也可以对感官评定室或试验区进行隔音处理，从而保证感官评定试验在安静、舒适的气氛下进行。因为任何干扰因素都会影响感官评定人员的注意力，影响正确鉴评的结果。

三、样品制备区环境条件

样品制备区要充分重视通风性能，防止制备过程中样品的气味传入试验区。同时，样品制备区所使用的装潢材料、设施、用具等都应是无气味的。

第二节 样品准备

样品是感官评定的受体，样品制备的方式、呈送至鉴评人员的方式，对感官评定试验能否获得准确而可靠的结果有重要影响。

一、样品的制备

1. 样品制备时常用的器皿和用具

在食品感官评定的样品准备工作中，经常会使用的仪器和工具有量筒、天平、温度计、秒表等。准备过程中还会用到一些大的容器，用来混合或存放某些样品，这些容器应该是用陶瓷、玻璃或不锈钢制成的，尽量避免使用易带来气味的塑料器具。

食品感官评定试验所用器皿应符合试验要求，同一试验内所用器皿最好外形、颜色和大小相同。器皿本身应无气味或异味。试验器皿和用具的清洗应慎重选择洗涤剂。不应使用会遗留气味的洗涤剂。清洗时应小心清洗干净并用不会给器皿留下毛屑的布或毛巾擦拭干净，以免影响下次使用。

2. 样品制备的注意事项

（1）控制样品量　大多数食品感官评定试验在考虑到样品的特性及鉴评人员的感官和精神上的疲劳等影响因素后，每一阶段提供给鉴评人员的样品也有数量上的规定。通常啤酒是 6 ~ 8 个，饼干的上限是 8 ~ 10 个，对于气味很重的样品，如苦味物质或者含油脂很高的食品，每次只能提供 1 ~ 2 个，对含酒精饮料和带有强刺激感官特性（如辣味）的样品，可鉴评样品数应限制在 3 ~ 4 个。而对于只进行视觉评价的产品，每次可提供的样品数可以达到 20 ~ 30 个。

呈送给每个鉴评员的样品分量应随试验方法和样品种类的不同而分别控制。通常，对需要控制用量的差别试验，每个样品的分量控制在液体 30mL，固体 28g 左右为宜。嗜好试验的样品分量可比差别试验高一倍。描述性试验的样品分量可依实际情况而定。

（2）保证样品的均一性　均一性就是指制备的样品除所要评价的特性外，

其他特性应完全相同。样品在其他感官质量上的差别会造成对所要评价特性的影响，甚至会使鉴评结果完全失去意义。在样品制备中要达到均一的目的，除精心选择适当的制备方式以减少出现特性判别的机会外，还应选择一定的方法以掩盖样品间的某些明显的差别。对不希望出现差别的特性，采用不同方法消除样品间该特性上的差别。例如，在鉴评某样品的风味时，就可使用无味的色素物质掩盖样品间的色差，使感官评定人员能准确分辨出样品间的味差。

（3）不能直接进行感官分析的样品制备　有些试验样品由于食品风味浓郁或物理状态（黏度、颜色、粉状度等）原因而不能直接进行感官分析，如香精、调味品、糖浆等。为此，需根据检查目的进行适当稀释，或与化学组分确定的某一物质进行混合，或将样品添加到中性的食品载体中，而后按照直接感官分析的样品制备方法进行制备与呈送。

二、样品的呈送

样品的呈送方式对感官评定结果的准确性同样具有很大的影响，在样品的呈送过程中要注意以下几个方面。

1. 样品的温度

要保证每个鉴评人员得到的样品的温度是一致的，当样品数量较大，这一点尤其重要。只有以恒定和适当的温度提供样品才能获得稳定的结果。

样品温度的控制应以最容易感受样品间所鉴评特性为基础，通常是将样品温度保持在该种产品日常食用的温度。

2. 样品的编号

为了更好地进行试验结果的统计，样品都必须在呈送给鉴评人员之前进行编号。不适当的样品编号通常会对鉴评人员产生某种暗示作用。例如，参加鉴评的人员很可能下意识地把被标为 A 的产品的分数打得比其他产品的分数高。所以试验组织者或样品制备工作人员在试验前不能告知鉴评员编号的含义或给予任何暗示。样品可以用数字、拉丁字母或字母和数字结合的方式进行编号。一般来说，在给样品编号时，不使用一位或两位的数字或字母，能够代表产品公司的数字、字母或地区号码也不能用来作为编号。用数字编号时，最好采用从随机数表上选择三位数的随机数字。用字母编号时，则应避免按字母顺序编号或选择喜好感较强的字母（如最常用字母、相邻字母、字母表中开头与结尾的字母等）进行编号。

3. 样品的摆放顺序

呈送给鉴评员的样品的摆放顺序也会对感官评定试验结果产生影响。摆放过程中要遵循一个“平衡”的原则，让每一个样品出现在某个特定位置上的次数是一样的。比如，对 A、B、C 三个样品进行打分，则这 3 个样品的所有可能的排列顺序为：ABC—ACB—BAC—BCA—CAB—CBA。在这种组合的基础上，样品的呈送是随机的。通常可采用两种呈送方法，可以把全部样品随机分送给每个鉴评员，即每个鉴评员只品尝一种样品；也可以让所有参加试验的鉴评员对所有的样品进行品尝。前一种方法适合在不能做到所有参试人员将所有样品都品尝一遍的情况下使用，如在不同地区进行的试验；而后一种方法是感官检验中经常使用的一种方法。

第三节　检验方案注意事项

食品感官检验方案的设计必须是由专人组织进行的。

1. 对试验组织者的要求

（1）具有良好的专业知识水平；

（2）有良好的感官识别能力；

（3）熟悉各种检验方法；

（4）可以根据实际问题正确选择检验方法和设计检验方案；

（5）具有较强的组织能力。

2. 根据试验目的不同，组织不同类型的感官评定小组

（1）生产厂家组织的感官评定小组　生产厂家组织的鉴评员一般都来源于本企业或本单位，通常是为了改进生产工艺，提高产品质量和加强原材料及半成品质量而建立。

（2）实验室组织的感官评定小组　实验室组织的感官评定小组是为开发、研制产品的需要而设置的。

（3）协作会议组织的感官评定小组　协作会议组织的鉴评员来自各协作单位，都应是生产行家，是为各地区之间同行经验交流、取长补短，改进和提高本行业生产工艺及产品质量而自发设置的。

（4）地区性及全国性产品评优组织　地区性及全国性产品评优组织的鉴评员应具有广泛的代表性，要包括生产部门、商业销售部门和消费者代表及富有经验的专家型鉴评员，并且要考虑代表的地区分布，避免地区性和习惯性造成的偏差。产品评优组织的主要目的是评选地方和国家级优质食品，通常由政府部门召集组织。

第四节　鉴评员的选择和筛选

感官评定是以人作为测量仪器的一种试验，感官评定人员在试验中起着至关重要的作用。因此，鉴评员的选择和筛选是使感官评定试验结果可靠和稳定

的首要条件。

一、感官评定候选人员的选择

要想使感官评定试验能够顺利地进行，必须有大量可供选择的候选人员。感官评定的鉴评人员的来源通常没有什么特殊的限制，在实际中为了试验的方便，鉴评人员通常来自组织机构内部，比如，研究机构内部、大学的食品系内部或食品公司的研发室内部；当所需人数较多时，就需要从外界进行招募。如果长期组织感官评定试验，则应建立一个大的备选人员数据库。

食品感官评定试验种类繁多，各种试验对参加人员的要求不完全相同。感官评定试验组织者可以通过发放问卷或面谈的方式了解参选人员的相关信息，从中选择出感官评定的候选人，然后再进一步筛选。

问卷或面谈的内容设计一般要考虑到以下几个方面：

（1）候选人员个人的基本情况　包括姓名、年龄、性别、职业、教育程度、工作经历、感官评定经验等。

（2）候选人员是否为自愿参加本试验　对参加感官评定的人员一个最基本的要求是，必须是自愿参加的。在自愿参加的基础上，再由试验的组织者进行选择、筛选和培训。通常在正式试验前，还要签署一份志愿表格。

（3）候选人员的身体健康状况　感官评定试验候选人应挑选身体健康、感觉正常、无过敏症和服用影响感官灵敏度药物史的人员。身体不适如感冒或过度疲劳的人，暂时不能参加感官评定的试验。

（4）候选人员对本试验是否具有兴趣　兴趣是调动主观能动性的基础，只有对感官评定感兴趣的人，才会在感官评定试验中集中注意力，并圆满完成试验所规定的任务。在候选人员的挑选过程中，组织者要通过一定的方式，让候选人员知道进行感官评定的意义和参加试验人员在试验中的重要性。之后，通过反馈的信息判断各候选人员对感官评定的兴趣。

（5）候选人员能否保证准时参加鉴评试验　感官评定试验要求参加试验的人员每次都必须按时出席。试验人员迟到不仅会浪费别人的时间，而且会造成试验样品的损失和破坏试验的完整性。此外，试验人员的缺席率会对结果产生影响。经常出差、旅行和工作任务较多难以抽身的人员不适宜作为感官评定试验的候选人员。

（6）候选人员的表达能力如何　对感官评定试验，特别是描述性试验，要求感官评定人员具有叙述和定义出产品各种性能的能力，因此，感官评定人员的表达能力往往决定了试验结果的准确与否。

（7）候选人员是否能正确对待试样，是否有特殊的喜好性　作为感官评定试验候选人必须能客观地对待所有试验样品，即在感官鉴别中根据要求去除对样品的好恶感，否则就会因为对样品偏爱或厌恶而造成偏差。

问卷或面谈都要经过试验组织者的精心设计，不但要包含候选人员选择时所应考虑的各种因素，而且要能够通过答卷人的回答获得准确信息。

二、感官评定人员的筛选

在初步确定感官评定的候选人后进行感官评定人员的筛选工作。一般来讲，筛选工作不会与招募工作同时进行，但时间也不能相隔太长。在筛选鉴评人员之前，必须清楚以下几点：

①不是所有的候选人都符合做感官鉴评员的要求；

②大多数人不清楚他们对产品的感觉能力；

③每个人的感官评定能力不都是一样的；

④所有人都需要经过指导才会知道如何正确进行试验。

感官评定试验的组织者可通过试验的方法观察候选人员对感官评定试验的兴趣、是否具有感官评定能力、在鉴评试验中的合作性、主动性及准时性等。根据筛选试验的结果获知每个参加筛选试验人员在感官评定试验上的能力，决定候选人员适宜作为哪种类型的感官评定或不符合参加感官评定试验的条件而被淘汰。

不同类型的感官评定试验所使用的感官评定人员的筛选方法不同。

1. 区别检验感官评定人员的筛选

区别检验感官评定人员的筛选目的是确定鉴评员区别不同产品之间性质差异的能力以及区别相同产品某项特性程度大小或强弱的能力。筛选工作可以通过匹配试验、区别试验和排序/分级试验来完成。

2. 分析或描述性试验鉴评人员的筛选

描述分析试验感官评定人员的筛选目的是确定鉴评员对感官性质及其强度进行区别的能力、对感官性质进行描述的能力以及抽象归纳能力。筛选工作可以通过敏锐性试验、排序/分级试验及面试等形式完成。

无论采用何种方法进行感官评定人员的筛选，在筛选的过程中都应注意下列几个问题：

①参加筛选试验的人数要多于预定参加实际感官评定试验的人数；

②在筛选过程中，要根据各次试验的结果随时调整试验的难度；

③使用与正式感官评定试验相类似的试验材料；

④筛选可连续进行直至挑选出人数适宜的最佳人选。

在感官评定人员的筛选过程中，感官评定的组织者要不断地收集有关信息，并且对选择人员所需要的有效数据作出正确的判断，从而达到筛选的目的。

三、感官评定人员的训练

经过筛选试验挑选出来的人员，常常还要参加特定的训练，来保证鉴评人员都能以科学、专业的精神对待鉴评工作。所以培训是非常关键的一步。

培训的目的：

①提高和稳定感官评定人员的感官灵敏性；

②降低感官评定人员之间及感官评定结果之间的偏差；

③降低外界因素对感官评定结果的影响。

1. 区别检验感官评定人员的培训

在试验前，告诉感官评定人员一些注意事项，比如，在训练期间尤其是训练的开始阶段不能接触或使用有气味化妆品及洗涤剂；避免味感受器官受到强烈刺激，不能喝咖啡、嚼口香糖、吸烟；除嗜好性感官试验外，鉴评人员在评析过程中不能掺杂个人情绪；如果鉴评人员感冒、头疼或睡眠不足，不应该参加试验等。

在试验开始时，要认真向鉴评人员讲解本次试验的正确步骤，要求鉴评人员阅读试验指导书并严格执行。

正式培训时，遵循由易到难的原则来设计培训试验，让鉴评人员理解整个试验。感官评定组织者还要向受训练的人员讲解感官评定的基本概念、感官分析程度和感官评定基本用语的定义和内涵，从基本感官知识和试验技能两方面对感官评定人员进行训练。

2. 描述试验感官评定人员的培训

首先，向受训练人员介绍一些描述性词汇，包括外观、风味、口感和质地方面的词汇，让他们能够了解各种不同类型食品的感官特性。

其次，准备一些相互之间差异比较小的样品，让受训练人员对这些样品进行区别和描述。这时可能出现的问题是，原本相同的样品得到的评定却不相同；同一个样品几次得到的结果不一致。经过一定时间的训练，会使品评结果一致合理。

最后，让受训练人员对几个不同产品进行品评，进行反复的训练，增强感官评定人员的实践能力。

每次鉴评试验完成后，鉴评人员都应集中在一起，对结果和不同的观点进行讨论，使意见达成一致，这对提高鉴评人员的描述和表达能力具有十分重要的意义。

第四章　食品的质地评价

【学习目标】通过本章学习，使学生们了解到食品的质地评价的概念，内容及感官表现。

第一节　食品质地评价的概念和类型

质地（texture）一词的原意是指某种材料的结构性质，随着对食品物理性质研究的不断深入，人们借用此词来表示食品的组织状态、口感及美味感觉等。研究食品质地的表现、质地的测定和质地的改善等，也逐渐发展成为了一门学科，即食品质地学。这里主要介绍食品质地的感观评价。

一、食品质地的概念

较早对食品质地进行定义的是 Matz，他认为“食品的质地是除温度感觉和痛觉以外的食品物性感觉。它主要由口腔中皮肤及肌肉的感觉来感知”。后来 Kramer 又提出手指对食品的触摸感也应属质地的表现。国际标准组织将食品质地定义为：用机械的、触觉的方法，或在适当条件下，利用视觉和听觉感受器所感知到的产品所有流变学结构上的（几何图形和表面）特征。

一个物体的质地可以通过视觉（视觉质地）、触觉（触觉质地）和听觉（听觉质地）来感知。在一些产品中，人们只需利用这些感觉的其中之一来感知产品的质地，而在另一些产品中，则需要通过这些感觉的组合来感知产品的质地。例如，橙子表面具有视觉和触觉的粗糙感，但苹果的表面却没有。土豆片的脆度在口中既是一种对触觉质地的感知，也是一种对听觉质地的感知。麦乳精在玻璃杯中可以用视觉来评估，而在用棍搅拌麦乳精时，又可以用本受感觉来评估，在口中则用触觉质地来测定。

在一些食品中，能被人感知到的质地是产品中最重要的感观特征。对这些产品而言，能感知到的质地缺陷会让消费者对产品的快感反应产生一个完全相反的印象。例如，湿乎乎的（不脆的）土豆片、老（不嫩）牛排和蔫蔫的（不嘎吱响的）芹菜（茎）。在一些其他产品中，虽然产品质地很重要，但它并不是产品最主要的感观特征，例如糖果、面包和大多数蔬菜等。还有一些食品，能感知到的质地在产品的接受性中起很小的作用，如酒、汤和汽水等。

二、食品质地评价的类型

食品质地评价包括听觉、视觉和触觉质地。

1. 听觉质地

声音是由机械振荡后产生的。机械振荡在空气或其他介质中产生了可以传播的声音。研究者把在食品中通过听觉感知到的质地称为脆度和/或易碎感，脆度和/或易碎感食品可分为湿食品和干食品两类。在这两类食品中，声音产生的机理是不一样的。

湿脆食品，如新鲜的蔬菜和水果，含有足够的水量，是由易碎的活体细胞构成的，也就是说细胞成分对细胞壁增加了一个向外的压力。其组织结构就像一个粘在一起的充水小毛球，当这个结构被破坏后，如同被压碎或被咀嚼，细胞就会破裂从而产生声音。在一个充了气的气球中，爆破的声音是由于气球内的压缩空气爆炸后蔓延所引起的，对于易碎的细胞而言，声音是由于膨胀压力的突然释放而形成的。当液体的表面张力高时，音量就会较小，把植物细胞放在足够潮湿的环境中，会增加细胞的膨胀压力以及能感知到的产品脆度。

干脆食品，如小甜饼、薄脆饼干、油炸土豆片放在潮湿的环境中，将会减少食品可感知的脆度。这些产品中有空气小室或洞，分别被易碎的细胞或洞壁环绕。当这些洞壁破裂时，所有剩下的壁和碎片就会折断成它们原始的形状。壁的折断过程产生了振动，从而产生了声波。当水分增加时，壁就不可能折断，声音产生的音量就会变小。

听觉质地一方面能增加我们吃东西的兴趣，如与许多谷物食品相关的脆声以及与多汁苹果有关的易碎声，所以经常将声音作为食品质量的指标之一，但另一方面有时也产生一定的负面影响，如吃没有洗净的菠菜时牙齿间产生沙砾磨擦的声音。

2. 视觉质地

食品的视觉质地主要依靠人的视觉对食品的颜色、形状、大小、光泽、动感进行感觉，以判断其质量。

3. 触觉质地

食品的触觉质地主要靠口腔的触觉进行感觉，通常口腔的触觉可分为以舌头、口唇为主的皮肤触觉和牙齿触觉。此外，触觉质地也包括用手接触物品时感觉到的质地。

口腔皮肤触觉敏感程度常用识别阈值表示，即对皮肤或黏膜表面两点同时进行接触刺激，当距离缩小到开始要辨认不出两点位置区别时的尺寸，也就是可以清楚分辨两点刺激的最小距离，这一距离越小，说明皮肤在该处的触觉最敏感。另外，口腔皮肤的敏感程度也可用压觉阈值或痛觉阈值来分析，压觉阈值的测定是用一根细毛压迫某部位，把开始感到疼痛时的压强称作这一部位的压觉阈值。痛觉阈值是用微电流刺激某部位，当觉得有不快感时的电流值。

牙齿触觉是通过牙齿咀嚼食品感知的，用牙齿咀嚼食品时，感觉是通过齿龈膜中的神经感知，所以安装假牙的人由于没有齿龈膜比正常人的牙齿感觉迟钝得多。据测定，假牙的感觉比正常牙齿要迟钝 10 倍。

在食品质地的感观评价中，试样组织颗粒的大小、分布、形状及均匀程度，也是重要的感知项目。在感知食品颗粒大小时，参与的口腔器官有：口唇与口唇、口唇与牙齿、牙齿与牙齿、牙齿与舌头、牙齿与颊、舌与口唇、舌与腭、舌与齿龈等。通过这些器官的张合、移动感知。在与食品接触中，各器官组织的感觉阈值不同，接受食品刺激的方式也不同，所以很难把对颗粒尺寸的判断归结为某一部位的感知。Tyle 研究了悬浮颗粒的大小、形状和硬度对糖浆砂性口部知觉的影响，发现柔软的、圆的，或者相对较硬的、扁的颗粒，大小一直到约 80μm，人们都感觉不到沙粒。但硬的、有棱角的颗粒在 >11 ~ 22μm 的大小范围内时，人们就能感觉到口中有沙粒。Richardson 和 Booth 又发现一些鉴评员能区别平均的脂肪球大小以及低于 1μm 的距离分布（范围在 0.5 ~ 3.0μm）。而另一些研究中，在口中可察觉的最小颗粒大小 <3μm。

第二节　食品质地的感官表现

一、质地多面剖析法（texture profile）

所谓质地多面剖析法，就是利用科学的方法对质地评价术语进行分类、定义，使之成为进行交流的客观信息。例如，面条的“筋道”、西瓜的“沙瓤”、炒肉的“肉嫩”、面包的“弹性”等。1963 年，Brandt 首先提出了质地多面剖析法的概念。这种方法把对质地的表现用语，即感官知觉与其力学性质、几何特性结合起来进行了定义，使得对质地的感官评价信息，可以用客观的方法相互沟通或传递。在这方面 Szczeniak 和 Sherman 的提案得到较多的赞同，见表 4-1 及图 4-1。Szczeniak 把质地的评价概念按力学特性、几何特性和其他特性分为三大类。对力学特性又按进食的先后分为一次特性和二次特性等，并把这些特性与表现用语对应，给出了比较明确的定义。

在此基础上 Szczeniak 还对人们进食咀嚼曲线进行了解析，对质地多面剖析法力学特性中的硬度、凝集性和附着性给以量化的评价。Szczeniak 认为：人对食品的感官评价应是包括从烹调在内的一系列摄食动作中的感觉。因此对食品质地感觉应是一个过程的动态评价。

表 4-1　　　　　　　　**Szczeniak 质地多面剖析法**

特性	一次特性	二次特性	表现词汇	特性内容（定义）
力学特性	硬度	—	柔软、坚硬	使食品达到一定变形所需的力，食品保持形状的内部结合力
	凝聚性	酥脆性	酥、脆、嫩	与硬度和凝聚性有关的使食品破断时所需的力
	—	咀嚼性	柔软—坚韧	与硬度、凝聚性、弹性有关，将固体食品咀嚼到可吞咽时需做的功
	—	胶黏性	酥松—粉状—糊状—橡胶状	与硬度及凝聚性有关的，将半固体食品嚼碎到可吞咽时需做的功
	黏性	—	松散—黏稠	在一定力作用下的流动性
	弹性	—	可塑性—弹性	外力作用时的变形及去力后的恢复程度
	粘着性	—	发黏的—易粘的	食品表面与其他物体（舌、齿、腭等）粘在一起的力
几何特性	粒子的大小形状		粉状、砂状、粗粒状、纤维状、细胞状、结晶状	—
其他特性	水分含量	—	干的—湿的—多汁的	—
	脂肪含量	油状	油腻的	
		脂状	肥腻的	

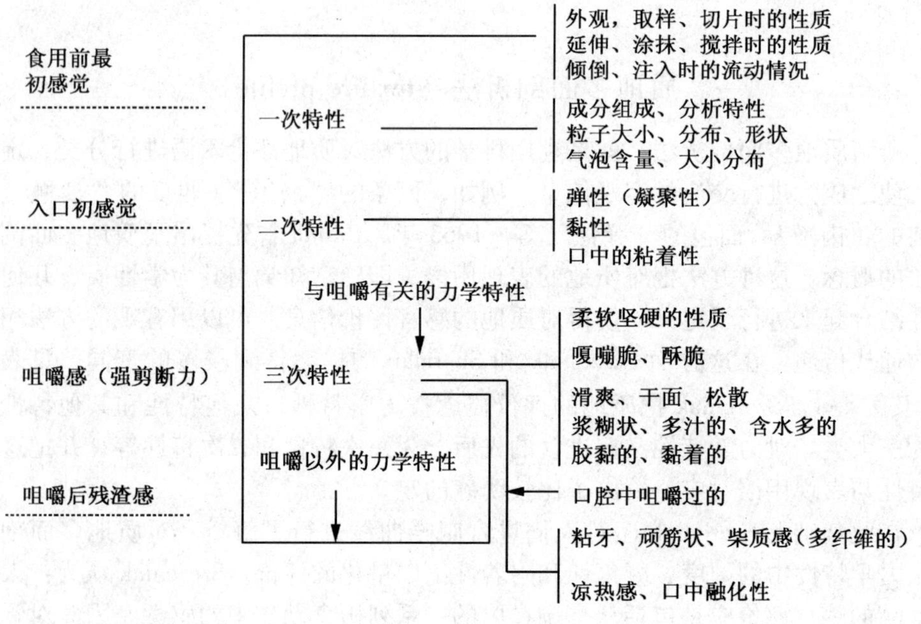

图 4-1　Sherman 质地多面剖析

二、语义量化法

语义量化法是用语言心理学的研究手法，对各种质地评价用语进行分析对比，使得这些术语有比较客观的定义。这种方法在质地多面剖析法的基础上，对质地学中常用的综合感官评价术语，进行了特定的、具体的量化定义。例如，这种方法把酥脆性用具体的脆性食品来定义，用这些不同酥脆性的食品分别代表酥脆性的程度。这样就把感觉的术语变成了大家都可以量化、比较的指标。当然，用作这种等级尺度的标准食品，是从利用频度、普遍性和质地特性的稳定性等方面来选择的，其中的一例如表 4-2 所示。

表 4-2　　质地术语量化标准举例

与力学参数对应的标准食品类别	标准食品及强度范围
硬度（hardness）	软质干酪（cream cheese）[1]……冰糖（rock candy）[9]
脆度（brittleness）	玉米松饼（corn muffin）[1]……松脆花生糖（brittle）[7]
耐嚼性（chewinese）	黑麦面包（rye bread）[1]……软式面包（tootsie roll）[7]
胶弹性（gumminess）	面团（40% 面粉）[1]……………面团（60% 面粉）[7]
粘着性（adhesiveness）	含水植物油 [1]……………………花生酱 [5]
黏性（viscosity）	水 [1]……………………………炼乳 [8]

三、质 地 图 法

质地图法的基本做法是采用压缩-拉伸试验求出食品的凝聚性、硬度、咀嚼性、粘着性、胶黏性等物性值。然后，把这些物性值再分析归类，以三维空间坐标表示。例如，以 Y 方向表示硬度大小，X 方向表示凝聚性大小，Z 方向表示弹性指标。Y 的正方向数字越大，表示硬度越大，相反方向表示越软；X 正方向数字越大，表示越坚韧，相反方向表示越酥脆；Z 方向数字越大，表示越富有弹性，相反方向表示缺乏弹性。这样就可以把各种食品群的质地性质表示在一个三维坐标图上。质地图法具有直观、准确的特点，便于对食品质地的预测和控制。

四、质地评价用语简介

表现食品质地感觉的术语虽然十分丰富，但这些术语只有经过科学的整理和准确的定义，才能成为质地评价的学术用语。

1. 一般概念

（1）structure　结构、组织，表示物体或物质各组成结合的性质。

（2）texture　质地，它是物理性质（包括大小、形状、数量、力学性质、光学性质、结构情况）的感觉表现（包括触觉、视觉、听觉）。

2. 缩、拉伸有关的表现用语

（1）firm = hard　硬，表示受力时，对变形抵抗较大的性质（触觉）。

（2）soft　柔软，表示受力时，对变形抵抗较少的性质（触觉）。

（3）tough　坚韧，表示对咀嚼有较强的和持续的抵抗，与柔嫩反义。近似于质地用语的凝聚性。坚韧一词在我国不大用于食品，用于表现此意的是“咬不烂”、“嚼不烂”一类俗语（触觉）。

（4）tender　柔嫩，表示对咀嚼的抵抗力较弱，多用于对肉类的形容（触觉）。

（5）chewy　柔韧、耐嚼、嚼不碎，像嚼口香糖那样对咀嚼有较持续的抵抗（触觉）。

（6）short　酥松，表示一咬即碎的性质（触觉）。

（7）spring　弹性，去掉作用力后变形恢复的性质（视觉）。

（8）plastic　可塑性，去掉作用力后变形保留的性质（视觉）。

（9）sticky　胶黏，表示咀嚼时对上腭、牙齿或舌头等接触面粘着的性质（触觉）。

（10）glutinous　黏糊，黏的，与黏稠及胶黏往往可以视为同义语，常用来形容糯米年糕、汤圆那样的感觉（触觉和视觉）。

（11）brittle　松脆，形容加作用力，几乎没有初期变形而断裂、破碎或粉碎的感觉（触觉与听觉）。

（12）crumbly　易成碎渣的，形容一用力或一碰便易成为小的不规则碎片的性质，如面包屑。常形容掉渣的糕饼（触觉和视觉）。

（13）crunchy　嘎嘣脆，兼有松脆和易碎渣的性质。常用来形容咬锅巴、萝卜之类时嘎吱嘎吱发响的感觉（触觉、视觉和听觉）。

（14）crispy　酥脆、脆嫩、脆生的，用力时伴随脆响而屈服或断裂的样子。常用来形容吃鲜苹果、芹菜、黄瓜、脆饼干、油炸脆片等感觉（触觉和味觉）。

（15）thich　黏稠，常用来形容粥、饭、糊浆（触觉和视觉）。

（16）thin　稀薄的、稀的，作为黏稠的反义词，有清淡、爽口之感（触觉和视觉）。

3. 与食品组织有关的表现用语

（1）构成粒子的尺寸形状

① smooth：滑腻，表示组织中感觉不出颗粒存在，均匀细腻的质感。多用作形容冰淇淋的柔软滑爽，汤汁的爽口（触觉和视觉）。

② fine：细腻，组织的构成粒子或纹理非常细小而均匀的样子（触觉和视觉）。

③ powdery：粉状的，颗粒很小的粉末状或易碎成粉末的性质（触觉和视觉）。

④ gritty：砂状的，砂质感，形容小而硬颗粒的存在感（触觉和视觉）。

⑤ coarse：粗糙的，形容组织颗粒较粗，有较大粒子存在（触觉和视觉）。

⑥ lumpy：多团块的，疙瘩状的，形容组织中含有不规则团块的样子，例如没有拌匀的面糊，含有疙瘩块；冲调乳粉中有团块的样子（触觉和视觉）。

（2）组织的排列和形状

① flaky：层片状，薄片状，容易剥落的层片状组织（触觉和视觉）。

② fibrous：纤维状的，形容可感到纤维状的组织，且纤维易分离（触觉和视觉）。

③ string：多筋的，纤维粗的，形容纤维较粗硬的组织（触觉和视觉），如老芹菜、筋多的老牛肉等。

④ pulpy：打成浆的果肉样，烂浆状的、软糊状的，形容柔软而有一定可塑性的湿纤维状物料构造，有时也用来形容果肉丰满多汁的感觉（触觉和视觉）。

⑤ cellular：蜂窝状的、细胞结构的，主要指具有较规则的孔状构造（触觉和视觉）。

⑥ puffed：蓬松的、膨胀的，形容胀发得很暄腾的样子（触觉和视觉）。

⑦ crystalline：结晶状的，形容砂糖、食盐那样结晶的群体组织（触觉和听、视觉）。

⑧ glassy：玻璃状的，形容脆而透明的固体，觉察不出组织纹理结构的样子（触觉、视觉和听觉）。

⑨ gelatinous：凝胶状的，形容具有一定弹性的固体，觉察不出其组织纹理结构（触觉、视觉和听觉）。

⑩ foamed：泡沫状的，主要形容许多小的气泡分散于液体或固体之中的样子（触觉和视觉）。

⑪ spongy：海绵状的，形容有弹性的蜂窝状结构（触觉和视觉）。

4. 与口感有关的词语

（1）mouth feel　口感，表示口腔对食品质地感觉的总称。

（2）body　浓稠感、重厚感，是质地的一种口感表现，类似于我国俗语中的“瓷实”等。

（3）dry　干的，口腔对游离液少的感觉。

（4）moist　潮湿的，口腔中的游离液的感觉既不觉得少，又不感到多的样子。

（5）wet　水灵的、水的，口腔中游离液有增加的感觉。

（6）watery　水的，因含水多而有稀薄、味淡的口感。

（7）juicy　多汁的，咀嚼中口腔液体有不断增加的感觉。

（8）oily　油的、油腻，口腔中有易流动，但不易混合的液体存在的感觉。

（9）greasy　肥腻的、油腻的，口腔内有黏稠而不易混合液体或脂膏样固体的感觉。

（10）waxy　蜡质的，口腔内有不易溶混的固体的感觉。

（11）mealy　粉质感、粗粉状、干面的，口腔内有干的物质和湿物质两者混在一起的感觉，如吃蒸熟的马铃薯或表面有粉的柿饼的感觉。

（12）slimy　黏滑的，口腔中的滑溜感。

（13）creamy　奶油状的，口腔中黏稠而滑爽的感觉。

（14）astringent　收敛感，口腔中皮肤收敛的感觉，涩。

（15）hot　烫，口腔过热的感觉。

（16）cold　冰冷，口腔对低温的感觉。

（17）cooling　清凉，像吃薄荷那样，由于吸热而感到的凉爽。

第三节　颜色和外观质地鉴定

在实际生活中，我们经常通过食品的颜色和外观来选购食品，如肉类、蔬菜和水果；在食品加工中和烹饪过程中，我们还把颜色作为食品煮熟程度的一种提示，并与香气和风味的变化有关，如焙烤和油炸食品中的褐变。可见食品的颜色和外观也常被用来评价它的质量。科学研究也已表明：产品的颜色将会影响我们对其他品质，如香气、味道和风味的感觉，例如 Dubose 和 Cardell 等人发现当饮料不表现出典型的颜色时，就会显著降低正确识别果味饮料风味的次数，而当饮料颜色恰当时，正确识别的次数就会增加。Johnson 和 Clydesdale 还发现这样一种情况：即使深色蔗糖溶液实际上比浅色对照溶液中的蔗糖含量低 1%，但是品评员对深色溶液所感觉到的甜度打分，要比颜色较浅的对照溶液高 2% ~10%。

一、什么是颜色

颜色是当光线与物体相互作用后，对其检测所得结果的感知，照在物体上的光线可以被物体折射、反射、传播或吸收。在电磁光谱可见光范围内，如果几乎所用的辐射能量均被一个不透明的表面所反射，那么该物体呈现白色。如果光线在整个电磁光谱可见光范围内被部分吸收，那么物体呈现灰色。如果可见光谱的光线几乎完全被吸收，那么物体呈现黑色。

物体的颜色能在三个方面变化：色调，我们通常将其代表性地作为物体的"色彩"（绿色）；明亮度，也称为物体的亮度（绿的亮与暗）；饱和度，也称为色彩的纯度（纯绿与灰绿）。对物体颜色明亮度（值）的感知，表明了反射光与吸收光之间的关系，但是没有考虑所含有特定波长。物体的感知色调是对物体色彩的感觉，这是由于物体对各个波长辐射能量吸收不同的结果。因此，如果物体吸收较多的长波而反射较多的短波（400～500nm），那么物体将被描述为蓝色。在中等波长处有最大光反射的物体，其结果是在色彩上可被描述为黄绿色物体，而在较长波长（600～700nm）处有最大光反射的物体会被描述为红色。颜色的色度（饱和度或纯度）表明某一物定色彩与灰色的差别有多大。

产生颜色的视觉感知是由于在电磁光谱的可见光范围（表4-3）内，某些波长比其他波长强度大的光线对视网膜的刺激而引起的。整个电磁光谱包含伽马射线（波长 10^{-5}nm）到无线电波（波长 10^{3}nm），但是人眼只能对该能量中的很小范围作出反应。因此，颜色可归于光谱分布的一种外观性质，而视觉的颜色感知是大脑对于由光线与物体相互作用后对其检测产生的视网膜刺激而引起的反应。或者说，在没有被所视物体吸收的电磁光谱中，可见光部分的波长被眼睛所看到并被大脑翻译为颜色。

表4-3　　电磁光谱的可见部分

颜　色	波长范围/nm	颜　色	波长范围/nm
紫色	380～400	黄色	570～590
蓝色	400～475	橙色	590～700
绿色	500～570	红色	700～770

二、视　　觉

物体反射的光线，或者透过物体的光线照相在角膜上，透过角膜到达晶状体，再透过玻璃体到达视网膜，在那儿，大多数的光线落在视网膜中的一个小凹陷处——中央凹上。视觉感受器、视杆和视锥细胞位于视网膜中，这些感受器含有光敏色素，当它收到光能刺激时会改变形状，导致电神经冲动的产生，并沿着视神经传递到大脑。由于视杆细胞只产生无色（黑/白）信息，因此在低光线条件下，我们有无颜色感觉的暗视觉。600万个视锥细胞在较高的光线强度（照明水平）下工作并提供了彩色的信息（颜色），形成明视觉。在降低光照条件的情况下，会发生一种称为浦肯野氏转移的现象，此时人会变得对蓝绿光更为敏感，蓝色似乎变得更亮，而红色相对较暗。由于是在非常低的光线强度发生的浦肯野氏转移，红色会呈现黑色，而蓝色会呈现灰色。视锥细胞的最密集处是在中央凹处，位于视网膜上黄斑中的一个小凹陷（直径 2 ㎜），此处有最高的颜色分辨率。当观察一个物体时，我们的眼睛会不自觉地活动，以便让物体的影像落在中央凹处。视锥细胞包含三种感光色素，每一种分别对红、绿或蓝光最为敏感。如果缺乏这些色素中的任何一种，人就会患有各类色盲病症。

三、外观和颜色属性的测定

1. 视觉和仪器的外观测量

可以通过标准的描述技术，对许多外观品质进行测量，并利用一种简单的强度标度量化这一品质。例如，“小甜饼表面可见的巧克力碎片数量”。在这种情况下，该“数量”可以分为从没有到许多，就像在训练中所提供的例子定位于标度的高端和低端。视觉质地是另一个很好地借助于简单强度标度测定的例子，例如表面的外观粗糙度、表面印痕的大小和数量及能在液体产品的容器中沉淀的密度和数量。这些大多数简单而具体的品质，几乎不要求品评员经过训练，就能很容易地加入到产品的描述简介中。当然，正如其他任何一种描述技术，标度变得更加标准，并且如果展示低和高范围以提供定位标度的参照框架，品评员之间会有更好的一致性。

2. 浊度（浑浊度）

许多饮料中一个重要性质就是它们看起来澄清度如何，或是浑浊度如何。例如啤酒、果汁和葡萄酒我们期望是澄清的，而苹果酒我们期望是浑浊的。浊度的测量可以采用仪器测量的方法，但是明智的做法是将仪器的测量值与人的感觉进行交叉参考。训练一个评价小组如何进行浊度的评价相当简单。如果没有很好地了解一个产品感觉到的浊度和仪器测量的浊度间的关系，那么建议对鉴评员进行检验，以了解他们对产品的感官反应。澄清度是由光线的传播引起的，能传播更多光线的液体会表现出更大的透明度。相反，浊度或浑浊度是由于微小悬浮颗粒将透过材料的笔直光路光线转向，并将其向不同的方向折射而产生的光学现象。用物理术语表示，浊度就是当入射光线横穿悬浮液时所散射的总光线。浑浊是由于可能在包装品中沉淀的胶体或较大颗粒的原因。可以利用浊度仪可测云计进行浑浊和浊度的物理测量，利用 1 束汇聚的光在几个角度上，测量光线的散射。

3. 光泽（光亮）

另一个重要的视觉品质是光泽或光亮，同样，也有各种物理仪器不测量光线的反射，但感观数据对于确定人在这种情况下所感知的情况仍然是很重要的。如果表面不均一，这就变得更为重要了，因为大多数仪器的反射测量是利用均匀的表面工作而设计的。许多食品和消费产品并不是很好地符合这些条件。例如，蛋糕或其他焙烤产品上的糖衣可能并不是一个光滑表面。感官专业人员应该牢记两种主要的光线反射类型，因为如果只是询问总体的光泽度，由不同的品评员可能会得到不同的解释。镜面反射是指当产品表面出现某光源的实际影像时所感知的像镜子一样的光泽。很明显，为了按一种可靠的方式检验这一情况，必须要有标准的角度和观察的条件。另一类重要的光泽是由漫反射引起的。在这种情况下，有光线反射，但它是在表面以各种不同的角度散射的，以至于人们无法看到光源的反射现象。用砂布打磨金属表面后产生的许多细小擦痕会得到一个很好的具有漫反射表面的例子。其表面可能似乎相当光亮，但却没有像镜子一样的影像，只是光源的明亮。这类光泽在食品中也是相当常见的，例如上了糖衣的油炸面圈和蛋裹面包。

4. 视觉颜色测量

必须对影响外观的因素进行标准化处理。一般情况下，进行颜色评估的感官科学家应仔细对下列内容进行标准化、控制和报告：

（1）观察区域的背景颜色　理想的背景颜色应该是无反射的、中性的；通常采用一个不光滑的灰色、奶油色或白色。

（2）光源（表 4-4）以热力学温标表示，其在产品表面的强度以 lx 表示。如果光源不是标准照明，也应该选择有高着色指数（*R*a）的光源。

（3）品评员的观察角度和光线照射在样品上的角度不应该相同，因为那样会导致入射光线的镜面反射，以及该方法人为造成的一种可能的光泽。通常品评室区设置的光源垂直在样品之上，当品评员落座时，他们的观察角度大约与样品成 45 度。

（4）光源与产品的距离　这会影响照射在样品上的光线量，应在产品表面测量光线强度。

（5）样品是用反射光还是透射光照射。

表 4-4　光源、颜色温度和着色指数

光　源	颜色温度/K	气氛描述	着色	
			指数/*R*a	数量
烛光	1800	很热	—	—
高压钠灯	2100	很热	22	差
40W 白炽灯泡	2700	暖和	接近 100	极好
100W 白炽灯泡	2870	暖和	接近 100	极好
CIE 光源 A	2856	暖和	接近 100	极好

续表

光源	颜色温度/K	气氛描述	着色	
			指数/Ra	数量
暖白荧光灯 Sylvania T5 暖色	3000	暖和	82	很好
金属卤化物灯 Sylvania 金属弧光 ProTech	3000	暖和	85 +	很好
GroLux 广谱灯	3400	中性	89	极好
中性荧光灯 PureLite	3500	中性	85	很好
冷白荧光灯 Sylvania T5 冷色	4100	冷	82	很好
钨/卤素光 SoLux	4700	冷	99	极好
CIE 光源 B（直接日光）	4870	冷	—	—
全光谱荧光灯 DuroTest Vitalite	5500	冷	90	极好
日光灯 Sylvania F40D	6300	冷——忧郁	76	好
CIE 光源 D65	6500	冷——忧郁	100	极好
日光灯 DuroTest Daylite 65	6500	冷——忧郁	92	极好
CIE 光源 C（阴暗日光）	6774	冷——忧郁	—	—
CIE 光源 D（日光）	7500	冷——忧郁	—	—

对于颜色和外观，光源通常由其颜色温度表示。颜色温度的确定是根据黑体吸收作用，其上的所有能量，并被加热到发出特定光源的某一光谱分布特性的光线所需要的热力学温度。黑体发出的光线随颜色温度的改变而改变。在较低的温度（2000K）发出的光线较红；在较高的温度（大约 4000 ~ 5000K），光线较白；而在高温下（8000 ~ 10000K），光线变得较蓝。用于食品颜色评价的标准光倾向于用光源 A（具有 2856K 的颜色温度），C（6774K），D65（6500K）和 D（7500K）。这些光源都基于钨灯。

第五章 食品感官评定分析方法

【学习目标】了解差别检验法、标度检验法及分析或描述检验法等三种食品感官检验方法的含义、具体试验方法、步骤等，以及它们在食品检验中的重要应用。

第一节 概 述

食品感官检验是建立在人的感官感觉基础上的统计分析方法，随着科学技术的发展与进步，感官检验技术也不断地成熟与完善，在食品生产中的应用也越来越广泛，其目的是为了评价食品可接受性和鉴别食品的质量。食品感官检验的方法较多，按应用的目的可分为嗜好型和分析型，按方法的性质又可分为差别检验法、标度和类别检验法、分析或描述检验法。

一、差别检验法

差别检验是要求鉴评员对两个或两个以上的样品，做出是否存在感官差异的结论（或偏爱其一）。差别检验的结果，是以做出不同结论的鉴评员的数量及检验次数为基础，进行概率统计分析。常用方法有：两点试验法、二-三点检验法、三点试验法、A-非A试验法、五中取二试验法、选择试验法、配偶试验法等。

例如，针对A、B两种样品，有多少人选择样品A，多少人选择样品B，多少人回答正确，结果分析主要运用统计学的二项分布参数检查。

值得注意的是：差别检验法中，一般规定鉴评员必须“强迫选择”，不允许“无差异”的回答，即鉴评员未能察觉出两种样品之间的差异。同时还要注意样品外观、温度和数量等明显差别所引起的误差。

二、标度检验法

对两个以上的样品进行评价，要求鉴评员判断出哪个样品好，哪个样品差，以及样品间差异的大小和差异方向，将样品排出等级或类别。结果分析时选择何种方法解释数据，取决于试验的目的及样品数量，常用的数据处理方法有：χ^2 检验、t 检验、方差分析等。

此类检验法中常用的方法有：排序检验法、分类检验法、评分检验法、评估检验法等。

三、描述分析检验与感官剖面检验法

此种方法要求鉴评员判定出一个或多个样品的某些特征或对某些特征进行描述和分析。通过检验可得出样品各个特性的强度或样品全部感官特征。常用的方法有简单描述检验法和定量描述检验。

实际应用中，要想获得满意的感官评价结果，主要考虑以下因素的影响：

（1）检验方法适用的目的　如两点检验法、评分法适用于样品的嗜好性检验；排序检验法可以判别样品的品质等。

（2）所选用鉴评员的类型及人数　食品感官分析是在特定的试验条件下利用人的感官进行评价，参加评价人员的感官灵敏性和稳定性、参加评价人员的人数等诸多因素也会影响评价结果的准确性。表 5-1 列举了各种检验法所需各类鉴评员最低人数。

表 5-1　不同的检验方法所需鉴评员人数

方　　法	所需鉴评员人数		
	专家型	或优选鉴评员	或初选鉴评员
两点检验法	7 名以上	20 名以上	30 名以上
三点检验法	6 名以上	15 名以上	25 名以上
二-三点检验法	—	—	20 名以上
五中取二检验法	—	10 名以上	—
“A”或“非 A”检验法	—	20 名以上	30 名以上
排序检验法	2 名以上	5 名以上	10 名以上
分类检验法	3 名以上	3 名以上	—
评估检验法	1 名以上	5 名以上	20 名以上
评分检验法	1 名以上	5 名以上	20 名以上
简单描述检验法	5 名以上	5 名以上	—
定量描述检验法	5 名以上	5 名以上	—

（3）检验方法的精确度　不同的检验方法精确度不同。

（4）检验结果的数据处理　感官检验是靠检验者的主观感觉来判断的，容易受主观感觉上的个体差异的影响，因而对同一样品不同的检验人员常会得出不同的结果。即使同一检验员，对同一样品在重复检验中也可能得出不同的结果。为了使评判结论尽量接近于样品的真实情况，除了要严格控制检验条件外，还需要对感官检验数据进行统计分析。如何对评价结果进行科学的分析及处理，是鉴评员做出正确评价结论的关键，在食品感官检验过程中结果处理方式以统计学为基础，感官分析方法不同，数据处理方法也不相同。常用的有：χ^2 检验、t 检验、方差分析、图示法、回归分析、二项式分布等，关于这些统计方法具体的处理步骤，可参考有关文献。表 5-2 总结了各种常用方法的所需样品数目、统计处理方式和适用目的。

表 5-2　　　　感官检验方法适用目的

方　法	样品数目/个	数据处理	适用目的	备　注
两点检验法	2	二项式分布	差异识别或嗜好调查	猜对率 1/2
二-三点法	3（2 同，1 异）	二项式分布	差异识别	猜对率 1/3
三点检验法	3（2 同，1 异）	二项式分布	差异识别、识别能力或嗜好调查	猜对率 1/3
五中取二法	5	—	差异识别	较精确
“A”或“非 A”法	两类	χ^2 检验	差异识别	—
选择法	1 ~ 18	χ^2 检验	—	—
排序法	2 ~ 6	排序分析、方差分析	嗜好调查	—
配偶法	两组	—	差异识别、嗜好调查	—
分类法	1 ~ 18	χ^2 检验	差异程度或识别能力	—
评分法	1 ~ 18	t 检验	差异程度	—
描述法	1 ~ 5	图示法	品质研究	—
定量描述	1 ~ 5	图示法、方差分析、回归分析	品质研究	—

第二节　差别检验法

一、两点检验法

两点检验法是以随机顺序同时出示两个样品给鉴评员，对这两个样品进行比较，判断两个样品间是否存在某种差异及其差异方向（如某些特征强度的顺序）的一种评价方法，又称配对检验法。这是最简单的一种感官评价方法，每次检验中每个样品的猜测性（有差别或无差别）概率值为 1/2。如果说增加检验次数至 n 次，那么这种猜测性的概率值将降至 $1/2^n$。

具体试验方法：把 A、B 两个样品同时呈送给鉴评员，要求鉴评员根据要求进行评价。在试验中，应使样品A、B和B、A这两种次序出现的次数相等，样品编码可以随机选取3位数组成，且每个鉴评员之间的样品编码尽量不重复。

1. 结果分析

（1）差异识别统计有效评价表的正解数，此正解数与表5-3两点检验法差异检验表中相应的某显著水平的数做比较，若大于或等于表中的数，则说明在此显著水平上A、B两样品间有显著性差异。

注意：统计学分析中，在得出某一结论之前，应事先选定某一显著性水平。所谓显著性水平，是当原假设是真而被拒绝的概率（或这种概率的最大值），也可理解为得出这一结论所犯错误的可能性。在感官分析中，通常选定5%的显著水平可认为是足够的。原假设一般是这样：两种样品之间在特性强度上没有差别（或对其中之一没有偏爱）。对5%的水平用“显著”一词表示，而对1%的水平用“非常显著”一词表示。

表5-3　两点检验和二-三点检验法检验表

答案数目 /n	显著水平 5%	1%	0.1%	答案数目 /n	显著水平 5%	1%	0.1%	答案数目 /n	显著水平 5%	1%	0.1%
7	7	7	—	24	17	19	20	41	27	29	31
8	7	8	—	25	18	19	21	42	27	29	32
9	8	9	—	26	18	20	22	43	28	30	32
10	9	10	10	27	19	20	22	44	28	31	33
11	9	10	11	28	19	21	23	45	29	31	34
12	10	11	12	29	20	22	24	46	30	32	34
13	10	12	13	30	20	22	24	47	30	32	35
14	11	12	13	31	21	23	25	48	31	33	36
15	12	13	14	32	22	24	26	49	31	34	36
16	12	14	15	33	22	24	26	50	32	34	37
17	13	14	16	34	23	25	27	60	37	40	43
18	13	15	16	35	23	25	27	70	43	46	49
19	14	15	17	36	24	26	28	80	48	51	55
20	15	16	18	37	24	27	29	90	54	57	61
21	15	17	18	38	25	27	29	100	59	63	66
22	16	17	19	39	26	28	30	—	—	—	—
23	16	18	20	40	26	28	31	—	—	—	—

（2）嗜好性检验　即要求评定最喜欢哪个样品。

从有效评价表中收集较喜欢A的回答数和较喜欢B的回答数，用回答较多的数查表5-3两点检验法差别检验表，与各显著水平的数比较，若此数大于或等于某显著水平相应数字，则说明两样品的嗜好性有差异，否则说明两样品间嗜好性无显著差异。

（3）当表中 n 值大于100时，答案最少数按以下公式计算，取最接近的整数值。

$$X=\frac{n+1}{2}+K\sqrt{n}$$

式中，K 值为：

显著水平	5%	1%	0.1%
K 值	0.82	1.16	1.55

2. 举例说明

例1：30位鉴评员，采取两点检验法，对2种饮料304、527判断有差别或无差别，并填写两点检验法评价表（表5-4）。

表5-4　　两点检验法评价表

姓名：________　产品：________　日期：____年____月____日

（1）请评价您面前的两个样品，两个样品中是否存在差异（是或不是）________。

（2）两个样品中，您更喜欢的是________。

（3）请说出您的选择理由____。

（1）收集有效评价表，统计结果如下

①20人选择304、527两样品有差异，10人选择两样品无差异。

②18人选择更喜欢304，12人选择更喜欢527。

（2）结果分析

①差异检验：从表中可见：检验次数 $n=30$（次），有差别次数 $x=20$（次）

查表5-3，两点检验法差异检验表，$n=30$ 时，$x=20=20$ 人（5%），说明在5%的显著水平上304、527间有显著性差别。

②嗜好检验：统计有效回答表，18人回答喜欢304，查表5-3两点检验法差异检验表，$x=18>13$（5%），说明在5%的显著水平上，304、527两样品中，304更受欢迎（或偏爱）。

二、二-三点检验法

先提供给鉴评员一个标准样品，接着提供两个待检样品，其中一个与标准样品相同。要求鉴评员在熟悉标准样品后，从后者提供的两个样品中挑选出与标准样品相同的样品的方法称为二-三点检验法，也称为对比检验法。此法精密度较差，猜对率仅为1/2。

此试验法用于判断两个样品间是否存在感官差异，如成品检验和异味检查，尤其适用于鉴评员熟悉标准样品的情况以及风味较强、刺激较烈和产生余味持久的新产品检验。但外观有明显差别的样品不适宜此法。

通常评价时，在评价标准样品后，最好有10s左右的停息时间，避免味觉和嗅觉疲劳，提高检验的准确性，在检验过程中还应尽可能降低评价次数。同时要求两个样品作为标准品的几率应相同。

结果分析：

有效评价表数为n，回答正确的表数为m，查表5-3中为n的一行的数值，若m小于其中所有数，则说明在5%水平，两样品间无显著差异；若m大于或等于其中某数，说明在此数所对应的显著水平上两样品间有差异。

例2：5位鉴评员，采用二-三点检验法对2个样品重复检验5次，判断样品与标准样间是否有差别。试验结果如表5-5。

表5-5　二-三点检验法试验结果

鉴评员	样品A与标准有差别	样品B与标准有差别
1	5	4
2	4	3
3	5	2
4	5	2
5	5	2
总数	24	13

从表中可见：

检验总次数$n=5\times5=25$（次）

样品A与标准样有差别的次数：24（次）

样品B与标准样有差别的次数：13（次）

查表5-3，$n=25$时，$24>21$（0.1%），$13<18$（5%），说明在0.1%显著水平上样品A与标准样有显著差别，在5%显著水平上样品B与标准样无差别。

例3：某葡萄酒厂为降低干红葡萄酒的酸味，在加工中添加某种降酸剂，为了了解降酸效果，运用二-三点检验法进行试验，由44名鉴评员进行检查，其中有22名接受到的对照样品是未经去味的制品，另22名接受到的对照样品是经去味处理的制品，共得到44张有效答案，其中有29张回答正确。查表5-

3 中 $n=44$ 一栏，知28（5%）< 29 < 31（1%），则在5%显著水平，两样品间有显著差异，即去除酸味的效果明显。

三、三点检验法

同时提供3个样品，其中2个是相同的，要求鉴评员区别出有差别的那个样品的检验方法称为三点检验法，也称为三角试验法。为使3个样品的排列次序、出现次数的几率相等，可运用以下6组组合：即BAA、ABA、AAB、ABB、BAB、BBA，在检验中，6组出现的几率也应相等。每次检验中每个样品猜测性的概率值为1/3。如果增加检验次数至 n 次，那么这种猜测性的概率值将降至 $1/3^n$。试验次数对猜测性的影响见表5-6。

表5-6　试验次数对猜测性的影响

猜测概率	试验次数							
	1	2	3	4	5	6	……	10
$1/2^n$	0.5	0.25	0.13	0.063	0.031	0.016	—	9.8×10^{-4}
$1/3^n$	0.33	0.11	0.036	0.012	0.0039	0.0013	—	1.7×10^{-5}

此法适用于评价两个样品之间的细微差异，如品质管理和仿制产品，也可适用于挑选和培训鉴评员或者考核鉴评员的能力。

1. 结果分析

（1）统计有效评价表的正解数，与表5-7三点检验法检验表中相应的某显著性水平的数比较，若大于或等于表中的数，则说明在该显著性水平上，2个样品间有差异。当鉴评员不足6的倍数时，可舍去多余的样品组，或向每个鉴评员提供6组样品做重复试验。

（2）当有效评价表数大于100时（$n>100$），则某显著水平的临界值按下面的公式计算，计算结果取近似整数：

$$0.4714z\sqrt{n}+\frac{(2n+3)}{6}$$

式中 z 值为：

显著水平	5%	1%	0.1%
z 值	1.64	2.33	3.10

若回答正确的评价表数大于或等于某显著水平的临界值，则说明两样品在此显著水平上存在差异，否则两样品间无差异。

表 5-7　　三点差别检验法检验表

答案数目	显著水平			答案数目	显著水平			答案数目	显著水平		
(n)	5%	1%	0.1%	(n)	5%	1%	0.1%	(n)	5%	1%	0.1%
5	4	5	—	37	18	20	22	69	31	33	36
6	5	6	—	38	19	21	23	70	31	34	37
7	5	6	7	39	19	21	23	71	31	34	37
8	6	7	8	40	19	21	24	72	32	34	38
9	6	7	8	41	20	22	24	73	32	35	38
10	7	8	9	42	20	22	25	74	32	35	39
11	7	8	10	43	20	23	25	75	33	36	39
12	8	9	10	44	21	23	26	76	33	36	39
13	8	9	11	45	21	24	26	77	34	36	40
14	9	10	11	46	22	24	27	78	34	37	40
15	9	10	12	47	22	24	27	79	34	37	41
16	9	11	12	48	22	25	27	80	35	38	41
17	10	11	13	49	23	25	28	81	35	38	41
18	10	12	13	50	23	26	28	82	35	38	42
19	11	12	14	51	24	26	29	83	36	39	42
20	11	13	14	52	24	26	29	84	36	39	43
21	12	13	15	53	24	27	30	85	37	40	43
22	12	14	15	54	25	27	30	86	37	40	44
23	12	14	16	55	25	28	30	87	37	40	44
24	13	15	16	56	26	28	31	88	38	41	44
25	13	15	17	57	26	28	31	89	38	41	45
26	14	15	17	58	26	29	32	90	38	42	45
27	14	16	18	59	27	29	32	91	39	42	46
28	15	16	18	60	27	30	33	92	39	42	46
29	15	17	19	61	27	30	33	93	40	43	46
30	15	17	19	62	28	30	33	94	40	43	47
31	16	18	20	63	28	31	34	95	40	44	47
32	16	18	20	64	29	31	34	96	41	44	48
33	17	18	21	65	29	32	35	97	41	44	48
34	17	19	21	66	29	32	35	98	41	45	48
35	17	19	22	67	30	33	36	99	42	45	49
36	18	20	22	68	30	33	36	100	42	46	49

2. 举例说明

例4：有24个鉴评员对3个编码样品，按表5-8进行三点差别检验，并填写以下评价表，三点检验评价表见表5-8。对收回的24张有效评价表进行统计分析。

表 5-8　　　　　　　　　　三点差别检验法评价表

序　　号	评 价 内 容	评 价 结 果
1	按规定次序检验 3 个样品，其中有 2 个样品完全一样，请指出其中有差别的样品 样品编号：527、309、428	样品编号：
2	将你感觉到的差别强度，在相对应的数值上划√	很弱　弱　中等　强　很强 1　2　3　4　5
3	你更喜欢哪个样品，在相应的位置上划√	有差别的样品： 两个完全一样的样品：

（1）有 14 张评价表正确选出有差别的样品“309”。查表 5-7，当 $n=24$，13（5%）<14<15（1%），说明在 5% 的显著水平，样品“309”与“527、428”有显著差异。

（2）样品的差异程度　由正确选出“309”样品的 14 张评价表中，统计出样品差异程度的平均值为 4.2。说明，样品 309 与另外 2 个样品间有较强的差异。

（3）从正确选出样品的 14 张评价表中，统计出有 10 张喜欢样品 527 与 428。查表 5-7，$n=14$ 时，9（5%）<10，说明在 5% 的显著水平，对“309”与“527、428”的喜好程度，有显著的差异。

四、选择试验法

以随机顺序出示给鉴评员 3 个以上的样品，要求选择出一个最偏爱或最不偏爱样品，这种方法称为选择试验法。此方法常用于产品的嗜好性调查。数据处理常用 χ^2 检验判断结果。

1. 结果分析

（1）若判断样品间有无差异，用如下公式求 χ_0^2 值：

$$\chi_0^2 = \frac{\sum_{i=1}^{m}(\chi_i - n/m)^2}{n/m}$$

式中　m——样品数

n——有效评价表数

χ_i——m 个样品中，最偏爱其中某个样品的人数

查 χ^2 表（见附表 1），若 $\chi_0^2 \geqslant \chi^2(f, \alpha)$（$f$ 为自由度，α 为显著水平），说明 m 个样品在显著水平存在差异；若 $\chi_0^2 < \chi^2(f, \alpha)$，说明 m 个样品在显著水平不存在差异。

（2）若判断最受偏爱的样品与其他样品间有无差异，用如下公式求χ_0^2值：

$$\chi_0^2 = (\chi_i - n/m)^2 \frac{m^2}{(m-1)\ n}$$

查χ^2表（见附表1），若$\chi_0^2 \geqslant \chi^2$（1，$\alpha$），说明此样品与其他样品之间在$\alpha$水平存在差异，否则无差异。

2. 举例说明

例5：某生产厂家为了判断自己生产的商品X被市场接受的程度，与市场上销售的3个同类商品A、B、C进行比较，采用选择试验法，由80位鉴评员进行评价，并选出最好的一个产品来，结果如下：

商　品	X	A	B	C	合计
认为某商品最好的人员	26	32	16	6	80

①判断四个样品间的偏爱度有无差异

$$\chi_0^2 = \frac{\sum_{i=1}^{m}(\chi_i - n/m)^2}{n/m} = \frac{m}{n}\sum_{i=1}^{m}(\chi_i - n/m)^2$$

$$= \frac{4}{80} \times \left\{\left(26 - \frac{80}{4}\right)^2 + \left(32 - \frac{80}{4}\right)^2 + \left(16 - \frac{80}{4}\right)^2 + \left(6 - \frac{80}{4}\right)^2\right\}$$

$$= 19.6$$

$$f = 4 - 1 = 3$$

查附表1知：

$$\chi^2(3, 0.05) = 7.8 < \chi_0^2 = 19.6$$

$$\chi^2(3, 0.01) = 11.34 < \chi_0^2 = 19.6$$

所以，结论为四个样品间的偏爱度在1%显著水平有显著性差异。

②判断多数人判断为最好的商品与其他商品间有无差异

$$\chi_0^2 = (\chi_i - n/m)^2 \frac{m^2}{(m-1)\ n}$$

$$= \left(32 - \frac{80}{4}\right)^2 \times \frac{4^2}{(4-1)\ \times 80} = 9.6$$

查附表1知：

$$\chi^2(1, 0.05) = 3.84 < \chi_0^2 = 9.6$$

$$\chi^2(1, 0.01) = 6.63 < \chi_0^2 = 9.6$$

所以结论为被多数人判断为最好的商品A与其他商品间存在极显著差异，但与商品X相比，由于$\chi_0^2 = \left(32 - \frac{58}{2}\right)^2 \times \frac{2^2}{(2-1)\ \times 58} = 0.62 < \chi^2(1, 0.05) = 3.84$，故可以认为无差异。

五、五中取二试验法

五中取二试验法是以随机顺序排序提供给鉴评员5个样品，其中2个是同一类型，其他3个是另一种类型。要求鉴评员按类型将这些样品分成两组。此检验方法可识别出两样品间细微的感官差异，但易受感官疲劳和记忆效果的影响，并且需用样品量较大。

检验过程中，当鉴评员人数少于10个时，多用此试验。

结果分析：

假若有效评价表数为n，回答正确的评价表数为r，查表5-9五中取二检验法检验表中n栏的数值。若r小于这一数值，则说明在5%显著水平两种样品间无差异。若r大于或等于这一数值，则说明在5%显著性水平两种样品有显著差异。

表5-9　五中取二检验法检验表（$\alpha=5\%$）

鉴评员数（n）	正答最少数（r）	鉴评员数（n）	正答最少数（r）	鉴评员数（n）	正答最少数（r）
9	4	23	6	37	8
10	4	24	6	38	8
11	4	25	6	39	8
12	4	26	6	40	8
13	4	27	6	41	8
14	4	28	7	42	9
15	5	29	7	43	9
16	5	30	7	44	9
17	5	31	7	45	9
18	5	32	7	46	9
19	5	33	7	47	9
20	5	34	7	48	9
21	6	35	8	49	10
22	6	36	8	50	10

例6：某面包加工厂为了检查产品的稳定性，利用两种不同的发酵工艺生产面包，运用五中取二试验法对这两种产品进行检验。由10名鉴评员进行检验，其中有3名鉴评员正确判断了5个样品的两种类型。查表5-9中$n=10$一栏得到正答最少数为4，大于3，说明这两批原料质量无差别。

六、配偶试验法

有两组试样，如A组有n个样品，B组有n个样品，也可能有$n+1$或$n+2$个样品，要求鉴评员逐个取出各组的样品，进行两两归类（配对数为n）的方法称为配偶试验法。此方法可用于识别样品间的差异，也适用于检验鉴评员识别能力。

注意：两组中样品的顺序必须是随机的，样品的数目可以不尽相同，但配对数只能是 n 对。

结果分析：

统计出正确的配对数平均值，即 $\overline{s_0}$，然后根据以下情况及表 5-10 或表 5-11 中的相应值，得出有无差异的结论。

（1）n 对样品重复配对时（即由两个以上鉴评员进行配对时），若 $\overline{S_0}$ 大于或等于表 5-10 中的相应值，说明在 5% 显著水平样品间有差异。

表 5-10　　配偶试验检验表（$\alpha=5\%$）

m	S	m	S	m	S	m	S
1	4.00	6	1.86	11	1.64	20	1.43
2	3.00	7	1.83	12	1.58	25	1.36
3	2.33	8	1.75	13	1.54	30	1.33
4	2.25	9	1.67	14	1.52	—	—
5	1.90	10	1.60	15	1.50	—	—

注：此表为 n 个和 n 个样品配对时的检验表。适用范围：$n \geqslant 4$；重复次数 m。

表 5-11　　配偶法检验表（$\alpha=5\%$）

n	S	
	$n+1$	$n+2$
3	3	3
4	3	3
5	3	3
6 以上	4	3

注：此表为 n 个和（$n+1$）个或（$n+2$）个样品配对时的检验表。

（2）n 个样品与 n 个或（$n+1$）个或（$n+2$）个样品配对时，若 $\overline{s_0}$ 值大于或等于表 5-10 中（$n \geqslant 4$）或表 5-11 中的相对应值，说明在 5% 显著水平样品间有差异，或者说鉴评员在此显著水平有识别能力。

例 7：由 5 名鉴评员通过外观，对 8 种不同加工方法的食物进行配偶试验。结果如下：

配对次数 \ 配对 \ 样品	A	B	C	D	E	F	G	H
1	B	C	E	(D)	A	(F)	(G)	B
2	(A)	(B)	(C)	E	D	(F)	(G)	(H)
3	(A)	(B)	F	C	(E)	D	H	C
4	B	F	(C)	(D)	(E)	G	A	(H)
5	(A)	E	(C)	F	A	(F)	(G)	B

5 个人的平均正确配偶数$\overline{s_0}=\frac{3+6+3+4+4}{5}=4$，查表 5-10 中 $m=5$ 栏，$S=1.90<\overline{s_0}=4$，说明这 8 个产品在 5% 显著水平有差异，或者说明这 5 个鉴评员有识别能力。

七、"A" -"非 A" 试验法

鉴评员熟悉样品"A"以后，再将一系列样品提供给鉴评员，其中有"A"也有"非 A"。要求鉴评员指出哪些是"A"，哪些是"非 A"的检验方法称为"A" -"非 A"试验法。检验过程中，分发给每个鉴评员的样品数应相同，但样品"A"的数目与样品"非 A"的数目不必相同。

此试验适用于确定由于原料、加工、处理、包装和贮藏等各环节的不同所造成的产品感官特性的差异，特别适用于具有不同外观或后味样品的差异检验，也适用于确定鉴评员对一种特殊刺激的敏感性。

结果分析：

统计有效评价表的结果，如表 5-12。

表 5-12　　试验结果统计表

判别数＼样品 判别	"A"	"非 A"	累　计
判为"A"的回答数	n_{11}	n_{12}	$n_{1.}$
判为"非 A"回答数	n_{21}	n_{22}	$n_{2.}$
累　计	$n_{.1}$	$n_{.2}$	n

表中　n_{11}——样品本身是"A"，鉴评员也认为是"A"的回答数

n_{22}——样品本身是"非 A"，鉴评员也认为是"非 A"的回答数

n_{21}——样品本身是"A"，而鉴评员认为是"非 A"的回答数

n_{12}——样品本身是"非 A"，而鉴评员认为是"A"的回答数

$n_{1.}$、$n_{2.}$——第 1、2 行回答数之和

$n_{.1}$、$n_{.2}$——第 1、2 列回答数之和

n——所有回答总数

统计结果用 χ^2 检验来进行解释。

①当回答总数为 $n \leqslant 40$ 和 n_{ij}（$i=1, 2$；$j=1, 2$）$\leqslant 5$ 时，χ_0^2 的统计量为：

$$\chi_0^2=\frac{[\,|n_{11}\times n_{22}-n_{12}\times n_{21}|-n/2]^2\times n}{n_{.1}\times n_{.2}\times n_{1.}\times n_{2.}}$$

②当回答总数 $n>40$ 和 $n_{ij}>5$ 时，χ_0^2 统计量为：

$$\chi_0^2=\frac{[n_{11}\times n_{22}-n_{12}\times n_{21}]^2\times n}{n_{.1}\times n_{.2}\times n_{1.}\times n_{2.}}$$

将χ_0^2统计量与χ^2分布临界值比较：

当$\chi_0^2 \geqslant \chi^2 = 3.84$，即认为样品“A”与“非A”在5%显著水平有显著差异；

当$\chi_0^2 \geqslant \chi^2 = 6.63$，即认为样品“A”与“非A”在1%显著水平有显著差异；

当$\chi_0^2 < \chi^2 = 3.84$ 即认为样品“A”与“非A”在5%显著水平无显著差异；

当$\chi_0^2 < \chi^2 = 6.63$，即认为样品“A”与“非A”在1%显著水平无显著差异。

例8：30位鉴评员判定某种食品经过缓冻（A）和速冻（非A）后，两者之间是否存在差异。每位鉴评员评价两个“A”和三个“非A”，则结果如表5-13。

表5-13

判别数 \ 样品 / 判别		“A”	“非A”	累计
判别次数	“A”	40	40	80
	“非A”	20	50	70
累计		60	90	150

由于$n = 150 > 40$，$n_{ij} > 5$，则

$$\chi_0^2 = \frac{[n_{11} \times n_{22} - n_{12} \times n_{21}]^2 \times n}{n_{\cdot 1} \times n_{\cdot 2} \times n_{1\cdot} \times n_{2\cdot}}$$

$$= \frac{(40 \times 50 - 40 \times 20)^2 \times 150}{60 \times 90 \times 80 \times 70} = 7.14$$

因为$\chi_0^2 = 7.14 > \chi^2 = 6.63$，所以在1%显著水平上有显著差异。

第三节　标度检验

一、排序检验法

比较多个食品样品，针对某一个质量特征，按其强度或嗜好程度，将样品排出顺序的方法称为排序检验法。此检验方法可用于进行消费者的可接受性测试及确定喜爱顺序；选择及开发新产品；确定不同原料、工艺包装等环节对产品感官特性的影响，也可以用于更精细的感官分析前的初步筛选以及鉴评员的选择与培训。在评价少数样品（6个以下，最好4~5个）的复杂特征（如质地、风味等）或多数样品（20个以上）的外观时，此方法迅速而有效。

排序检验法只排出样品的次序，不评价样品差异的大小。检验过程中应注意以下问题：

（1）检验前应由组织者对检验提出具体的规定，对被评价的指标和准则要有一致的理解。如需要对哪些特性进行排序；排序的顺序是从强到弱或者从弱到强；检验时操作要求如何；评价气味时需不需要摇晃等。

（2）排序检验只能按一种特性进行，如要求对不同的特性排序，则按不同的特性安排不同的顺序。检验时，每个鉴评员以事先确定的顺序检验编码的样品，并安排出一个初步的顺序，然后整理比较，再做出进一步的调整，最后确定整个系列的强弱顺序。对于不同的样品，一般不应排为同一位次，当实在无法区别两种样品时，应在回答表中注明。

（3）进行感官刺激的评价时，可以让鉴评员在不同的评价之间使用水、淡茶或无味面包等以恢复原感觉能力。

（4）评价应在规定的时间内完成。

下面以例9进行结果分析。

例9：5位鉴评员对5种果冻的风味进行喜欢程度的评价，每个鉴评员对5种果冻品尝后进行嗅觉及味觉的评价，根据个人的感受填写如下排序检验评价表（表5-14）。

表5-14　　排序检验评价表

评价内容	评价结果				
品尝并评价5个果冻样品，并将你对各个果冻样品的喜欢程度排出顺序，在相应的位填入样品号	1 很喜欢 □	2 比较喜欢 □	3 喜欢 □	4 不太喜欢 □	5 不喜欢 □

①根据样品的排序计算各样品的总排序和：如果鉴评员排出的序次中有相同序次时，则取平均序次。对有效排序检验评价表的结果进行统计，填写排序检验统计表（表5-15）。

表5-15　　5种果冻喜欢程度排序检验统计表

排序 / 样品 / 鉴评员	603	146	257	364	466
1	2	1	4	2	5
2	1	2	4	3	5
3	2	4	5	1	3
4	1	2	4	3	5
5	1	3	5	2	4
总排序和 T	7	12	22	11	22

②确定临界值：根据鉴评员人数 5 和样品数 5，查附录附表 2、附表 3 排序检验法检验表，得出以下临界值，见表 5-16。

表 5-16　　$J=5$、$P=5$ 时临界值表

显著水平	附表 2（$\alpha=5\%$）	附表 3（$\alpha=1\%$）
上　段	8 ~ 22	7 ~ 23
下　段	10 ~ 20	8 ~ 22

③ 结果判断：将每个样品的排序和 T 与上段的最大值及最小值比较，若所有的排序都在上段范围内，说明在该显著性水平，样品间无显著差异。若排序和 $T \leqslant$ 最小值，或 $T \geqslant$ 最大值，则说明在显著性水平，样品间有显著差异。

由表 5-16 可见，最小 T 值 $7 < 8$（5%），最大 T 值 $=22$（5%），说明在 5% 显著性水平，5 个果冻样品间有显著差别。

根据下段，可以确定样品间的差异程度。若排序和在下段范围内的，可列为一组，该组内的样品间无显著差别。排序和在下段范围的下限及上限之外的样品可分为一组。这样 5 个果冻样品可分为三组：（603）、（146、364）、（257、466）。

由此得出的结论，在 5% 的显著水平上，样品 603 最受欢迎；样品 146、364 次之，且 146 与 364 之间无显著性差别；样品 257 与 466 不受欢迎，且 257 与 466 之间无显著差别。

二、分类检验法

鉴评员评价样品后，按照预先定义的类别，将样品进行分类的方法称为分类检验法。检验过程中样品应以随机的顺序出示给鉴评员。

当样品打分有困难时，可用分类法评价出样品的好坏差别，得出样品的优劣、级别。也可以鉴定出样品的缺陷等。

具体试验方法：首先确定待检样品的类别，鉴评员按顺序评价样品后，将样品进行分类，比较两种或多种产品落入不同类别的分布，计算出各类别的期待值，根据实际测定值与期待值之间的差值，从而得出每一种产品应属的级别。然后根据 χ^2 检验，判断各个级别之间是否具有显著性差别。

例 10：有 4 种产品，通过检验分成 3 级，要求鉴评员采用分类检验法，了解它们由于加工工艺的不同对产品质量所造成的影响。

由 24 个鉴评员进行评价分级，各样品被划入各等级次数统计填入表 5-17。

表 5-17　　**4 种产品的分类检验统计表**

样品被列入各等级的次数 / 样品编号 \ 等级	一级	二级	三级	合计
353	8	12	4	24
162	16	6	2	24
239	18	4	2	24
578	5	10	9	24
合　计	47	32	17	96

结果分析：

假设各样品的级别分布相同，那么各级别的期待值 E_{ij} 为：

一级：$E_{ij} = 47/96 \times 24 = 11.75$

二级：$E_{ij} = 32/96 \times 24 = 8$

三级：$E_{ij} = 17/96 \times 24 = 4.25$

计算出各样品在每一个等级的实际测定值与期待值的差 $Q_{ij} - E_{ij}$，见表 5-18。

表 5-18　　**各级别测定值与期待值之差**

$Q_{ij} - E_{ij}$ / 样品 \ 级别	一　级	二　级	三　级	合　计
353	$8 - 11.75 = -3.75$	$12 - 8 = 4$	$4 - 4.25 = -0.25$	0
162	$16 - 11.75 = 4.25$	$6 - 8 = -2$	$2 - 4.25 = -2.25$	0
239	$18 - 11.75 = 6.25$	$4 - 8 = -4$	$2 - 4.25 = -2.25$	0
578	$5 - 11.75 = -6.75$	$10 - 8 = 2$	$9 - 4.25 = 4.75$	0
合计	0	0	0	0

从表 5-18 可见，162 与 239 号样品作为一级的实际测定值均大大高于期望值，故 162 与 239 号样品应为一级品。353 号样品作为二级的实际测定值大大高于期望值，故 353 号样品应为二级品。578 号样品作为三级的实际测定值大大高于期望值，故 578 号样品应为三级品。

这三个级别间有无显著差异呢？可通过 χ^2 检验来确定。

$$\chi^2 = \frac{\sum_{i=1}^{l}\sum_{j=1}^{m}(Q_{ij} - E_{ij})^2}{E_{ij}}$$

$$= \frac{(-3.75)^2}{11.75} + \frac{4.25^2}{11.75} + \cdots\cdots + \frac{4.75^2}{4.25} = 22.63$$

自由度 df = （样品数 - 1） × （级别数 - 1）

$$= (4-1) \times (3-1) = 6$$

查附表1——χ^2分布表：

χ^2（6，0.05）=12.59

χ^2（6，0.01）=16.81

由于χ^2=22.63 > 12.59

χ^2=22.63 > 16.81

结论：这3个级别在1%显著性水平有显著差别，即这4种样品可划分为有显著差别的3个级别。其中239号样品的品质最佳，该产品的生产工艺最优。

三、评估检验法

评估检验法是随机顺序提供一个或多个样品，要求鉴评员在一个或多个指标的基础上进行分类、排序，评价样品的一个或多个特征强度，或对产品的偏爱程度。进一步可根据各项特征指标对该产品质量的重要程度，确定其加权数，并对各指标的评价结果加权平均，从而得出整个样品的评估结果。

检验前要求鉴评员充分理解预先定义的类别，标度可以是图示的、描述的或数字的形式；它可以是单极标度，也可以是双极标度。

评估检验法评价表多种多样，通常应根据检验的样品、检验的目的的不同，设计评估检验的评价表。

例11：有5个宣威火腿（原腿）样品，希望能通过对产品外观、风味、色泽的评价，将5个样品分出等级。样品号码为：504、483、354、261、143。

首先确定级别定义，并制定评估检验评价表，见表5-19、表5-20 。

表5-19　　宣威火腿（原腿）级别定义表

质量指标		外观	风味	色泽
级别定义	优级品	形似琵琶或柳叶，脚直伸，带蹄壳，腿心肌肉凸现饱满，跨边小，肥膘薄，腿脚细、无损伤	三签清香，滋味鲜美、香而回甜	皮面蜡黄色或淡黄色，肉面绿霉色或棕黄色，肌肉切面玫瑰色或桃红色。脂肪切面白色或微红色，有光泽。骨髓桃红色或蜡黄色，有光泽
	一级品	形似琵琶或柳叶，脚直伸，带蹄壳，腿心肌肉稍平，跨边、肥膘适中，腿脚细、轻度损伤	三签清香，滋味鲜美、香而回甜	皮面蜡黄色或淡黄色，肉面绿霉色或棕黄色，肌肉切面玫瑰色或桃红色。脂肪切面白色或微红色，有光泽。骨髓桃红色或蜡黄色，有光泽
	二级品	形似琵琶或柳叶，脚直伸，带蹄壳，腿心肌肉偏平，跨边、肥膘较大，腿脚粗、轻度损伤	上签清香，中签、下签无异味，肉质稍粗、盐味偏咸、香气平淡	皮面蜡黄色或淡黄色，肉面绿霉色或棕黄色，肌肉切面深玫瑰色或桃红色。脂肪切面白色或淡黄色，光泽较差。骨髓桃红色或蜡黄色，光泽较差

表 5-20　　宣威火腿（原腿）级别评估检验评价表

鉴评员编号：　　　　日期：

品尝并评价您面前的5种宣威火腿（原腿），按规定的级别定义，将它们分成3级，每一级按偏好→偏差划分为三个标度，请您在相应的级别及标度里填写样品号码。

类　别	优级品			一级品			二级品		
	1	2	3	4	5	6	7	8	9
外观（30%）									
风味（40%）									
色泽（30%）									

要求鉴评员根据级别定义评价5个宣威火腿样品的外观、风味、色泽，并在评价表5-20的适当类别上填上相应的样品号码。

结果分析：

（1）统计每个样品落入每一类别的频数，见表5-21。然后检验比较各个样品落入不同级别的分布，从而得出每个样品应属的级别。具体的统计分析方法与分类检验法一样，用χ^2检验比较各个不同类别的分布，从而得出样品和各个质量特性的级数。

表 5-21　　宣威火腿的评估检验评价表

样品＼类别 质量指标	一级品			二级品			三级品		
	1	2	3	4	5	6	7	8	9
外观（30%）	504	354	261	—	483	143	—	—	—
风味（40%）	483	261	—	504	143	354	—	—	—
色泽（30%）	—	—	—	483	261	504	354	143	—

（2）确定了样品的各个特征级别之后，可用加权法对以上3项指标的评价结果，综合加权平均，以确定每一宣威火腿样品应属的级别。这时，可把类别数字视为各质量特性的数值。

统计每个样品的各个质量特性数值的平均值，与加权数相乘，于是得出样品的综合结果。

假设外观平均值为$\overline{x_1}$，风味平均值为$\overline{x_2}$，色泽的平均值为$\overline{x_3}$。那么，样品的综合结果为：

$$30\% \sqrt{x_1} + 40\% \sqrt{x_2} + 30\% \sqrt{x_3}$$

本例的综合结果见表5-22。

表 5-22　　　　　　　　　　　　综 合 结 果

样品编号	504	483	354	261	143
综合结果	4.7	2.0	5.1	3.2	7.5

那么，说明样品 483 及 261 为一级品，样品 504 及 354 为二级品，样品 143 为三级品。

四、评分检验法

要求鉴评员把样品的品质特性，以数字标度形式来评价的一种检验称为评分检验法。在评分检验法中，所使用的数字标度为等距标度或比率标度。它不同于其他方法的是所谓的绝对性判断，即根据鉴评员各自的评价基准进行判断。它出现的粗糙评分现象也可由增加鉴评员人数来克服。

评分检验法可同时评价一种或多种产品的一个或多个特性特征指标的强度及其差异，在生产中应用较为广泛，特别在对新产品的评价方面。

检验前，首先应确定使用的标度类型，使鉴评员对每一个评分点所代表的意义有共同的认识。样品的出示顺序可利用拉丁法随机排列。检验时，两个样品的评分可以相同，也可以不同，且它们之间的评分差别可大可小。

结果分析：

在实际应用中，评价结果可转化成数值，常用直线尺度法评分。即在直线上划分若干等分，一侧标以分数，另一侧标以评价短语，各种直线尺度如图 5-1 所示。鉴评员根据样品的某种特性（如甜、酸、苦、咸、风味、口感等）在直线尺度上给每个样品打分，然后通过复合比较，来分析各个样品的各个特性间的差异情况。

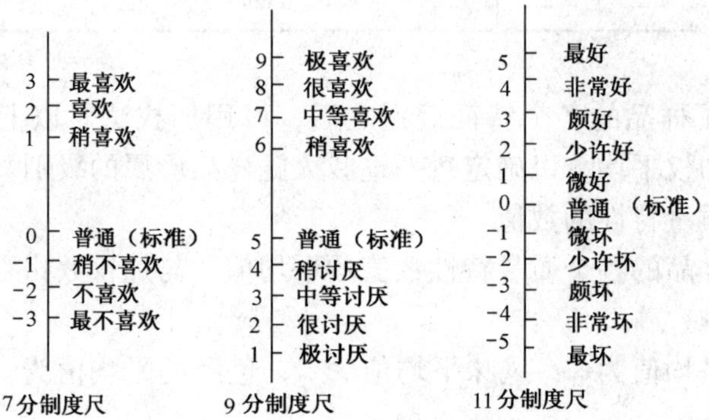

图 5-1　各种直线度尺

结果分析时，当样品只有两个时，可用简单的 t 检验。若样品数量为 3 个或 3 个以上时采用方差分析法。具体的处理方法参照例 12 和例 13。

例 12 ：10 位鉴评员评价 A、B 两种样品，以 9 分制评价，求两样品是否有差异。评价结果见表 5-23 。

表 5-23　　评 价 结 果

鉴评员		1	2	3	4	5	6	7	8	9	10	合计	平均值
样品	A	8	7	7	8	6	7	7	8	6	7	71	7.1
	B	6	7	6	7	6	6	7	7	7	7	66	6.6
评分差	d	2	0	1	1	0	1	0	1	−1	0	5	0.5
的平方	d^2	4	0	1	1	0	1	0	1	1	0	9	0.9

用 t 检验进行解析：

$t=\dfrac{\overline{d}}{\sigma_e/\sqrt{n}}$，其中 $\overline{d}=0.5$，$n=10$，

$$\sigma_e=\sqrt{\frac{\Sigma\ (d_i-\overline{d})^2}{n-1}}=\sqrt{\frac{\Sigma d_i^2-\ (\Sigma d_i)^2/n}{n-1}}$$

$$=\sqrt{\frac{9-\frac{5^2}{10}}{10-1}}=0.85$$

所以 $t=\dfrac{0.5}{0.85/\sqrt{10}}=1.86$

结论：以鉴评员自由度为9 查 T 分布表（附表4），在5% 显著水平相应的临界值为（9，0.05） =2.262。因为 2.262 >1.86，可推断 A、B 两样品在 5% 水平上没有显著差异。

例 13：为了调查消费者对发酵酸乳与配制酸乳的嗜好情况，制备了 3 种样品：样品Ⅰ用原汁发酵酸奶制成；样品Ⅱ用原汁发酵酸乳及原汁配制酸乳各 50% 制成；样品Ⅲ用原汁配制酸乳制成，选用 48 位鉴评员进行评分检验。评分标准为：+2 表示风味良好；+1 表示风味好；0 表示风味一般；−1 表示风味不佳；−2 表示风味很差。

结果分析用方差分析法：

①计算各类数据和：

$$A_1=(+2)\times1+(+1)\times9+0\times2+(-1)\times4+(-2)\times0=7$$

同理：$A_2=2$，$A_3=3$

$$\overline{A_1}=A_1/16=7/16=0.44，\overline{A_2}=0.13，\overline{A_3}=0.19$$

$$T = A_1 + A_2 + A_3 = 7 + 2 + 3 = 12$$

$$CF = T^2/48 = 12^2/48 = 3$$

检验结果列于表5-24。

表5-24 **检验结果**

评分标准 / 鉴评员数 / 样品号	+2	+1	0	−1	−2	总分（A）	平均分数（$\bar{A}$）
Ⅰ	1	9	2	4	0	+7	0.44
Ⅱ	0	6	6	4	0	+2	0.13
Ⅲ	0	5	9	2	0	+3	0.19

②计算各类数据的平方和：

$$\text{总平方和} = \sum_{i=1}^{3}\sum_{j=1}^{16}\chi_{ij}^2 - CF$$

$$= (+2)^2 \times (1+0+0) + (+1)^2 \times (9+6+5) + 0^2 \times (2+6+9) + (-1)^2 \times (4+4+2) + (-2)^2 \times (0+0+0) - 3$$

$$= 31$$

样品平方和的计算方法如下：

$$\text{样品平方和} = \frac{1}{16}\sum_{i=1}^{3}A_i^2 - CF = \frac{1}{16}(7^2 + 2^2 + 3^2) - 3 = 0.88$$

误差平方和 = 总平方和 − 样品平方和 = 31 − 0.88 = 30.12

③计算各均方差：

总自由度 = 48 − 1 = 47

样品自由度 = 3 − 1 = 2

误差自由度 = 47 − 2 = 45

均方差为各因子平方和除以自由度：

样品方差 = 0.88/2 = 0.44

误差方差 = 30.12/45 = 0.67

两者方差比为 F_0 = 0.44/0.67 = 0.66

④列出方差分析表如下：

差异原因	自由度	平方和	方差	F_0值
样品	2	0.88	0.44	
误差	45	30.12	0.67	0.66
总计	47	31	—	—

⑤检定：查 F 分布表（附表5），$\alpha=5\%$、自由度为2和45，则

$$F_{45}^{2}\ (0.05)\ \approx 3.2>F_0$$

故可得出"这3种样品之间的风味没有差别"的结论。

第四节　分析或描述性检验

鉴评员对产品的所有品质特性进行定性、定量的分析及描述评价，这种方法称为描述分析性检验法。它要求评价产品的所有感官特性，包括：

①外观、嗅闻的气味特征。

②品尝后口中的风味特征（味觉、嗅觉及口腔的冷、热、收敛等知觉和余味）。

③产品的组织特性及质地。产品的组织特性包括机械特性——硬度、凝聚度、黏度、附着度和弹性五个基本特征及碎裂度、固体食物咀嚼度、半固体食物胶密度三个从属特性。

④产品的几何特性。几何特性指产品颗粒、形态及方向物性，是否有平滑感、层状感、丝状感、粗粒感等，以及油、水含量感，如油感、湿润感等。

因此在检验过程中，要求鉴评员除具备人体感知食品品质特性和次序的能力外，还要具备描述食品品质特性的专有名词的定义及其在食品中的实质含义的能力，以及总体印象或总体风味强度和总体差异分析能力。通常可依是否定量分析而分为简单描述法和定量描述法。

一、简单描述检验法

鉴评员对构成样品质量特征的各个指标，用合理、清楚的文字，尽量完整、准确地进行定性的描述，以评价样品品质的检验方法，称简单的描述性检验法。它具体还可分为风味描述和质地描述。

此方法可用于识别或描述某一特殊样品或许多样品的特殊指标，或将感觉到的特性指标建立一个序列。常用于质量控制、产品在贮存期间的变化或描述已经确定的差异检测，也可用于培训鉴评员。

简单描述法一般有以下两种形式。

（1）由鉴评员用任意的词汇，对每个样品的特性进行描述。这种形式往往会使鉴评员不知所措，所以应尽量由非常了解产品特性的或受过专门训练的鉴评员来回答。

（2）提供指标检查表，使鉴评员根据指标检查表进行评价。比如：

①外观：一般、深、苍白、暗状、油斑、白斑、褐色、斑纹、波动（色泽有变化）、有杂色。

②口感：黏稠、粗糙、细腻、油腻、润滑、酥、脆。

③组织规则：一般、黏性、油腻、厚重、薄弱、易碎、断向粗糙、裂缝、不规则、粉状感、有孔、油脂析出、有线散现象。

④组织结构：致密、松散、厚重、不规则、蜂窝状、层状、疏松等。

结果分析：

鉴评员完成评价后，由评价小组组织者统计这些结果。根据每一描述性词汇的使用频数得出评价结果，最好对评价结果做出公开讨论。

二、定量描述与感官剖面检验法

鉴评员对构成样品感官特征的各个指标强度进行完整、准确评价的检验方法称为定量描述试验。这种方法可在简单描述试验所确定的词汇中选择适当的词汇，定量描述样品整个感官印象，可单独或结合地用于评价气味、风味、外观和质地。

此方法对质量控制、质量分析、确定产品之间差异的性质、新产品研制、产品品质的改良等最为有效，并且可以提供与仪器检验数据对比的感官数据，提供产品特征的持久记录。

具体操作方法是：

第一阶段：了解相关类似产品的情况，建立描述的最佳方法和统一评价识别的目标，同时，确定参比样品（纯化合物或具有独特性质的天然产品）和规定描述特性的词汇。

第二阶段：成立评价小组，并根据检验的目的设计出不同的检验记录形式。

此方法的检验内容记录通常包括以下内容。

（1）感觉顺序的确定　即记录显现和察觉到各质量特性、特征所出现的先后顺序。

（2）食品质量特性、特征的评价　即用叙词或相关的术语规定感觉到的特性特征。

（3）特征、特性强度评价　对所感觉到的每种质量特性、特征的强度做出评估。

特性特征强度可由多种标度来评估。

（1）数字法例如：0 = 不存在、1 = 刚好可识别、2 = 弱、3 = 中等、4 = 强、5 = 很强。

（2）标度点法例如：弱 ○ ○ ○ ○ ○ ○ ○ 强，在每个标度的两端写上相应的叙词，其中间级数或点数根据特性特征而改变。

（3）直线段法在直线上规定中心点为“0”，两点各标叙词或直接在直线规定段规定两端点叙词（如弱→→→强），以所标线段距一侧的长短表示强度。例如：

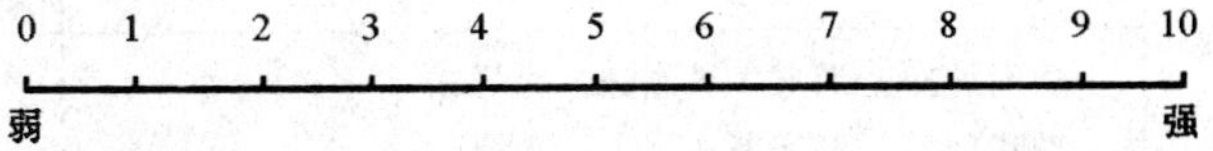

（4）余味和滞留度的测定　余味是指样品被吞下后（或吐出后），出现的与原来不同的特征特性。滞留度是指样品已经被吞下（或吐出后），继续感觉到的特性特征。在某些情况下，可要求鉴评员评价余味，并测定其强度，或者测定滞留度的强度和持续时间。

（5）综合印象的评估　对产品的总体、全面的评估，考虑到特性特征的适应性、强度、相同背景特征的混合等，综合印象通常在三点或四点标度上评估。例如：0 表示差、1 表示中，2 表示良，3 表示优。在独立方法中，每个鉴评员分别评价综合印象，然后计算其平均值。在一致方法中，评价小组赞同一个综合印象。

（6）强度变化的评价　在评价过程中有时采用曲线（有坐标）形式表现从接触样品刺激到脱离样品刺激的感觉强度变化。例如食品中的甜味、苦味的感觉强度变化；品酒、品茶时味觉、嗅觉感觉强度的变化。图 5-2 为品茶时时间-味觉响应强度的变化。

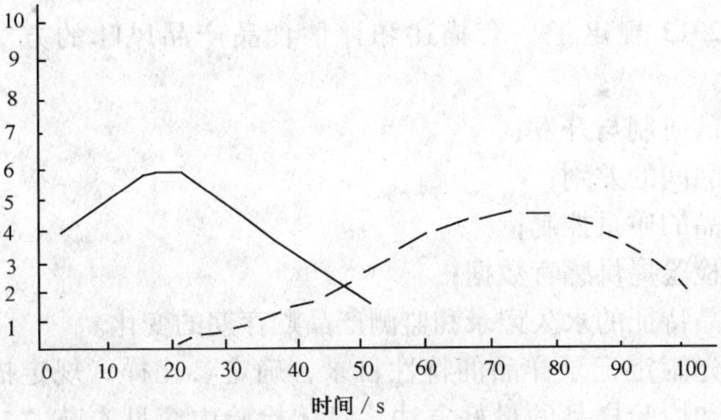

图 5-2　品茶时时间-味觉响应强度曲线

第三阶段：结果分析与报告。定量描述检验的结果可根据要求以表格、曲线、图的形式报告，也可利用各特性特征的评价结果做样品适宜的差异分析。

实际应用时，也可以先根据不同的感官检验项目（风味、色泽、组织等）和不同特性的质量描述制定出分数范围，再根据具体样品的质量情况给予合适的分数。表 5-25 为甜炼乳的描述性检验评分表。

表 5-25　　甜炼乳评分表

项　目	特　性	得　分
风味（60 分）	甜而纯净，消毒牛乳滋味，无异味	60
	滋味稍差，但无杂味	56～59
	无乳味	53～55
	有不纯的滋味或杂味	48～52
	有较重的杂味	35～47
组织（35 分）（15～20 度）	浓度均匀一致，黏性适中	35
	黏性过度	33～34
	在舌上感觉呈粉状	30～32
	呈粉状，瓶底有少量沉淀	27～29
	呈砂状或有个别大结晶	20～26
	稍呈稠密状或软膏状	15～20
色泽（5 分）	白色中带奶油色或淡黄绿色，色泽均匀	5
	肉桂色、淡褐色	2～4

三、分析或描述性检验在食品风味评估方面的应用

1. 风味剖面检验法

国标 GB12313 规定了一套描述和评估食品产品风味的方法，适用范围如下：

①新产品的研制与开发；

②鉴别产品间的差别；

③进行产品的质量控制；

④为仪器检验提供感官数据；

⑤提供产品特征的永久记录和监测产品贮存期的变化。

评价前应先制定记录样品的特性目录，确定参比样，规定描述特性的词汇，建立描述和检验样品的最好方法。具体检验内容见本节“二、定量描述与感官剖面检验法”。另外，对鉴评员除满足一般要求外，还应经过专门培训。对于特殊食品，可以聘请专家，一般为 5～8 位培训过的优选鉴评员或专家。

检验的方法可分成两大类型。描述产品特性达到一致的称为一致方法，不需要一致的称为独立方法。

（1）一致方法　一致方法中的必要条件是评价小组负责人也参加评价，所有鉴评员都作为一个集体的成员，目的是对产品风味描述达到一致。评价小

组负责人组织讨论，直到对每个结论都达到一致意见，从而可以对产品风味特征进行一致的描述。如果不能达到一致，可以引用参比样来帮助达到一致。为此，有时必须经过一次或多次讨论，最后由评价小组负责人报告和说明结果。

具体操作步骤：在一致方法中，开始鉴评员单独工作，按感性认识记录特性特征［感觉顺序、强度、余味和（或）滞留度］，然后进行综合印象评估。当鉴评员测完剖面时，就开始讨论，由评价小组负责人收集各自的结果，讨论到小组意见达到一致后为止。为了达到意见一致可推荐参比样或者评价小组要多次开会。

讨论结束后，由评价小组负责人做出包括所有成员意见的结果报告。报告的表达形式可以是表格、图等，见图5-3、表5-26。

表5-26　番茄酱特性特征结果表

检验日期	年 月 日	检验日期	年 月 日
特性特征感觉顺序	强度（数字评估）	特性特征感觉顺序	强度（数字评估）
番茄	4	胡椒	1
肉桂	1	余味	无
丁香	3	滞留度	相当长
甜度	2	综合印象	2

（2）独立方法　独立方法中，小组组织者一般不参加评估，评估小组意见不需要一致，鉴评员在小组内讨论产品特征，然后单独记录他们的感觉，由评价小组负责人汇总和分析这些单一结果。

具体操作步骤：当评价小组对规定特性特征的认识达到一致后，鉴评员就可以单独工作并记录感觉顺序，用同一标度去测定每种特性强度、余味或滞留度及综合印象。

最后由评价小组负责人收集鉴评员所提供结果的报告，计算出各个特征特性强度（或喜好）平均值，用表或图表示。若有数个样品进行比较时，可利用综合印象的结果得出样品间的差别大小及方向，也可以利用各特征特性的评价结果，用一个适宜的分析方法分析（如评分分析法），确定样品之间差别的性质与大小。

无论一致方法或独立方法，检验报告应包括以下内容：①涉及的问题；②使用的方法；③制备样品的方法；④检验条件（主要包括鉴评员资格，特性特征的目录和定义，使用的参比物质目录，测定强度所使用的标度，分析结果所使用的方法等）；⑤本试验得到的结果；⑥本试验引用的标准。

2. 报告实例

①调味番茄酱风味剖面检验结果：见图5-3（6）。

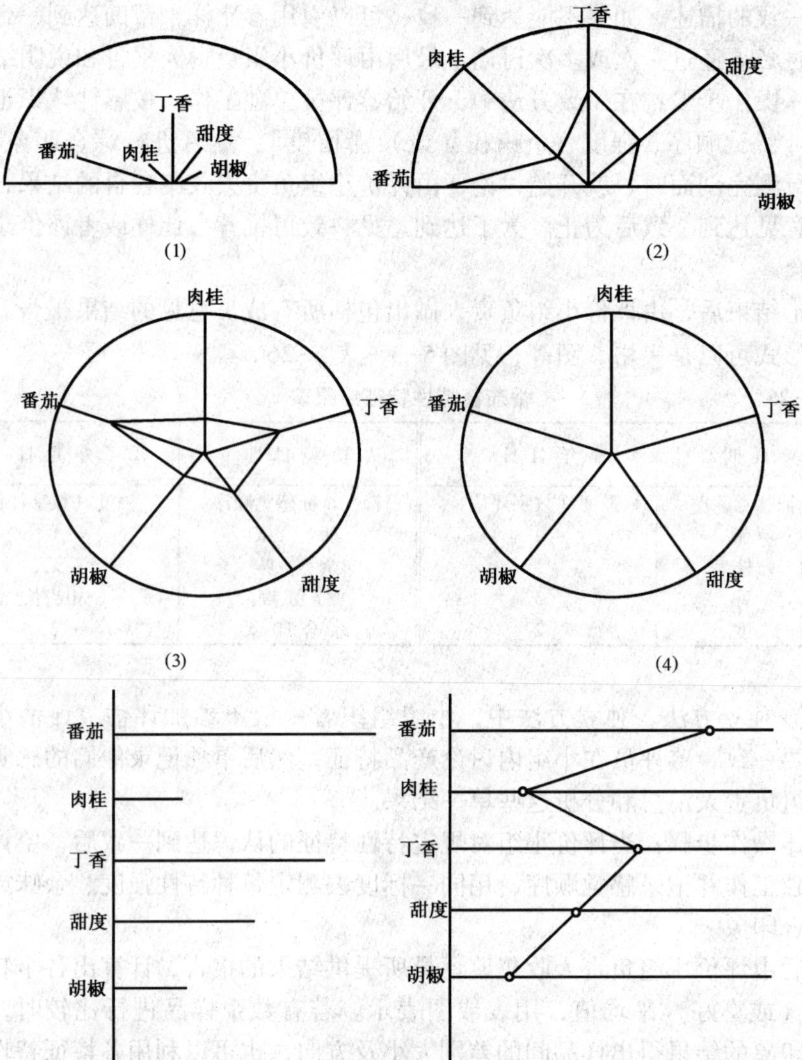

图 5-3　调味西红柿特性特征图

（1）—用线的长度表示每种特性强度，按顺时针方向表示特性感觉的顺序

（2）—每种特性强度记在轴上，连结各点，建立一个风味剖面的图示

（3）、（4）—是一个圆形图示，原理同（1）和（2）

（5）—按标度（3）绘制

（6）—连结各标度点绘出风味剖面

②沙司酱风味剖面分析检验结果：

产品：沙司酱

日期：2004-8-15

鉴评员：刘力

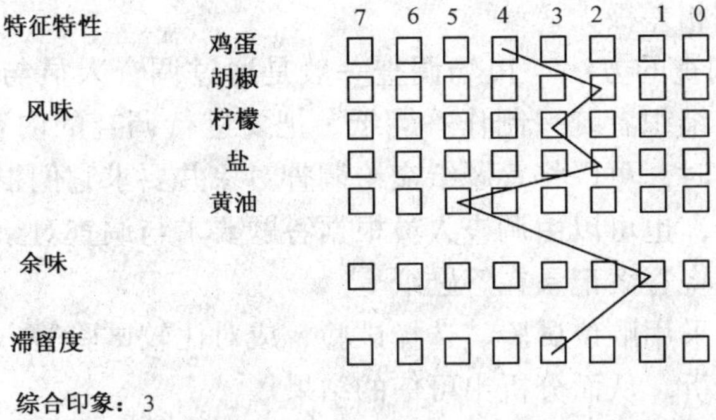

第五节　食品感官分析的应用和方法选择

一、感官分析的应用

1. 市场调查

（1）市场调查的目的和要求　感官评价是市场调查中的重要组成部分，感官评价学的许多方法和技巧被大量运用于市场调查中。但市场调查不仅是了解消费者是否喜欢某种产品（即食品感官评价中的嗜好试验结果），更重要的是了解其喜欢的原因或不喜欢的理由，从而为开发新产品或改进产品质量提供依据。

市场调查的目的主要有两方面的内容：一是市场动向调查，通过了解市场走向，预测产品形式；二是市场接受程度调查，即了解试销产品的影响和消费者意见。两者都是以消费者为对象，所不同的是前者多是对流行于市场的产品而进行的，后者多是对企业所研制的新产品开发而进行的。

（2）市场调查的场所和对象　市场调查的场所通常是在调查对象的家中进行。复杂的环境条件对调查过程和结果影响是市场调查组织者所考虑的重要内容之一。

市场调查的对象原则上包括所有的消费者。但每次市场调查都应根据产品的特点，选择特定的人群作为调查对象。如老年食品应以老年人为主；大众性食品应选低等、中等和高等收入家庭成员各1/3。同时营销系统人员的意见也应引起足够的重视。

市场调查的人数每次不应少于400人，最好在1500～3000人之间。人员的选定以随机抽样方式进行，也可采用整群抽样法和分等按比例抽样法。否则有可能影响调查结果的可信度。

因此市场调查与感官评价试验无论在人员的数量上，还是在组成上，以及环境条件方面都相差极大。

（3）市场调查的方法　市场调查一般是通过调查人员与调查对象面谈来进行的。首先由组织者统一制作答题纸，把要进行调查的内容写在答题纸上。调查员登门调查时，可以将答题纸交给调查对象并要求它们根据调查要求直接填写意见或看法；也可以由调查人员根据答题要求与调查对象进行面对面问答或自由问答，并将答案记录在答题纸上。

调查中常常采用顺位试验、选择试验、成对比较试验等方法，并将结果进行相应的统计分析，从而分析出可信的结果。

2. 新产品开发

新产品开发包括若干阶段，对这些阶段进行确切划分是很难的，它与环境条件、个人习惯及产品特性都有密切关系。但总体来说，一个新食品从设想构思到商品化生产，基本上需要经过如下阶段：设想；研制；鉴别；消费者抽样调查；货架期研究；包装；生产；试销；商品化。当然，这些阶段并非一定按顺序进行，也并非必须进行全部阶段。实际工作中应根据具体情况灵活运用之。可以调整前后进行的顺序，也可以几个阶段结合进行，甚至可以省略其中部分阶段。但无论如何，目的只有一个，即开发出适合消费者、企业和社会的新食品。

3. 原材料的检验

食品生产中原材料质量的控制，进货的检验，特别是农副产品，很大程度上需依靠感官检验来把关，确定原料的分级及取舍。

通常采用分类法或评估法。当对样品打分有困难时用分类法可确定原材料品质的好坏级别。而对那些有着具体的质量特征，且特征强度变化明显的样品，采用评估法可以对原材料进行分类，并可以得出具体的综合评分结果。

4. 生产过程检验

生产过程检验包含了工艺条件的检查、控制与半成品的检验。着重检查样品与常规样或标准样有无差异及差异的大小。通常采用差别试验法，如两点检验法、三点检验法、二-三点检验法。

5. 成品检验

描述法适用于成品感官质量的鉴定，而对某批产品感官质量的趋向性或质量异常的检出，则需要采用评估法或分类法。

6. 产品品质的研究

在产品质量管理及质量控制的环节中，产品的品质研究是其中重要的组成部分。了解产品感官质量的好坏，可采用差别检验法；分析产品感官指标的内容，可采用描述法；对某个指标的分析研究，可采用排序法。

二、感官检验方法的选择及问题设定

1. 感官检验方法选择的原则

感官检验的方法较多，如何选择最佳的方案应根据具体情况而定，一般需要考虑以下几个方面。

(1) 感官检验的目的　任何检验都有目的，所以首先须从检验目的出发选择合适的方法。

例如：当想了解两样品间有无差别时，可采用的方法有两点检验法、三点检验法、五中取二检验法、评分法等。当想了解三个以上样品间的品质、嗜好等的关系时，可采用分类法、评估法、评分法等。

(2) 感官检验方法的精密度　检验两个样品间差异时，对同样的试验次数，同样的差异水平，三点检验法要求的正解数少，从这一点来说，三点检验法比两点检验法好。

(3) 从鉴评员所受影响出发　复杂的试验方法会使经专业培训的鉴评员产生不安和压迫感。若把这样的方法运用于普通消费者，即使方法的精确度很高，也不会得到好的结果。

(4) 从经济角度考虑　即考虑样品用量、评价人数、试验时间、统计处理数据的难易程度。

实际应用时，应根据检验样品数目的要求、精度及经济性选用适当的方法。例如，当了解两个样品间的差异时，可使用两点检验法、三点检验法、二-三点检验法、评估法和评分法等，且对于同样的实验次数及差异水平，两点检验法所要求的正解数最少；当要了解三个以上样品间的品质、嗜好等关系时，可使用排序法、评分法、两点检验法等。对于分类法、排序法和两点检验法，当有差异的样品数量增大时，两点检验法的精度增高，但试验时间较长。

对于嗜好型试验方法多采用两点检验法、选择法、排序检验法和评分法。

2. 感官检验中问题的设定

感官检验过程中要想获得满意的分析结果，除了对鉴评员进行专门的培训之外，如何向鉴评员提出问题，以什么样的形式提问，让鉴评员如何回答等，也在很大程度上直接影响检验结果。

(1) 问题设定的原则

①所提的问题应考虑回答者的文化程度、生活水平、年龄和性别等；

②要简单明了地提示必需的信息，避免拖冗长。不要使用含混不清的语

言、易引起误解的措辞和难理解的词汇；

③设定的问题应是容易回答的内容。一个问题中只包含一个内容，不要问两个及两个以上的内容；

④提问顺序必须有逻辑性；

⑤避免带有诱导或提示的问题；

⑥避免使回答者产生厌恶、烦躁、不安的问题；

（2）回答问题的形式　确定提问的内容和提问方式后，还应考虑回答问题的形式。通常采用如下几种形式：

①自由回答法：要求鉴评员自由地回答所提出的问题。

②二项选择法：只要求鉴评员回答“是”或“不是”。

③多项选择法：鉴评员从列举的多项回答中选择出一个回答。

第六章　常见食品的感官鉴别

【学习目标】掌握常见食品的感官特性及其等级区别，便于在实际工作中应用。

各种食品都具有一定的外部特征，消费者习惯上都凭感官来决定食品的取舍，所以，作为食品不仅要符合营养和卫生的要求，还必须能为消费者所接受。其可接受性通常不能由化学分析和仪器分析结果来下结论，因为用分析方法虽然能对食品中各组分（如蛋白质、水分、脂肪、总糖等）的含量进行测定，但并没有考虑组分之间的相互作用和对感觉器官的刺激情况，缺乏综合性判断。如食盐会使人产生咸味感觉，糖会使人产生甜味感觉，当两者混合时，给人的感觉并不是两者的简单相加。人的感官是十分有效而敏感的综合检测器，可以克服分析方法的不足，对食品做出综合性的感觉评定，并能加以比较和准确表达，从而对食品的可接受性做出判断。此外，感官检验还用于鉴别食品的质量，各种食品的质量标准中都定有感官特性指标，如外形、组织状态、色泽、滋味、气味、杂质等。这些感官特性往往能反映出食品的品质和质量的好坏，当食品的质量发生变化时，常引起某些感官特性也发生变化。因此，通过感官检验可判断食品的质量及其变化情况。总之，感官检验在食品生产中的原材料和成品质量控制、食品的贮藏和保鲜、市场销售等方法具有重要的意义和作用。

一、感官检验的种类

按检验时所利用的感觉器官，感官检验可分为视觉检验、嗅觉检验、味觉检验和触觉检验。

1. 视觉检验

视觉检验即用肉眼观察食品的形态特征，在感官检验中，视觉检验占有重要位置，几乎所有产品的检验都离不开视觉检验。如观察色泽可判断肉制品色泽是否正常；观察可检验有无杂质等。

视觉检验不宜在灯光下进行，因为灯光会给食品造成假象，给视觉检验带来错觉。检验时应从外向里检验，先检验整体外形，如肉制品包装是否有破损或胀袋现象，再检验内容物，然后再给予评价。

2. 嗅觉检验

嗅觉是辨别各种气味的感觉，人的嗅觉非常灵敏，有时用一般方法和仪器不能检测出来的轻微变化，用嗅觉检验可以发现。如鱼、肉蛋白质的最初分解和油脂的开始酸败，其理化指标变化不大，但敏感的嗅觉可以觉察到有氨味和哈喇味。

气味是由食品中散发出来的挥发性物质，它受温度的影响较大，温度低时挥发慢，气味轻；反之则气味浓。因此在进行嗅觉检验时，可把样品稍加热，或取少许样品于洁净的手掌上摩擦，再嗅检。

嗅觉器官长时间受气味浓的物质刺激会疲劳，灵敏度降低，因此，检验时应由轻气味到浓气味的顺序进行，检验一段时间后，应休息一会。

3. 味觉检验

味觉是由舌面和口腔内味觉细胞（味蕾）产生的，基本味觉有酸、甜、苦、咸四种，其余味觉都是由基本味觉组成的混合味觉。味觉还与嗅觉、触觉等其他感觉有联系。味蕾的灵敏度与食品的温度有密切关系，味觉检验的最佳温度为20～40℃，温度过高会使味蕾麻木；温度过低亦会降低味蕾的灵敏度。

味觉检验前不要吸烟或吃刺激性较强的食物，以免降低感觉器官的灵敏度。检验时取少量被检食品放入口中，细心品尝，然后吐出（不要咽下），用温水漱口。若连续检验几种样品，应先检验味淡的，后检验味浓的食品，且每品尝一种样品后，都要用温水漱口，以减少相互影响。对已有腐败迹象的食品，不要进行味觉检验。

4. 触觉检验

触觉检验主要是借助手、皮肤等器官的触觉神经来检验某些食品的弹性、韧性、紧密程度等，以鉴别其质量。如对谷物可以抓起一把，凭手感评价其水分；对肉类，根据其弹性可判断品质和新鲜程度。此外，在品尝食品时，除了味觉外，还有脆性、黏性、弹性、硬度、冷热、油腻性和接触压力等触感。

进行感官检验时，通常先进行视觉检验，再进行嗅觉检验，然后进行味觉检验及触觉检验。

二、感官检验的基本要求

1. 实验室要求

感官检验实验室应远离其他实验室，要求安静、隔音和整洁，不受外界干扰，无异味，具有令人心情愉快的自然色调，给检验人员以舒适感，使其注意力集中。

2. 检验人员的选择

进行感官检验时，偏爱型感官检验和分析型感官检验的检验目的不同，对检验人员的要求也不同。偏爱型检验人员的任务是对食品进行可接受性评价，这类检验员可由任意的未经训练的人组成，人员以不少于100人为宜，这些人必须在统计学上能代表消费者总体，以便保证试验结果的代表性和可靠性。

分析型检验人员的任务是鉴定食品的质量，这类检验人员必须具备一定的条件并经过挑选测试。必备条件是：年龄在 20 ~ 50 岁之间；男女不限；不嗜烟酒；健康状况良好；感觉器官健全；对食品感官鉴定工作有兴趣，愿意合作；无食品偏爱习惯，具有良好的分辨能力；有责任心，工作专心；对感觉内容有确切的表达能力。

3. 样品的准备

（1）样品数量　每种样品应有足够的数量，保证有三次以上的品尝次数，以提高所得结果的可靠性。

（2）样品温度　视该食品的饮食习惯而定。

（3）盛放器皿　应洁净无异味，色泽、大小应一致，条件允许时，尽可能使用一次性纸制或塑料器皿。

（4）时间的选择　感官检验宜在饭后 2 ~ 3h 内进行，避免过饱或饥饿状态。要求在检验前 30min 不得吸烟，不得吃强刺激性食物。

第一节　谷物类及其制品鉴别

一、谷物类感官检验

我国市场常见谷物种类有小麦、大豆、玉米、大米、小米、绿豆、蚕豆等数十种，消费量最大、应用范围最广的是小麦、大豆、玉米、大米四类，本节简要介绍其感官特性及检验方法。

1. 谷物种类及其感官特性

（1）小麦　小麦根据冬种、春种以及小麦的皮色和粒质分为以下品种。

①白色硬质冬小麦：种皮为白色或黄白色的麦粒不低于 90%，角质率不低于 70% 的冬小麦。

②白色硬质春小麦：种皮为白色或黄白色的麦粒不低于 90%，角质率不低于 70% 的春小麦。

③白色软质冬小麦：种皮为白色或黄白色的麦粒不低于 90%，粉质率不低于 70% 的冬小麦。

④白色软质春小麦：种皮为白色或黄白色的麦粒不低于 90%，粉质率不低于 70% 的春小麦。

⑤红色硬质冬小麦：种皮为深红色或红褐色的麦粒不低于 90%，角质率不低于 70% 的冬小麦。

⑥红色硬质春小麦：种皮为深红色或红褐色的麦粒不低于 90%，角质率

不低于70%的春小麦。

⑦红色软质冬小麦：种皮为深红色或红褐色的麦粒不低于90%，粉质率不低于70%的冬小麦。

⑧红色软质春小麦：种皮为深红色或红褐色的麦粒不低于90%，粉质率不低于70%的春小麦。

⑨混合小麦：不符合上述八种规定的小麦。

（2）大豆　根据大豆的种皮颜色和粒形分为以下五类。

①黄大豆：种皮为黄色，按其粒形分为东北黄大豆和一般黄大豆。东北黄大豆多为圆形、椭圆形，有光泽或微光泽，粒色为黄色，脐色多为黄褐、淡褐或深褐色；一般黄大豆粒形较小，多为扁圆和长椭圆形，粒色一般为黄色、淡黄色，脐色为黄褐、淡褐或深褐色。

②青大豆：种皮为青色，按其子叶的颜色分为青皮青仁大豆和青皮黄仁大豆。

③黑大豆：种皮为黑色，按其子叶的颜色分为黑皮青仁大豆和黑皮黄仁大豆。

④其他大豆：种皮为褐色、棕色、赤色等单一颜色的大豆。

⑤饲料豆（秣食豆）：一般籽粒较小，呈扁长椭圆形（肾脏形），两片子叶上有凹陷圆点，种皮略有光泽或无光泽。

（3）玉米　根据玉米的粒色和粒质分为以下四类。

①黄玉米：种皮为黄色。

②白玉米：种皮为白色。

③糯玉米：富有黏性。

④杂玉米：混有本类以外的玉米超过5%。

（4）大米　根据稻谷的分类方法分为三类：

①籼米：用籼型非糯性稻谷制成的米。米粒一般呈长椭圆形或细长形。按其粒质和籼稻收获季节分为早籼米和晚籼米两种。早籼米腹白较大，硬质颗粒较少；而晚籼米腹白较小，硬质颗粒较多。

②粳米：用粳型非糯性稻谷制成的米。米粒一般呈椭圆形。按其粒质和粳稻收获季节分为早粳米和晚粳米两种。早粳米腹白较大，硬质颗粒较少；而晚粳米腹白较小，硬质颗粒较多。

③糯米：用糯性稻谷制成的米。按其粒形分为籼糯米和粳糯米两种。籼糯米是用籼型糯性稻谷制成的米。米粒一般呈长椭圆形或细长形，乳白色，不透明；也有的呈半透明状（俗称阴糯），黏性大；粳糯米是用粳型糯性稻谷制成的米。米粒一般呈椭圆形，乳白色，不透明；也有呈半透明状（俗称阴糯），黏性大。

2. 感官检验方法

（1）色泽鉴定　鉴定时，将试样置于散射光线下，肉眼鉴别全部样品的颜色和光泽是否正常。

（2）气味鉴定

①取少量试样，嘴对试样呵气，立即嗅辨气味是否正常。

②将试样放入密闭器皿内，在 60 ~ 70℃ 的温水杯中保温数分钟，取出，开盖嗅辨气味是否正常。

（3）口味鉴定　成品粮应做成熟食品，尝其味道是否正常。

二、谷物制品的品质鉴别

所谓谷物制品是指以米、小麦、豆等为原料加工制成的产品，市场上最常见的销售量较大且生产管理比较正规的谷物制品主要包括方便面、挂面、面条（湿）、饼干、月饼、粽子、水饺等。

现将几种主要谷物制品的感官特性及感官检验方法介绍如下。

1. 月饼

月饼按加工工艺不同可分为烘烤类月饼、熟粉成型类月饼等，其中烘烤类月饼又分为糖浆皮月饼、浆酥皮月饼、油酥皮月饼、水油酥皮月饼、奶油皮月饼、熟粉皮月饼、水调皮月饼、蛋调皮月饼、油糖皮月饼等。按地方风味特色可分为京式月饼、苏式月饼、广式月饼等。京式月饼代表品种有提浆月饼、自来红月饼、自来白月饼等；苏式月饼代表品种有玫瑰月饼、椒盐月饼、火腿月饼等；广式月饼代表品种有五仁月饼、蛋黄、莲蓉月饼、腊肠叉烧月饼等。

（1）感官特性

形态：外形完整，丰满，表面可略鼓，边角分明，底部平整，不凹底，不收缩，不露馅，无黑泡或明显焦斑，不破裂。

色泽：具有该品种应有的色泽，色泽均匀，有光泽。

组织：饼皮薄厚均匀，皮馅比例适当，馅料饱满，软硬适中，不偏皮，不空膛，不粘牙；五仁馅中的果仁、籽仁分布要均匀。

滋味与口感：味纯正，具有该品种应有的口感与风味，无异味。

杂质：无外来可见杂质。

（2）感官检验方法　将样品置于清洁、干燥的白瓷盘中，用目测检查形态、色泽，然后用餐刀按四分法切开，观察组织、杂质，品尝滋味与口感，做出评价。

2. 方便面

根据加工工艺不同分为油炸方便面（简称油炸面）、热风干燥方便面（简称风干面）等，主要原料有小麦粉、荞麦粉、绿豆粉、米粉等。

（1）感官特性

形状：外形整齐，花纹均匀，无异物、焦渣；

色泽：具有该品种特有的色泽，无焦、生现象，正反两面可略有深浅差别；

气味：气味正常，无霉味、哈喇味及其他异味；

烹调性：面条复水后应无明显断条、并条，口感不夹生、不粘牙。

（2）感官检验方法

①取两袋（碗）以上样品观察，应具有各种方便面正常的色泽，不得有霉变及其他外来的污染物。

②取一袋（碗）样品，放入盛有500mL沸水的锅中煮3～5min后观察，应符合感官特性的要求。

3. 面条（湿）

（1）感官特性　呈白、乳白或奶黄色，有光亮；表面结构细密、光滑；适口性好；有咬劲、富有弹性；咀嚼时爽口、不粘牙；品尝时具有麦清香味。

（2）感官检验方法　取适量样品，按照表6-1湿面条感官检验评分表中评分标准逐项打分，进行综合评定。

表6-1　湿面条感官检验评分表

项　目	满　分	评分标准
色　泽	10	指面条的颜色和亮度 面条白、乳白、奶黄色、光亮为8.5～10.0分；亮度一般为6.0～8.4分；色发暗、发灰，亮度差为1～6分
表观状态	10	指面条表面光滑和膨胀程度 表面结构细密、光滑为8.5～10.0分；中间为6.0～8.4分；表面粗糙、膨胀、变形严重为1～6分
适口性（软硬）	20	指用牙咬断一根面条所需力的大小 力适中得分为17～20分；稍偏硬或软为12～17分；太硬或太软1～12分
韧　性	25	指面条在咀嚼时的咬劲和弹性的大小 有咬劲、富有弹性为21～25分；一般为15～21分；咬劲差、弹性不足为1～15分
黏　性	25	指在咀嚼过程中面条的粘牙程度 咀嚼时爽口、不粘牙为21～25分，较爽口、稍粘牙为15～21分，不爽口、发黏为10～15分
光滑性	5	指在品尝面条时口感的光滑程度。光滑为4.3～5.0分；中间为3.0～4.3分；光滑程度差为1～3分

续表

项　目	满　分	评 分 标 准
食　味	5	指品尝时的味道。具麦清香味 4.3 ~ 5.0 分；基本无异味 3.0 ~ 4.3 分；有异味 1 ~ 3 分
总　分	100	精制挂面评分≥85 分　　普通挂面评分≥75 分

4. 饼干

根据加工工艺不同分为酥性饼干、韧性饼干、发酵饼干、薄脆饼干、曲奇饼干、夹心饼干、威化饼干、蛋圆饼干、蛋卷、粘花饼干、水泡饼干等，原料以小麦粉为主。

（1）酥性饼干

①感官特性

形态：外形完整，花纹清晰，厚薄基本均匀，不收缩，不变形，不起泡，不得有较大或较多的凹底。特殊加工品种表面允许有砂糖颗粒存在。

色泽：呈棕黄色或金黄色或该品种应有的色泽，色泽基本均匀，表面略带光泽，无白粉，不应有过焦、过白的现象。

滋味与口感：具有该品种应有的香味，无异味。口感酥松、不粘牙。

组织：断面结构呈多孔状，细密，无大孔洞。

杂质：无油污，无异物。

②感官检验方法：评分方法参照表 6-2 酥性饼干感官检验评分表。

表 6-2　　酥性饼干感官检验评分标准

项　目	扣分内容	扣分标准/每块扣分	满分	项　目	扣分内容	扣分标准/每块扣分	满分
花纹	明显、清晰 不明显 无花纹	0 0.5 1	10	酥松度	很酥松 较酥松 不酥松	0 0.5 2	20
形态	不完整 起泡 不端正 凹底 1/5 凹底 1/3	0.2 0.3 0.2 0.1 0.2	10	组织结构	均匀 轻微不均匀 较不均匀 不均匀	0 0.25 0.5 1	10
粘牙度	轻微粘牙 较粘牙	0.25 0.5	10	口感粗糙度	细腻 较粗糙 很粗糙	0 0.5 1.5	15

注：总分 75 分，折算成 100 分。

具体方法：任意抽取样品 10 块，由一定评分能力和评分经验的评分人员（每次 5 ~ 7 人）按饼干品质评分标准进行评分（取算术平均值），评分折算成百分制，取整数，平均数中若出现小数则采用四舍、六入、五留双的方法取舍。

（2）韧性饼干

①感官特性

形态：外形完整，花纹清晰，厚薄基本均匀，不收缩，不变形，不起泡，不得有较大或较多的凹底。特殊加工品种表面允许有砂糖颗粒存在。

色泽：呈棕黄色或金黄色或该品种应有的色泽，色泽基本均匀，表面略带光泽，无白粉，不应有过焦、过白的现象。

滋味与口感：具有该品种应有的香味，无异味。口感松脆细腻、不粘牙。

组织：断面结构有层次或呈多孔状，无大孔洞。

杂质：无油污，无异物。

②感官检验方法：将样品平放于白瓷盘内，于光线充足、无异味的环境中，按感官特性的要求逐项检验。

（3）发酵饼干

①感官特性

a. 咸发酵饼干感官特性

形态：外形完整，厚薄大致均匀，具有较均匀的油泡点，不应有裂缝及收缩变形现象。

色泽：呈浅黄色或谷黄色（泡点允许棕黄色），色泽基本均匀，表面略带光泽或呈该品种应有的色泽，无白粉，不应有过焦、过白的现象。

滋味与口感：咸味适中，具有发酵制品应有的香味及该品种特有的香味，无异味。口感酥松或松脆、不粘牙。

组织：断面结构层次分明。

杂质：无油污，无异物。

b. 甜发酵饼干感官特性

形态：外形完整，厚薄大致均匀，花纹明显、清晰，不得起泡（夹酥甜发酵饼干允许有泡点），不得有过大或过多的凹底。

色泽：呈浅黄色或褐黄色，色泽基本均匀，表面略带光泽，无白粉，不应有过焦、过白的现象。

滋味与口感：味甜，具有发酵制品应有的香味及该品种特有的香味，无异味。口感松脆、不粘牙。

组织：断面结构的气孔微小、均匀或层次分明。

杂质：无油污，无异物。

②感官检验方法：评分标准见表6-3。

表6-3　　发酵饼干感官检验评分标准

项　目	扣分内容	扣分标准/每块扣分	满分	项　目	扣分内容	扣分标准/每块扣分	满分
花纹（表面状态）	明显、清晰 不明显 无花纹	0 0.5 1	10	酥松度	很酥松 较酥松 不酥松	0 0.5 2	20
形态	不完整 起泡 不端正 凹底1/5 凹底1/3	0.2 0.3 0.2 0.1 0.2	10	组织结构	均匀 轻微不均匀 较不均匀 不均匀	0 0.25 0.5 1	10
粘牙度	轻微粘牙 较粘牙	0.25 0.5	10	口感粗糙度	细腻 较粗糙 很粗糙	0 0.5 1.5	15

注：总分75分，折算成100分。

具体方法：任意抽取样品10块，由一定评分能力和评分经验的评分人员（每次5~7人）按饼干品质评分标准进行评分（取算术平均值），评分折算成百分制，取整数，平均数中若出现小数则采用四舍、六入、五留双的方法取舍。

（4）薄脆饼干

①感官特性

a. 咸薄脆饼干感官特性

形态：外形端正、完整，厚薄大致均匀，表面有较均匀的泡点，无裂缝，不收缩，不变形。

色泽：表面呈金黄色、棕黄褐色或该品种应有的色泽，饼边及泡点允许褐黄色，表面略带光泽，不应有过焦、过白的现象。

滋味与口感：咸味适中，具有该品种特有的香味，无异味。口感松脆、不粘牙。

组织：断面结构有层次或呈多孔状。

杂质：无油污，无异物。

b. 甜薄脆饼干感官特性

形态：外形端正、完整，厚薄大致均匀，表面不起泡，无裂缝，不收缩，不变形。

色泽：呈金黄或棕黄色，饼边允许褐黄色，有光泽，无白粉，不应有过焦、过白的现象。

滋味与口感：味甜，具有该品种特有的香味，无异味。口感松脆、不粘牙。

组织：断面结构有层次或呈多孔状。

杂质：无油污，无异物。

②感官检验：将样品平放于白瓷盘内，于光线充足无异味的环境中，按感官特性的要求逐项检验。

（5）曲奇饼干

①感官特性

a. 曲奇饼干感官特性

形态：外形完整，花纹或波纹清楚，同一造型大小基本均匀，饼体摊散适度，无连边。

色泽：呈金黄色、棕黄色或该品种应有的色泽，色泽基本均匀，花纹与饼体边缘允许具有较深的颜色，但不应有过焦、过白的现象。

滋味与口感：有明显的奶香味与该品种特有的香味，无异味。口感酥松、不粘牙。

组织：断面结构呈细密的多孔状。

杂质：无油污，无异物。

b. 花色曲奇饼干感官特性

形态：外形完整，产品表面应撒布有添加辅料，添加辅料的颗粒大小基本均匀。

色泽：表面呈金黄色、棕黄色或该品种应有的色泽，在基本色泽中允许含有添加辅料的色泽，允许花纹与饼体边缘具有较深的颜色，但不得有过焦、过白的现象。

滋味与口感：有明显的奶香味与该品种特有的香味，无异味。口感酥松或具有该品种添加辅料应有的口感。

组织：断面结构呈多孔状，并有该品种添加辅料的颗粒。

杂质：无油污，无异物。

②感官检验方法：将样品平放于白瓷盘内，于光线充足无异味的环境中，按感官特性的要求逐项检验。

（6）夹心饼干

①感官特性

形态：外形完整，边缘整齐，饼面花纹清晰，不脱片。夹心厚薄基本均匀，无外溢。

色泽：饼干单片呈棕黄色或该品种应有的色泽，色泽基本均匀。夹心料呈该料应有的色泽，色泽基本均匀。

滋味与口感：应符合该品种所调制的香味，无异味。口感疏松或松脆，夹心料细腻，无颗粒感。

组织：饼干单片断面应具有该相同品种的结构，夹心层次分明。

杂质：无油污，无异物。

②感官检验方法：将样品平放于白瓷盘内，于光线充足无异味的环境中，按感官特性的要求逐项检验。

（7）威化饼干

①感官特性

形态：外形完整，块形端正，花纹清晰，厚薄基本均匀，无分离，无夹心溢出现象。

色泽：具有该品种应有的色泽，色泽基本均匀。

滋味与口感：具有该品种应有的口味，无异味。口感松脆或酥化，无粗粒感。

组织：片子断面结构呈多孔状，夹心层次分明。

杂质：无油污，无异物。

②感官检验方法：将样品平放于白瓷盘内，于光线充足无异味的环境中，按感官特性的要求逐项检验。

（8）蛋圆饼干

①感官特性

形态：呈冠圆形或多冠圆形，外形完整，大小、厚薄基本均匀。

色泽：呈金黄色或棕黄色或该品种应有的色泽，色泽基本均匀。

滋味与口感：味甜，具有蛋香味及该品种应有的香味，无异味。口感松脆。

组织：断面结构呈细密的多孔状。

杂质：无油污，无异物。

②感官检验方法：将样品平放于白瓷盘内，于光线充足无异味的环境中，按感官特性的要求逐项检验。

（9）蛋卷

①感官特性

形态：呈多层卷筒形态或该品种特有的形态，断面层次分明，外形基本完整，表面光滑或呈花纹状。

色泽：表面呈浅黄色、金黄色、浅棕黄色或该品种应有的色泽，色泽基本均匀。

滋味与口感：味甜，具有蛋香味及该品种应有的香味，无异味。口感松脆。

杂质：无油污，无异物。

②感官检验：将样品平放于白瓷盘内，于光线充足无异味的环境中，按感官特性的要求逐项检验。

（10）粘花饼干

①感官特性

形态：饼干基片外形端正，大小基本均匀。饼干基片表面粘有糖花且较为端正，并无分离现象，糖花清晰，大小基本均匀。

色泽：饼干基片呈金黄色、棕黄色，色泽基本均匀。糖花允许多种颜色，同种颜色的糖花色泽基本均匀。

滋味与口感：味甜，具有该品种应有的香味，无异味。饼干基片口感松脆，糖花无粗粒感。

组织：饼干基片断面结构有层次或呈多孔状，糖花内部组织均匀，无孔洞。

杂质：无油污，无异物。

②感官检验方法：将样品平放于白瓷盘内，于光线充足无异味的环境中，按感官特性的要求逐项检验。

（11）水泡饼干

①感官特性

形态：外形完整，块形大致均匀，不得起泡，不得有皱纹及明显的豁口。

色泽：呈浅黄色或金黄色，色泽基本均匀。表面有光泽，不应有过焦、过白的现象。

滋味与口感：味略甜，具有浓郁的蛋香味与该品种应有的香味，无异味。口感脆，疏松。

组织：断面组织微细、均匀，无孔洞。

杂质：无油污，无异物。

②感官检验：将样品平放于白瓷盘内，于光线充足无异味的环境中，按感官特性的要求逐项检验。

5. 粽子

（1）感官特性

①有馅类粽子感官特性

表面形态：粽角端正，扎线松紧适当，无明显露角，粽体无外露。

色泽：剥去粽叶，粽体米粒呈淡酱色（不放酱油的粽体呈所用物料应有的色泽），馅料具有所用物料相应的色泽，有光泽。

组织形态：粽体不过烂，内有馅料，粽子内外无杂质，无夹生，不得有霉变、生虫及其他外来污染物。

滋味与气味：糯而不烂，咸甜适中，具有粽叶、糯米及其他谷类食物固有的香味，不得有酸败、发霉、发馊等异味。

②无馅类粽子感官特性

表面形态：粽角端正，扎线松紧适当，无明显露角，粽体无外露。

色泽：剥去粽叶，外观粽体米粒呈本白色（或其他谷类食物相应的色泽），有光泽。

组织形态：粽体不过烂，粽子内外无杂质，无夹生，不得有霉变、生虫及其他外来污染物。

滋味与气味：糯而不烂，咸甜适中，具有粽叶、糯米固有的香味，不得有酸败、发霉、发馊等异味。

③混合类粽子感官特性

表面形态：粽角端正，扎线松紧适当，无明显露角，粽体无外露。

色泽：剥去粽叶，外观有光泽，呈该品种混合物料应有的色泽。

组织形态：粽体不过烂，各种物料应分布均匀，粽子内外无杂质，无夹生，不得有霉变、生虫及其他外来污染物。

滋味与气味：糯而不烂，咸甜适中，具有粽叶、糯米及其他物料固有的香味，不得有酸败、发霉、发馊等异味。

（2）感官检验方法　取以销售包装计的样品一件，先目测表面形态，再按包装上标明的食用方法进行复热后剥去粽叶将粽子置于清洁的白瓷盘中，目测色泽及表面杂质，然后以餐刀剖开分别用目测、鼻嗅和口尝检查其中组织形态、气味与滋味。

6. 面包

按成品中有无蛋、乳及其他辅料分为两类：普通面包（以小麦粉为主体，加适量糖、盐、油脂制成的面包。）、花式面包（以小麦粉为主体，加适量糖、盐、油脂并添加蛋品、乳品及果料等制成的面包。）。

（1）感官特性

形态：完整，无缺损、龟裂、凹坑，形状应与品种造形相符，表面光洁，无白粉和斑点。

色泽：表面呈金黄色或淡棕色，均匀一致，无烤焦、发白现象。

气味：应具有烘烤和发酵后的面包香味并具有经调配的仿香风味，无异味。

口感：松软适口，不黏，不牙碜，无异味，无未溶化的糖、盐粗粒。

组织：细腻，有弹性；切面气孔大小均匀，纹理均匀清晰，呈海绵状，无明显大孔洞和局部过硬；切片后不断裂，并无明显掉渣。

（2）感官检验方法　将样品平放于白瓷盘内，于光线充足无异味的环境中，按感官特性的要求逐项检验。

7. 水饺

（1）感官特性　色泽呈白色、奶白色或奶黄色，有光亮，皮馅透明；爽口、不粘牙，有咬劲；口感细腻；耐煮性好，饺子表皮完好无损；煮后饺子汤清晰，无沉淀物。

（2）感官检验方法　由五位有经验的或经过训练的人员组成评定小组，对水饺进行外观鉴定和品尝评比，对饺子汤进行浑浊程度和沉淀物目测，并根据水饺的质量评分标准分别打分。评分采用百分制（取算术平均值），取整数，平均数中若出现小数则采用四舍、六入、五留双的方法取舍。具体评分方法见表6-4。

表6-4　　水饺感官检验评分表

项　目		满分	评　分　标　准
外观（30分）	颜色	10分	白色、奶白色、奶黄色（6~10分）；黄色、灰色或其他不正常色（0~5分）
	光泽	10分	光亮（7~10分）；一般（4~6分）；暗淡（0~3分）
	透明度	10分	透明（7~10分）；半透明（4~6分）；不透明（0~3分）
口感（40分）	黏性	15分	爽口、不粘牙（11~15分）；稍粘牙（6~10分）；粘牙（0~5分）
	韧性	15分	柔软、有咬劲（11~15分）；一般（6~10分）；较烂（0~5分）
	细腻度	10分	细腻（7~10分）；较细腻（4~6分）；粗糙（0~3分）
耐煮性（15分）		15分	饺子表皮完好无损（11~15分）；饺子表皮有损伤（6~10分）；饺子破肚（0~3分）
饺子汤特性（15分）		15分	清晰，无沉淀物（11~15分）；较清晰，沉淀物不明显（6~10分）；浑浊，沉淀物明显（0~5分）

第二节　蛋类及蛋制品鉴别

一、蛋及蛋制品的感官鉴别要点

鲜蛋的感官鉴别分为蛋壳鉴别和打开鉴别。蛋壳鉴别包括眼看、手摸、耳听、鼻嗅等方法，也可借助于灯光透视进行鉴别。打开鉴别是将鲜蛋打开，观察其内容物的颜色、稠度、性状、有无血液、胚胎是否发育、有无异味和臭味等。

蛋制品的感官鉴别指标主要是色泽、外观形态、气味和滋味等。同时应注意杂质、异味、霉变、生虫和包装等情况，以及是否具有蛋品本身固有的气味或滋味。

1. 鲜蛋质量的感官检验

（1）蛋壳的感官鉴别

①眼看：即用眼睛观察蛋的外观形状、色泽、清洁程度等。

良质鲜蛋——蛋壳清洁、完整、无光泽，壳上有一层白霜，色泽鲜明。

次质鲜蛋——一类次质鲜蛋：蛋壳有裂纹、硌窝现象，蛋壳破损、蛋清外溢或壳外有轻度霉斑等。二类次质鲜蛋：蛋壳发暗，壳表破碎且破口较大，蛋清大部分流出。

劣质鲜蛋——蛋壳表面的粉霜脱落，壳色油亮，呈乌灰色或暗黑色，有油样漫出，有较多或较大的霉斑。

②手摸：即用手摸索蛋的表面是否粗糙，掂量蛋的轻重，把蛋放在手掌心上翻转等。

良质鲜蛋——蛋壳粗糙，重量适当。

次质鲜蛋——一类次质鲜蛋：蛋壳有裂纹、硌窝或破损，手摸有光滑感。二类次质鲜蛋：蛋壳破碎，蛋白流出。手掂重量轻，蛋拿在手掌上自转时总是一面向下（贴壳蛋）。

劣质鲜蛋——手摸有光滑感，掂量时过轻或过重。

③耳听：就是把蛋拿在手上，轻轻抖动使蛋与蛋相互碰击，细听其声，或是手握蛋摇动，听其声音。

良质鲜蛋——蛋与蛋相互碰击声音清脆，手握蛋摇动无声。

次质鲜蛋——蛋与蛋碰击发出哑声（裂纹蛋），手握蛋摇动时内容物有流动感。

劣质鲜蛋——蛋与蛋相互碰击发出嘎嘎声（孵化蛋）、空空声（水花蛋）。手握蛋摇动时内容物有晃动声。

④鼻嗅：用嘴向蛋壳上轻轻哈一口热气，然后用鼻子嗅其气味。

良质鲜蛋——有轻微的生石灰味。

次质鲜蛋——有轻微的生石灰味或轻度霉味。

劣质鲜蛋——有霉味、酸味，臭味等不良气味。

（2）鲜蛋的灯光透视鉴别　灯光透视是指在暗室中用手握住蛋体紧贴在照蛋器的光线洞口上，前后上下左右来回轻轻转动，靠光线的帮助看蛋壳有无裂纹、气室大小、蛋黄移动的影子、内容物的澄明度、蛋内异物，以及蛋壳内表面的霉斑，胚的发育等情况。在市场上无暗室和照蛋设备时，可用手电筒围上暗色纸筒（照蛋端直径稍小于蛋）进行鉴别。如有阳光也可以用纸筒对着阳光直接观察。

良质鲜蛋——气室直径小于11mm，整个蛋呈微红色，蛋黄略见阴影或无阴影，且位于中央，不移动，蛋壳无裂纹。

次质鲜蛋——一类次质鲜蛋：蛋壳有裂纹，蛋黄部呈现鲜红色小血圈。二类次质鲜蛋：透视时可见蛋黄上呈现血环，环中及边缘呈现少许血丝，蛋黄透光度增强而蛋黄周围有阴影，气室直径大于11mm，蛋壳某一部位呈绿色或黑色，蛋黄部完整，散如云状，蛋壳膜内壁有霉点，蛋内有活动的阴影。

劣质鲜蛋——透视时黄、白混杂不清，呈均匀灰黄色，蛋全部或大部不透光，呈灰黑色，蛋壳及内部均有黑色或粉红色点，蛋壳某一部分呈黑色且占蛋黄面积的1/2以上，有圆形黑影（胚胎）。

（3）鲜蛋打开鉴别　将鲜蛋打开，将其内容物置于玻璃平皿或瓷碟上，观察蛋黄与蛋清的颜色、稠度、性状，有无血液，胚胎是否发育，有无异味等。

①颜色鉴别：

良质鲜蛋——蛋黄、蛋清色泽分明，无异常颜色。

次质鲜蛋——一类次质鲜蛋：颜色正常，蛋黄有圆形或网状血红色，蛋清颜色发绿，其他部分正常。二类次质鲜蛋：蛋黄颜色变浅，色泽分布不均匀，有较大的环状或网状血红色，蛋壳内壁有黄中带黑的粘痕或霉点，蛋清与蛋黄混杂。

劣质鲜蛋——蛋内液态流体呈灰黄色、灰绿色或暗黄色，内杂有黑色霉斑。

②性状鉴别：

良质鲜蛋——蛋黄呈圆形凸起而完整，并带有韧性，蛋清浓厚、稀稠分明，系带粗白而有韧性，并紧贴蛋黄的两端。

次质鲜蛋——一类次质鲜蛋：性状正常或蛋黄呈红色的小血圈或网状直丝。二类次质鲜蛋：蛋黄扩大，扁平，蛋黄膜增厚发白，蛋黄中呈现大血环，环中或周围可见少许血丝，蛋清变得稀薄，蛋壳内壁有蛋黄的粘连痕迹，蛋清与蛋黄相混杂（蛋无异味），蛋内有小的虫体。

劣质鲜蛋——蛋清和蛋黄全部变得稀薄浑浊，蛋膜和蛋液中都有霉斑或蛋清呈胶冻样霉变，胚胎形成长大。

③气味鉴别：

良质鲜蛋——具有鲜蛋的正常气味，无异味。

次质鲜蛋——具有鲜蛋的正常气味，无异味。

劣质鲜蛋——有臭味、霉变味或其他不良气味。

（4）鲜蛋的等级　鲜蛋按照下列规定分为三等三级。等别规定如下：

一等蛋：每个蛋重在60g以上；

二等蛋：每个蛋重在50g以上；

三等蛋：每个蛋重在38g以上。

级别规定如下：

一级蛋：蛋壳清洁、坚硬、完整，气室深度0.5cm以上者，不得超过10%，蛋白清明，质浓厚，胚胎无发育。

二级蛋：蛋壳尚清洁、坚硬、完整，气室深度0.6cm以上者，不得超过10%，蛋白略显明而质尚浓厚，蛋黄略显清明，但仍固定，胚胎无发育。

三级蛋：蛋壳污壳者不得超过10%，气室深度0.8cm的不得超过25%，蛋白清明，质稍稀薄，蛋黄显明而移动，胚胎微有发育。

2. 皮蛋（松花蛋）的质量感官检验

（1）外观鉴别　皮蛋的外观鉴别主要是观察其外观是否完整，有无破损、霉斑等。也可用手掂动，感觉其弹性，或握蛋摇晃听其声音。

良质皮蛋——外表泥状包料完整、无霉斑，包料剥掉后蛋壳亦完整无损，去掉包料后用手抛起约30cm高自然落于手中有弹性感，摇晃时无动荡声。

次质皮蛋——外观无明显变化或裂纹，抛动试验弹动感差。

劣质皮蛋——包料破损不全或发霉，剥去包料后，蛋壳有斑点或破、漏现象，有的内容物已被污染，摇晃后有水荡声或感觉轻飘。

（2）灯光透照鉴别　皮蛋的灯光透照鉴别是将皮蛋去掉包料后按照鲜蛋的灯光透照法进行鉴别，观察蛋内颜色，凝固状态、气室大小等。

良质皮蛋——呈玳瑁色，蛋内容物凝固不动。

次质皮蛋——蛋内容物凝固不动，或有部分蛋清呈水样，或气室较大。

劣质皮蛋——蛋内容物不凝固，呈水样，气室很大。

（3）打开鉴别　皮蛋的打开鉴别是将皮蛋剥去包料和蛋壳，观察内容物性状及品尝其滋味。

①组织状态鉴别：

良质皮蛋——整个蛋凝固、不粘壳、清洁而有弹性，呈半透明的棕黄色，有松花样纹理，将蛋纵剖可见蛋黄呈浅褐色或浅黄色，中心较稀。

次质皮蛋——内容物或凝固不完全，或少量液化贴壳，或僵硬收缩，蛋清色泽暗淡，蛋黄呈墨绿色。

劣质皮蛋——蛋清黏滑，蛋黄呈灰色糊状，严重者大部或全部液化呈黑色。

②气味与滋味鉴别：

良质皮蛋——芳香，无辛辣气味。

次质皮蛋——有辛辣气味或橡皮样味道。

劣质皮蛋——有刺鼻恶臭或有霉味。

3. 咸蛋的质量感官检验

（1）外观鉴别

良质咸蛋——包料完整无损，剥掉包料后或直接用盐水腌制的咸蛋可见蛋壳亦完整无损，无裂纹或霉斑，摇动时有轻度水荡漾感觉。

次质咸蛋——外观无显著变化或有轻微裂纹。

劣质咸蛋——隐约可见内容物呈黑色水样，蛋壳破损或有霉斑。

（2）灯光透视鉴别　咸蛋灯光透视鉴别方法同皮蛋。主要观察内容物的颜色，组织状态等。

良质咸蛋——蛋黄凝结、呈橙黄色且靠近蛋壳，蛋清呈白色水样透明。

次质咸蛋——蛋清尚清晰透明，蛋黄凝结呈现黑色。

劣质咸蛋——蛋清浑浊，蛋黄变黑，转动蛋时蛋黄粘滞，蛋质量更低劣者，蛋清蛋黄都发黑或全部溶解成水样。

（3）打开鉴别

良质咸蛋——生蛋打开可见蛋清稀薄透明，蛋黄呈红色或淡红色，浓缩黏度增强，但不硬固。煮熟后打开，可见蛋清白嫩，蛋黄口味有细沙感，富于油脂，品尝则有咸蛋固有的香味。

次质咸蛋——生蛋打开后蛋清清晰或为白色水样，蛋黄发黑黏固，略有异味。煮熟后打开，蛋清略带灰色，蛋黄变黑，有轻度的异味。

劣质咸蛋——生蛋打开，蛋清浑浊，蛋黄已大部分融化，蛋清蛋黄全部呈黑色，有恶臭味。煮熟后打开，蛋清灰暗或黄色，蛋黄变黑或散成糊状，严重者全部呈黑色，有臭味。

4. 糟蛋的质量感官检验

糟蛋是将鸭蛋放入优良糯米酒糟中，经 2 个月浸渍而制成的食品。其感官鉴别主要是观察蛋壳脱落情况，蛋清、蛋黄颜色和凝固状态以及嗅、尝其气味和滋味。

良质糟蛋——蛋壳完全脱落或部分脱落，薄膜完整，蛋大而丰满，蛋清呈乳白色的胶冻状，蛋黄呈橘红色半凝固状，香味浓厚，稍带甜味。

次质糟蛋——蛋壳不能完全脱落，蛋内容物凝固不良，蛋清为液体状态，香味不浓或有轻微异味。

劣质糟蛋——薄膜有裂缝或破损，膜外表有霉斑，蛋清呈灰色，蛋黄颜色发暗，蛋内容物呈稀薄流体状态或糊状，有酸臭味或霉变气味。

5. 蛋粉的质量感官检验

（1）色泽鉴别

良质蛋粉——色泽均匀，呈黄色或淡黄色。

次质蛋粉——色泽无改变或稍有加深。

劣质蛋粉——色泽不均匀，呈淡黄色到黄棕色不等。

（2）组织状态鉴别

良质蛋粉——呈粉末状或极易散开的块状，无杂质。

次质蛋粉——蛋粉稍有焦粒，熟粒，或有少量结块。

劣质蛋粉——蛋粉板结成硬块，霉变或生虫。

（3）气味鉴别

良质蛋粉——具有蛋粉的正常气味，无异味。

次质蛋粉——稍有异味，无臭味和霉味。

劣质蛋粉——有异味、霉味等不良气味。

6. 蛋白干的质量感官检验

蛋白干是用鲜蛋洗净消毒后打蛋，所得蛋白液过滤，发酵，加氨水中和、烘干、漂白等工序制成的晶状食品。蛋白干的感官鉴别主要是观察其色泽、组织状态和嗅其气味。

（1）色泽鉴别

良质蛋白干——色泽均匀，呈淡黄色。

次质蛋白干——色泽暗淡。

劣质蛋白干——色泽不匀，显得灰暗。

（2）组织状态鉴别

良质蛋白干——呈透明的晶片状，稍有碎屑，无杂质。

次质蛋白干——碎屑比例超过 20%。

劣质蛋白干——呈不透明的片状、块状或碎屑状，有霉斑或霉变现象。

（3）气味鉴别

良质蛋白干——具有纯正的鸡蛋清味，无异味。

次质蛋白干——稍有异味，但无臭味、霉味。

劣质蛋白干——有霉变味或腐臭味。

7. 冰蛋的质量感官检验

冰蛋是蛋液经过滤、灭菌、装盘、速冻等工序制成的冷冻块状食品（冰蛋有冰全蛋、冰蛋白、冰蛋黄等）。冰蛋的感官鉴别主要是观察其冻结度和色泽，并在加温溶化后嗅其气味。

（1）冻结度及外观鉴别

良质冰蛋——冰蛋块坚结、呈均匀的淡黄色，中心温度低于 -15℃，无异物、杂质。

次质冰蛋——颜色正常，有少量杂质。

劣质冰蛋——有霉变或部分霉变，生虫或有严重污染。

（2）气味鉴别

良质冰蛋——具有鸡蛋的纯正气味，无异味。

次质冰蛋——有轻度的异味，但无臭味。

劣质冰蛋——有浓重的异味或臭味。

二、蛋及蛋制品的感官鉴别与食用原则

由于蛋类的营养价值高，适宜微生物的生长繁殖，尤其是常带有沙门氏菌等肠道致病菌，因此，对于蛋及蛋制品的质量要求较高。该类食品一经感官鉴别评定品级之后，即可按如下原则进行食用或处理。

（1）良质的蛋及蛋制品可以不受限制，直接销售，供人食用。

（2）一类次质鲜蛋准许销售，但应根据季节变化限期售完。二类次质鲜蛋以及次质蛋制品不得直接销售，可做食品加工原料或充分蒸煮后食用。

（3）劣质蛋及蛋制品均不得供食用，应予以废弃或作非食品工业原料，肥料等。

第三节　乳类及乳制品鉴别

一、乳类原料感官检验

根据产乳牲畜种类不同，乳类原料一般包括牛乳、羊乳、马乳等，其中又以牛乳原料生产量最大，消费人群最广，本节仅以生鲜牛乳为例，对其感官特性及检验方法简单加以介绍。

1. 感官特性

呈乳白色或稍带微黄色的均匀胶态流体，无沉淀，无凝块，无肉眼可见杂质和其他异物，不得有红色、绿色或其他异色，具有新鲜牛乳固有的香味，无饲料气味、牛棚气味、酸味及其他异味。

2. 感官检验

取适量试样于50mL烧杯中，在自然光下观察色泽和组织状态，闻其气味，然后用温开水漱口，再品尝样品的滋味。

二、常见乳类制品的感官检验

所谓乳制品是指以乳为主要原料，经加热干燥、冷冻或发酵等工艺加工制成的液体或固体产品，市场上最常见的且销售量较大、生产管理比较正规的乳制品主要包括液体乳类（巴氏杀菌乳、灭菌乳、酸牛乳）；乳粉类（全脂乳粉、脱脂乳粉、调味乳粉、全脂加糖乳粉）；其他乳制品类（炼乳、奶油、硬质干酪）。

1. 液体乳类

（1）酸牛乳

①酸牛乳的感官特性：

纯酸牛乳：呈均匀一致的乳白色或微黄色，组织细腻、均匀，允许有少量乳清析出；具有酸牛乳固有的滋味和气味，无外来可见杂质。

调味酸牛乳和果料酸牛乳：呈均匀一致的乳白色，或带调味剂、果料应有的色泽；组织细腻、均匀，允许有少量乳清析出；具有调味酸牛乳和果料酸牛乳应有的滋味和气味，无异味；无外来可见杂质；果料酸牛乳有果块或果料。

②感官检验方法：

色泽和组织状态：取适量试样于50mL烧杯中，在自然光下观察色泽和组织状态。

滋味和气味：取适量试样于50mL烧杯中，先闻气味，然后用温开水漱口，再品尝样品的滋味。

（2）巴氏杀菌乳

①感官特性：均匀的液体，无沉淀，无凝块，无黏稠现象，呈均匀一致的乳白色，或微黄色，具有乳固有的滋味和气味，无异味。

②感官检验：取适量试样于50mL烧杯中，在自然光下观察色泽和组织状态，闻其气味，然后用温开水漱口，再品尝样品的滋味。

（3）灭菌乳

①感官特性：

灭菌纯牛乳、灭菌纯羊乳：呈均匀一致乳白色或微黄色的均匀液体，无凝块，无黏稠现象，允许有少量沉淀，具有牛乳或羊乳固有滋味、气味。

灭菌调味乳：呈均匀一致乳白色或应有色的均匀液体，无凝块，无黏稠现象，允许有少量沉淀，具有调味乳应有滋味、气味。

②感官检验方法：取适量试样于50mL烧杯中，在自然光下观察色泽和组织状态，闻其气味，然后用温开水漱口，再品尝样品的滋味。

2. 乳粉类

（1）感官特性

全脂乳粉、脱脂乳粉、全脂加糖乳粉的感官特性：干燥、均匀的粉末，呈均匀一致的乳黄色，具有纯正的乳香味；冲调性好，经搅拌可迅速溶解于水中，不结块。

调味乳粉的感官特性：干燥、均匀的粉末，具有本品种应有的色泽、滋味和气味；冲调性好，经搅拌可迅速溶解于水中，不结块。

（2）感官检验方法

色泽和组织状态：将适量试样散放在白色平盘中，在自然光下观察色泽和组织状态。

滋味和气味：取适量试样置于平盘中，先闻气味，然后用温开水漱口，再品尝样品滋味。

冲调性：将11.2g（全脂乳粉、全脂加糖乳粉）或8.3g（脱脂乳粉、调味乳粉）试样放入盛有100mL 40℃水的200mL烧杯中，用搅拌棒搅拌均匀后观察样品溶解状况。

3. 其他乳制品类

（1）炼乳

①感官特性：

淡炼乳感官特性：组织细腻，质地均匀，黏度适中，呈均匀一致的乳白色或乳黄色，有光泽，具有牛乳的滋味和气味。

甜炼乳感官特性：组织细腻，质地均匀，黏度适中，呈均匀一致的乳白色或乳黄色，有光泽，具有牛乳的香味，甜味纯正。

②感官检验方法：

气味：取定量包装试样，开启罐盖（或瓶盖），闻气味。

色泽和组织状态：将上述试样缓慢倒入烧杯中，在自然光下观察色泽和组织状态。待样品倒净后，将罐（瓶）口朝上，倾斜45°放置，观察罐（瓶）底部有无沉淀。

滋味：用温开水漱口，品尝样品的滋味。

（2）奶油

①感官特性：柔软，细腻，无孔隙，无析水现象，呈均匀一致的乳白色或乳黄色，具有奶油的纯香味。

②感官检验：

色泽和组织状态：打开试样外包装，用小刀切取部分样品，置于白色瓷盘中，在自然光下观察色泽和组织状态。

滋味和气味：取适量试样，先闻气味，然后用温开水漱口，品尝样品的滋味。

（3）硬质干酪

①感官特性：外形及包装良好，具有该品种正常的纹理图案，质地均匀、细腻、光滑，软硬适度，呈白色或淡黄色，有光泽，色调适度，有特有的香味，无异味。

②感官评定标准：按百分制评定，总分100分，其中滋味和气味50分、组织状态25分、纹理图案10分、色泽5分、外形5分、包装5分；特级产品要求总评分≥87分（滋味和气味得分≥42分），一级产品要求总评分≥75分（滋味和气味得分≥35分）。具体评分细则见表6-5。

表 6-5　　　　硬质干酪感官检验评分表

项目	特征	扣分
滋味和气味（50分）	具有特有滋味和气味，香味浓郁	0
	具有特有滋味和气味，香味良好	1~2
	滋、气味良好但香味较淡	3~5
	滋、气味合格，但香味淡	6~8
	具有饲料味	9~12
	具有异常酸味	6~10
	具有霉味	9~12
	具有苦味	9~15
	氧化味	9~18
	有明显的其他异常味	9~15
纹理图案（10分）	具有该品种正常的纹理图案	0
	纹理图案略有变化	1~2
	有裂痕	3~5
	有网状结构	4~5
	契达干酪具有孔眼	3~6
	断面粗糙	5~7
色泽（5分）	色泽呈白色或淡黄色，有光泽	0
	色泽略有变化	1~2
	色泽有明显变化	3~4

项目	特征	扣分
组织状态（25分）	质地均匀，软硬适度，组织极细腻，有可塑性	0
	质地均匀，软硬适度，组织细腻，可塑性较好	1
	质地基本均匀，稍软或稍硬，组织较细腻，有可塑性	2
	组织状态粗糙，较硬	3~9
	组织状态疏松、易碎	5~8
	组织状态呈碎粒状	6~10
	组织状态呈皮带状	5~10
外形（5分）	外形良好，具有该品种正常的形状	0
	干酪表皮均匀，细致，无损伤，无粗厚表皮层，有石蜡混合物涂层或塑料膜真空包装	0
	无损伤但外形稍差者	1
	表层涂蜡有散落	1~2
	表层有损伤	1~2
	轻度变形	1~2
	表面有霉菌者	2~3
包装（5分）	包装良好	0
	包装合格	1
	包装较差	2~3

（4）黄油

①感官特性：

特级黄油：外观均匀地呈淡黄色，无斑点及波纹；组织良好，横断面整齐，无游离水滴；风味良好，无酸味、苦味、饮料气味、牛棚气味、变质脂肪气味及其他不良气味。

标准品：外观没有显著缺陷；组织良好，横断面整齐，无游离水滴；风味良好，无酸味、苦味、饮料气味、牛棚气味、变质脂肪气味及其他不良气味。

等外品：外观不符合特级品及标准品要求；组织良好，横断面整齐，无游离水滴；风味良好，无酸味、苦味、饮料气味、牛棚气味、变质脂肪气味及其他不良气味。

②感官检验：将试样平摊于白瓷盘内，于光线充足、无异味的环境中，按感官特性的要求逐项检验。

第四节　畜禽肉及肉制品鉴别

一、畜禽肉的感官检查

肉在腐败变质时，由于组织成分的分解，会发生感官性质上的改变，如强烈臭味、色泽改变、黏液形成、结构崩解或产生其他异味等。因此，对肉进行感观检查，是肉新鲜度检查的主要方法。感官是指人的视觉、嗅觉、触觉及听觉的综合反应。此方法简便易行，很有实用意义。主要从以下几个方面进行。

视觉：肉的组织状态、粗嫩、黏、干湿、色调色泽等。

嗅觉：气味的有无、强弱（香、臭、腥、膻等）。

味觉：滋味的鲜美、香甜、枯涩、酸臭等。

触觉：坚实、松弛、弹性、拉力等。

听觉：检查冻肉的声音清脆、浑浊。

一般可将肉分成新鲜肉、次鲜肉、变质肉三级。值得注意的是，当用感官检查任何腐败变质的肉类，一般先以有无腐败气味作为检验的开始。但是，仅仅依靠某种腐败气味不能完全作为肉全部变质的依据。由于畜肉很容易吸收外界的气味，特别是把新鲜肉与腐败肉一起存放时，其腐败气味很可能被新鲜肉吸收。因此，要采取各种方法帮助澄清，如可把被检测的肉切成质量为2～3g的若干小块放入盛有冷水的烧瓶内，瓶口用玻璃盖盖好，把水煮沸。然后把盖揭开闻其气味，同时注意肉汤的透明度及其表面浮游脂肪的状态。

进行感官检查时，要注意光线明亮、温度适宜、空气清新、周围不得有挥发性物质。当长时间检查大批样品时，会引起感官上的疲劳，应做适当休息，例如闭目片刻，户外呼吸新鲜空气，温水漱口等。感官检查方法简便易行，比较可靠，但只有肉深度腐败时才能被察觉，并且不能反映出其腐败分解产物的客观指标。畜肉和禽肉鲜度的感官指标见表6-6、表6-7，冻肉、解冻肉和再冻肉的感官指标见表6-8。

根据检查结果，判定为次级肉的，必须在有效高温处理后（不允许用来制作灌肠和罐头），迅速发出利用，品质恶劣的变质肉，应做工业利用或销毁。

表 6-6　　畜肉鲜度的感官指标

项目	新鲜肉	次鲜肉	变质肉
外形	表面有一层干硬皮	表面覆有一层风干硬皮或粘手的黏液，有时表面覆有霉菌	表面过度干燥或过度湿润、发黏，常常覆有霉菌
色泽	干硬皮呈粉红色或淡红色；新切开的表面上微呈湿润状，但不发黏；有每种肉的显著颜色；肉汁透明	干硬皮呈暗色；新切开的肉表面比新鲜肉较暗、湿润，手摸时微粘手；在切开处粘附的滤纸上浸有大量水分；肉汁浑浊	表面呈灰色或绿色；新切开的表面上过度发黏或潮湿；切开处呈暗色，淡绿色或黑色
韧度	肉的切开处紧密有弹力，用手指按压处复原迅速	肉切开处比新鲜肉软，用手指按压处不立即复原或不全部复原	切开处非常松软，手指按压处不复原
气味	良好，有每种肉的显著气味	微酸，微有腐败味。有时外面腐烂，在内层深处无腐败气味	在内层深处也感觉有显著的腐败气味
脂肪	脂肪无酸败或油污气味，大牲畜脂肪呈白、黄或淡黄色。结实，按压时碎裂。猪脂肪呈白色，有时呈淡粉红色，柔软，有弹性；山羊和绵羊脂肪呈白色，紧密	脂肪有淡灰色（无光）阴影，按压时泥烂、微粘手指。有时有霉菌，微有油污气味	脂肪灰色，有脏污的阴影；覆有霉菌及黏液层；有酸败或显著的油污气味。过度腐败时呈淡绿色、有脏污阴影，韧度尽失
骨髓	充满骨腔，结实、黄色，折断处有光泽、不陷入骨的折断边缘内	微陷入骨的折断边缘内，比新鲜者柔软、色较暗，折断处无光泽，白色无光或灰色	未充满骨腔，柔软。用手指取出时呈烂泥状，色暗，常呈污灰色
腱与关节	腱有弹性、结实；关节表面光，有光泽，关节内关节液呈透明状	腱稍柔软，呈白色无光或淡灰色；关节覆有一层黏液，关节液呈浑浊状	湿润、呈脏污的灰色、有黏液；关节覆有大量黏液，关节液呈血浆状
肉汤	透明、芳香；脂肪有适口气味，大量集中于表面上，脂肪滋味正常	浑浊、不香、常常有酸败肉气味；表面上油滴小，有油污气味	脏污、有碎块、有酸败和腐败气味；表面上几乎无油滴，脂肪具恶臭味

表6-7　禽肉鲜度的感官指标

项　目	新鲜肉	次鲜肉	变质肉
嘴部	有光泽、干燥，有弹性，没有外来气味	没有光泽，弹性已部分丧失，稍有腐败的气味	暗淡，角质软化，口角黏化，有腐败气味
口腔	黏膜有光泽，淡玫瑰红色，不很湿润，无外来气味	黏膜无光泽，淡玫瑰红至灰色，不很湿润，有时有霉斑存在，稍有腐败气味	黏膜上覆有黏液，淡灰色，常有霉斑存在，有腐败气味
眼睛	饱满、整个眼窝像活的时候一样，角膜有光泽	眼球部分下降，角膜无光泽	眼球下陷，看来好像缩小了，有黏液存在，有腐败气味
皮肤	呈白至黄色或淡黄色，有的地方带淡玫瑰色，脂肪少的家禽淡灰色至淡黄色或带有淡红色；表面干燥，具有每种家禽特有的气味	颜色为淡灰至淡黄；表层差不多干燥，有轻度的腐败气味	颜色灰黄、淡黄，有的地方带淡绿色；表层湿润、黏化，有时生霉斑，有腐败气味
皮下脂肪	呈白至稍淡黄色与黄色，有光泽，无外来气味	没有明显的感官测定变化	带淡灰色，有酸臭气味
内部脂肪	呈白至稍淡黄色与黄色，有光泽，无外来气味	稍有外来气味	淡灰色，在某些情况下为淡绿色，有酸臭气味
肌肉	结实，有弹性。鸡和火鸡的肉为玫瑰红色，胸肌为白色，带有淡玫瑰红色。鹅与鸭的肌肉组织为红色。幼禽肌肉颜色较老禽的亮，表面为亮玫瑰色。稍湿润，但不黏，有每种家禽特有的气味	肉较新鲜的要松，韧面较暗。湿润，有黏性。做压片时，留有明显的压痕，带有酸腐败气味	肉脆弱黏化，切面表层极湿润并粘滞。色泽暗红，淡绿或灰色，有腐败气味
肉汤	透明，芳香，表面有大的脂肪滴	没有新鲜肉汤透明，有特别气味，表面脂肪滴较小	浑浊，有时起小片，有不新鲜的肉与酸败脂肪的特有气味，表面脂肪滴小或没有

表 6-8　　　　冻肉、解冻肉和再冻肉的特征

项目	冻肉	解冻肉	再冻肉
外观	肉的表面颜色比冷却肉鲜明，在劈开处为浅玫瑰色至灰色，与手或热刀接触，立即显鲜红色	肉的表面红色，脂肪浅红色，在劈开处很整齐，很潮湿，用手指压下去会弄湿手指，有肉汁从肉上流出来	肉的表面红色，脂肪浅红色，切开处暗红色，与手或热刀接触立即变色
硬度	肉坚硬，像冰一样，用硬物体敲击时有响声	没有弹性，手指压下去的凹陷不能恢复，切开处为粉团状	和冻肉一样
味	解冻时，有肉的正常气味，略潮湿，没有成熟肉的气味	肉有潮湿味	和冻肉一样
脂肪	白色至淡黄色。猪和羊的肉呈白色	软而含水，部分为鲜红色	砖红色，其余部分与解冻肉相同
腱	白色、石灰色	软而松，鲜红色	鲜红色
肉汤	长久保藏的肉，肉汤稍浑浊，没有成熟肉的香气	肉汤浑浊，有油脂气味	肉汤浑浊，带有大量灰红色泡沫，没有成熟肉的气味

以下是几种常见原料肉的感官评定方法。

1. 猪肉

肌肉有光泽，常因年龄、公母、营养状况及不同部位而有差异。育肥阉割猪肉呈浅红色；刚屠宰冒热气的猪肉呈暗色，但于翌日变深红色；放血不全肉呈深暗红色。正常时肉质嫩度较高；脂肪纯白色，质硬而黏稠，柔软富有弹性，无不良气味。肌肉间富有脂肪，为白色。瘦肉型猪肉断面呈大理石样花纹，具固有腥气味。煮沸后肉汤芳香鲜美，有愉快诱人食欲气味。幼龄小猪肌肉细嫩，皮薄，脂肪少或无脂肪，肉色淡红，水分多。猪若长时间捆扎运输等可导致缺氧而使肉色苍白，常见于后腿、半腱肌与半膜肌等。种公母猪肌肉呈暗红或浅红色，无光泽；肉质硬实或松软，结缔组织有韧性；瘦母猪肌肉间脂肪少；肥公母猪脂肪较多，有特殊腥臊气味，尤以种公猪肉更甚。种公母猪肉不易煮烂，嫩香度极差。猪内脏脂肪溶解温度为 45.3℃，皮下脂肪溶解温度为 27.5℃。

根据市场销售模式，按照猪背脂肪厚度、外观（匀称、肉的肥度、脂肪

附着)、肉质(整形、肉的肌纹与结实度、肉的色泽、脂肪的色泽与质量、脂肪的沉积),将猪分割肉分为上、中、下三等。在市场销售的猪肉,根据部位不同分为猪前腿、猪肩肉、猪背腰、猪肋腹、猪大腿、猪大腿外侧、猪里脊。

2. 牛肉

肌肉呈淡红色,红色或深红色(老龄牛),切面有光泽,质硬实,肌纤维较细,切断面有颗粒感,质地结实有韧性,富有弹性,嫩度较差。脂肪呈黄色,淡黄或白色,质坚实而稍脆,无不良气味;肌肉间夹杂脂肪明显可见,切面呈大理石样斑纹,具牛肉特有腥气味或血腥味。结缔组织色白而松软,脂肪冷却时坚硬,色淡黄乃至深黄,以年龄品种等不同,而略有差异。老龄母牛的脂肪呈淡黄色,质地松软;放牧牛颜色较浓,饲喂油饼类饲料的牛其脂肪颜色呈深黄色,质松软。育肥阉割 6 岁以下牛肉的颜色发亮呈砖红色,肌纤维间夹杂脂肪,切面呈大理石状。脂肪触摸有蜡样硬度,捻捏时不溶化,不发黏,易碎裂。老龄奶牛肉色较浅,纤维粗,结缔组织明显,含水分较多,脂肪少而呈柠檬色;犊牛肌肉松弛细嫩,由深红到浅砖红色,肌间脂肪少,脂肪色白而硬;老龄公牛肉呈古铜色,肌纤维粗而韧,肌间脂肪少而干燥。牛内脏脂肪溶解温度为 44.6℃,皮下脂肪溶解温度为 48.0℃。

根据市场销售模式,按照牛肉外观(匀称、肉的肥瘦、脂肪附着、整形)、肉质(肉的肌纹与结实度、肉的色泽、脂肪的色泽与质量),将牛分割肉分为特优、优、上、中、下五等,在市场销售的牛肉,根据部位不同分为牛肘肉、牛肩肉、牛上腰肉、牛里脊肉、牛肋腹、牛大腿、牛大腿外侧、牛臀部。

3. 羊肉

肌肉有光泽。山羊肉呈红色或棕红色,皮下脂肪少,肌肉间脂肪也少,肌纤维粗长,肌肉不粘手,肉质嫩软;绵羊肉最细呈红褐色,质地坚实,肌纤维较细短,肌纤维间无脂肪夹杂,肉质嫩软且嫩度高。绵羊脂肪白色或微黄白色,质硬发黏。阉割的肥育绵羊肉簇间有脂肪沉着,尤其皮下与肾囊的脂肪为纯白色,质坚硬而脆,无异臭味;山羊脂肪为纯白色,压碎时坚硬,无不良气味,易成碎块。山羊肉膻气味浓,绵羊有膻气味,种公羊肉腥膻气味浓烈。羊内脏脂肪溶解温度为 54℃,皮下脂肪溶解温度为 49.5℃。

4. 马肉

肌肉有光泽,呈深红色,棕红或苍白色。病死马由于放血不全或未放血而呈暗紫色。肌肉纤维比牛肉粗大,间隙大,切断面颗粒明显;质地坚实,韧性较差,肌膜强韧。马肉较为瘫软,无弹性;脂肪呈淡金黄色或暗黄色,柔软而黏稠似油状,用手捻捏时较为柔软,易溶化发黏,不易碎。肌肉间很少夹杂脂肪,具有马肉固有的气味。脂肪的熔点低于牛脂肪。马内脏脂肪溶解温度为 31.5℃,皮下脂肪溶解温度为 28.5℃。

5. 狗肉

肉色暗色或砖红色，质地坚实。肌纤维较猪肉粗，结实紧凑。脂肪灰白色或白色，质软似油，仅有少量脂肪夹杂肌肉间，具有不快的腥气味。狗内脏脂肪溶解温度为27℃，皮下脂肪溶解温度为23℃。

6. 家禽肉

皮肤有光泽，肉呈灰白色，黄白色或微粉红色，肌纤维细而坚实，无脂肪夹杂。水禽比鸡的纤维粗；肉细嫩，脂肪呈淡黄色或黄色，质甚软，具有禽肉固有的气味。鸡和鹅内脏脂肪溶解温度分别为40.9℃及34.0℃，鸡和鹅皮下脂肪溶解温度为30℃。

根据鸡头、鸡脚的取舍及颈皮的残留，鸡胴体有I型（带头带脚）、II型（去头带脚）、III型（去头，在后爪正上方切去鸡脚）、IV型（去颈，在鸡后爪正上方切去鸡脚，颈皮保留1/2）、V型（去颈，在足关节切去鸡脚，颈皮保留1/2）共5种，其中III型、IV型、V型限于3个月龄的仔鸡。

7. 兔肉

肌肉有光泽，呈暗红色，质松软，肌肉间无脂肪，脂肪为灰或黄白色，质软，仅体腔内有之，具有土腥气味。脂肪溶解温度为22℃。

8. 猪副产品

①加工特性

猪肝：肝叶完整，去脂肪、胆囊、粗输胆管，允许有检验刀口和轻微修割，揩抹干净。

猪腰（肾）：去脂肪和肾外膜，外形完整，无炎症脓肿等病变，允许有检验刀口一处。

猪舌：外形完整，不要划破舌肉，去舌根附着的肌肉、舌骨、舌苔、脂肪等，不得带金属物。

猪心：外形完整，允许有检验刀伤，去心耳和大血管，要洗净淤血、沥干水分。

猪脚（蹄）：去蹄壳、带蹄筋、刮净毛和趾间黑垢，轻微伤痕允许浅修，不得有畸形脚。

猪尾：去毛洁净，不带毛根及绒毛，轻微伤痕允许浅修。

猪大肠头：取直肠部位，无炎症、溃疡、淤血、充血、出血、水肿及其他病理现象，剪去肠头毛圈，修去附着脂肪，洗净肠内容物，沥干水分，气味正常。

猪生肠（子宫及子宫角）：取子宫体粗大肉厚部位，从尿道切断，去卵巢、输卵管及尿道口黏膜层，无病变，气味正常。

猪沙肝（脾）：去脂肪，无充血、出血点及肿胀等病灶。

猪肚（胃）：形态完整，去脂肪、食道及十二指肠肠头，肚面切口处不宜过大，洗净污物胃黏液，刮除开口处的白膜，局部病灶允许修割。

②感官检验方法

肺部检验：观察外表色泽。触检其弹性并切开支气管淋巴结及纵膈淋巴结。

心脏检验：检查心包膜及心肌，并沿动脉管剖检心室及心内膜。同时注意血液的凝固状态，应特别注意二尖瓣。

肝脏检验：检查有无肿胀、坏死和寄生虫，触检其弹性并剖检肝门淋巴结，必要时剖检胆囊。

脾脏检验：检查有无肿胀、出血点，触检其弹性，必要时剖检脾实质。

胃肠检验：剖检胃淋巴结及肠系膜淋巴结并观察胃肠浆膜之色泽，有无出血、水肿、化脓和结节，必要时剖开胃、肠观察黏膜。

肾脏检验：切开肾包膜，检查其形态有无异常，有无出血点、坏死、肿胀，必要时纵剖检查。

二、常见肉类制品的感官评定

所谓肉制品是指所有以动物肉类（包括猪、牛、羊、鸡、鸭、鹅等畜禽肉类以及法律法规允许食用的人工饲养动物肉类，但不包括水产类）为原料加工制成的产品，市场上最常见的且销售量较大、生产管理比较正规的肉制品主要包括腌腊肉制品、酱卤肉制品、熏烧烤肉制品和熏煮香肠火腿制品四大类，另外还有其他类肉制品，如肉串、肉块、肉饼及含肉馅的速冻熟肉制品。

1. 腌腊肉制品

腌腊肉制品是以鲜、冻肉为原料，配以调味料和辅料，经腌制、晾晒或烘烤等工艺加工而成的生制品。此类产品食用前需加热熟化，主要包括咸肉类、腊肉类、中国腊肠类和中国火腿类等。

（1）咸肉类和腊肉类　是以鲜、冻肉为主要原料，配以调味料，经腌制、晾晒或烘烤等方法制成的一种半成品。包括咸肉、咸鸭、板鸭、腊肉、腊猪头等，腊肉类需要经过烘焙，而咸肉仅需腌制而成。该类产品代表品种有南京板鸭（腊板鸭、春板鸭）、广东腊肉（腊花肉、腊关刀肉、腊瘦肉、腊乳猪、腊腩条、腊猪舌、腊肥肉和腊猪嘴）等。

①南京板鸭

感官特性：根据鲜度不同分为两级：一级品体表光洁，黄白色或乳白色，腹腔内壁干燥有盐霜，肌肉切面紧密、呈玫瑰红色、有光泽，产品具有固有气味，煮沸后肉汤芳香，液面有大片团聚的脂肪，肉嫩味鲜；二级品体表呈淡红色或淡黄色，有少量油脂渗出，腹腔潮润稍有霉点，肌肉切面稀松、呈暗红色、无光泽，皮下及腹内脂肪有哈喇味，腹腔有腥味或轻度霉味，煮沸后肉汤鲜味较差，有轻度哈喇味。

感官检验方法：将样品平放于白瓷盘内，于光线充足无异味的环境中，按感官特性的要求逐项检验。

②广东腊肉

感官特性：根据鲜度不同分为两级：一级品色泽鲜明，肌肉呈鲜红色或暗红色，脂肪透明或呈乳白色，肉身干爽、结实，具有固有风味；二级品色泽稍淡，肌肉呈暗红色或咖啡色，脂肪呈乳白色，表面可以有霉点，但抹后无痕迹，肉身稍软，风味略减，脂肪有轻度酸败味。

感官检验方法：将样品平放于白瓷盘内，于光线充足无异味的环境中，按感官特性的要求逐项检验。

（2）中国腊肠类　腊肠是以鲜、冻肉为主要原料，配以各种辅料，经腌制、灌肠、晾晒或烘烤等方法制成的一种半成品，包括广式腊肠、四川腊肠和南京香肚等。

①感官特性：产品外形完整，长短、粗细均匀或饱满，表面干爽呈现收缩后的自然皱纹；切面瘦肉呈红色、枣红色，脂肪呈乳白色，色泽分明，外表有光泽；产品腊香味纯正浓郁，具有固有风味；滋味鲜美，咸甜适中。

②感官检验：将样品平放于白瓷盘内，于光线充足无异味的环境中，按感官特性的要求逐项进行评定，以五级评分制评分，再将各项分值加和，总分≥18 分且各项没有 3 分的定为优级品；总分≥15 分且各项没有 2.5 分的定为一级品；总分≥12 分且各项没有 1.5 分的定为二级品。具体评分办法见表 6-9。

表 6-9　　中式腊肠感官检验评分表

项　目	评　分　标　准
色泽	1. 瘦肉呈红色、枣红色，脂肪透明或乳白色，分界处色泽分明，外表有光泽，评 5 分； 2. 色泽良好，可视其程度评 3 ~4 分； 3. 色泽较差，评 2 分； 4. 色泽差或有变色现象，评 1 分。
香气	1. 腊香味纯正浓郁，具有固有风味，评 5 分； 2. 香味良好，可视其程度评 3 ~4 分； 3. 香味稍差，评 2 分； 4. 香味较差或有异味，评 1 分或 0 分。
滋味	1. 咸甜适中，评 5 分； 2. 滋味良好，可视其程度评 3 ~4 分； 3. 滋味较差，咸甜不均，评 2 分； 4. 滋味不正，评 1 分或 0 分。

续表

项目	评分标准
形态	1. 外形完整，长短、粗细均匀或饱满，表面干爽呈现收缩后的自然皱纹，评5分； 2. 外形良好，可视其程度评2～4分； 3. 外形不整齐，评1分。

（3）中国火腿类　是以鲜、冻猪后腿为原料，经腌制、洗晒或风干、发酵加工而成的具有中国火腿特有风味的半成品，包括金华火腿、宣威火腿等。

①感官特性

色泽：皮色淡棕黄色、蜡黄或黄色，肉面瘦肉褐红色，肌肉切面呈玫瑰色或桃红色，脂肪切面呈乳白色或微红色，骨髓桃红色或蜡黄色。

形态：腿形完整、无毛、腿心丰满、皮面平整，肉面无裂缝，皮与肉不脱离，造型美观，印鉴标记明晰，能显示各地方产品的形态特色（如金华火腿类似竹叶形、宣威火腿类似琵琶形等）。

组织状态：肌肉致密结实，切面平整，有光泽。

香气：具有火腿特有香味。

滋味：咸淡适口，味鲜美，有回味。

外观与感官特性分级：

优级品：（外形）皮薄，腿脚细，油头小，无损伤、无虫，肉面无裂缝，皮与肉不脱离；（肉质）腿心饱满，瘦肉比例≥65%；（香气）三签香。

一级品：（外形）皮薄，腿脚细，油头小，无损伤、无虫，肉面无裂缝，皮与肉不脱离；（肉质）腿心饱满，瘦肉比例≥60%；（香气）三签香。

二级品：（外形）无损伤，无虫蛀；（肉质）腿心稍薄，瘦肉比例≥55%；（香气）上签香，中、下签无异味。

②感官检验方法：从腿心部位直刀快落，一刀斩开，用感官检验色泽、组织状态及肌肉切面。

③分级检验

香气：用竹签检验。

打签方法：用竹签插入三个规定部位的肌肉内，拔出后迅速嗅其气味。竹签拔出后，须用脂肪封住针孔。第二次打签前应擦净竹签。

打签部位：第一签（上签）在胫骨与股骨骨缝附近，第二签（中签）在股骨与髋骨之间偏腿背侧（有腰椎骨面为腿背），第三签（下签）在荐椎骨与髋骨之间，近髋骨的凹弯处。

打签深度：垂直插入火腿厚度的1/3～1/2。

口味：取部分腿心肌肉切片用蒸锅蒸20min，入口仔细品尝。

瘦肉比例：将腿先刮干净，除小爪，去皮、骨，称取瘦肉（包括肌间脂肪）和肥膘的质量，然后计算瘦肉在肥瘦肉中的比例。

计算公式：$X = m \times 100/(m + m_1)$

式中 X——瘦肉在肥瘦肉中的比例,%

m——瘦肉质量，g

m_1——肥膘质量，g

2. 酱卤肉制品

酱卤肉制品是以鲜、冻肉或整只畜禽胴体为原料，配以调味料，经调味、煮制或炒制等工艺加工而成的熟肉制品，主要包括白煮肉类、酱卤肉类、肉松类（肉松、油酥肉松、肉粉松）和肉干类等。

（1）白煮肉类、酱卤肉类　该类产品工艺相对简单，主要包括选料、调味和煮制等过程，形成地方特色，代表品种有北京酱肘子、无锡酱排骨、南京盐水鸭、镇江肴肉、苏州酱汁肉、糟制鹅、符离集烧鸡、道口烧鸡、德州扒鸡、上海白斩鸡、酱牛肉、白水羊头等。

下面以道口烧鸡为例对该类产品的感官特性及感官检验方法作一介绍。

①感官特性：鸡体完整、无破损，两端皆尖、呈元宝形，肉质软硬适度、一咬齐茬、熟烂离骨，皮色柿红、微带嫩黄、肉丝粉白，鲜香醇厚、风味独特，无羽毛、气管、鸡血、鸡爪、内脏及其他添加物，无可见杂质。

②感官检验方法：取样品置于洁净白瓷盘中，在自然光线下，用肉眼观察其各部位色泽、形态、杂质及其他，品其滋味。

（2）肉松类　肉松类产品工艺主要包括选料、配料、煮制、炒松、擦松、跳松、拣松等过程，代表品种有太仓肉松、福建肉松（油酥肉松、肉粉松）等品种；按原料分有猪肉松、牛肉松、兔肉松、鱼肉松等。下面以猪肉松为例对该类产品的感官特性及感官检验方法作一介绍。

①感官特性：绒状柔软而蓬松，色泽金黄或淡黄，具有猪肉松的香味和鲜味。

②感官检验方法：将待检样品轻轻倒入洁净的白瓷盘中，用不锈钢镊子拨开观察。

形态：呈绒状、柔软而蓬松，允许有少量结头，不允许有焦头和筋头。

色泽：呈金黄色或淡黄色，不允许有焦黄色或暗灰色。

杂质：肉眼观察无杂质。

滋味及气味：具有本品应有的香味，鲜味可口，甜咸适中，不允许有焦煳味、霉味及其他异味。

碎松率：以2mm孔目的钢丝筛筛下碎松，称重不得超过5%。

（3）肉干类　肉干类产品工艺主要包括选料、煮制切块、配料、复煮、烘烤等过程；按原料分有猪肉干、牛肉干等。下面以牛肉干为例对该类产品的感官特性及感官检验方法作一介绍。

①感官特性：具有牛肉干的香辣风味和气味。

②感官检验方法：将待检样品放入洁净的白瓷盘中，目测其形态色泽，并用不锈钢米尺量其长度、宽度和厚度，观察是否符合要求。

形态：呈片状、粒状，具体尺寸根据规格而定，大小基本一致，允许有小于1/2的不规则片（粒），总数不超过25%，但不允许有碎屑、筋腱。

色泽：呈棕黄色或浅褐色，色泽基本一致，允许略有色差，但不允许有暗褐色、灰紫色和花斑色。

杂质：肉眼观察无杂质。

滋味及气味：具有牛肉干应有的香辣味，不得有血腥味、霉味、酸败味及其他异味。

3. 熏烧烤肉制品

熏烧烤肉制品是以鲜、冻肉为原料，利用熏烧烤的方法使原料肉熟化的一类肉制品，主要包括熏烤肉类、烧烤肉类和肉脯类（肉脯、肉糜脯）等。

（1）熏烤肉类、烧烤肉类　该类产品工艺主要包括选料修整、配料、腌制、熏烤或烧烤等，代表品种有北京烤鸭、广东烤乳猪和广东叉烧肉等。下面以北京烤鸭为例对该类产品的感官特性及感官检验方法作一介绍。

①感官特性：外观皮肤呈均匀枣红色，油润光亮；肌肉切面鲜艳，呈微红色；脂肪呈浅黄色，具固有香味；皮质松脆，外焦里嫩，肉质鲜美，肥而不腻，香酥可口；带头或不带头，去爪，带翅根，腋下开口；外形饱满，肌肉切面压之无血水；无杂质存在。

②感官检验方法：外形和色泽进行目测，组织状态通过手触和目测进行判定，气味靠嗅觉检验，滋味靠味觉检验。

（2）肉脯类　该类产品工艺主要包括选料修整、配料、腌制、烘烤等，根据工艺的细化又分为肉脯、肉糜脯，代表品种有靖江猪肉脯等。下面以猪肉脯为例对该类产品的感官特性及感官检验方法作一介绍。

①感官特性：应以新鲜猪肉经切片、调料、烘烤，呈片状、长方形、厚薄均匀、棕红色，具有本产品应有的香甜味。

②感官检验方法：将待检样品放入洁净的白瓷盘中，目测其形态色泽，并用不锈钢米尺量其长度、宽度和厚度，观察是否符合要求。

形态：为片状、长方形，具体尺寸根据规格而定，厚薄均匀，肌纤维明显可见，间有少量脂肪。片形力求完整，但允许有片形在1/2以上的不完整片，总数不超过30%，允许有少量空洞和少量脂肪检出，但不允许有超过4cm大破洞片、生片和脂肪片存在。

色泽：呈棕红色，有光泽，不允许有焦煳片。

杂质：肉眼观察无杂质。

滋味及气味：具有猪肉脯应有的香甜味，不得有焦煳味和其他异味。

4. 熏煮香肠火腿制品

熏煮香肠火腿制品是以鲜、冻肉为原料，配以调味料及其他辅料，经选料修整、注射、腌制、绞制或切丁、成型、煮制或烟熏等工艺加工而成的熟肉制品，主要包括熏煮香肠类和熏煮火腿类等。

（1）熏煮香肠类　该类产品工艺主要包括选料修整、腌制、绞制、成型、煮制、烟熏或不烟熏等，代表品种有红肠、烤肠、维也纳香肠和法兰克福香肠等。火腿肠是熏煮香肠中特殊的一种，又叫高温蒸煮肠。

①火腿肠

感官特性：肠体均匀饱满，无损伤，表面干净、完好，结扎牢固，密封良好，肠衣的结扎部位无内容物渗出；组织致密，有弹性，切片良好，无软骨及其他杂质；咸淡适中，鲜香可口，具固有风味，无异味；具有产品固有的色泽。

感官检验方法：在自然光线充足的实验室（或评比室）直接观察被测样品的外观；剥落肠衣，将内容物置于洁净的白瓷盘内，观察色泽、质地、品尝风味。

②红肠

感官特性：红肠为长杆型，经烘烤、水煮、染色、烟熏而成，肉质紧密而富有弹性，具有相应滋、气味。

感官检验方法：将待检样品放入白瓷盘中，目测其外形、色泽，并用不锈钢米尺量其长度、口径，观察是否符合要求。

形态：为长杆形，表面间有分布均匀的核桃状皱纹。长度、口径根据具体规格而定，两端结扎良好，一端有吊挂线圈，不得有大弯曲状、破裂和畸形。

用不锈钢刀将灌肠切成薄片，目测其组织、色泽、色圈及有无杂质变色等情况。

组织状态：切面组织紧密，指压有弹性，肉糜和肥膘细粒分布均匀，无大肥膘块，无碎骨、软骨、筋头。允许有少量粉红色的小夹花肉，不许有明显气孔，但可有微小气孔存在。

色泽、色圈：外表为鲜红色，热水浸烫无明显褪色。不得有色差明显的深紫色和粉红色。切面肉糜组织的色泽应为自然的腌制肉色，不应有紫褐、灰褐色，不得有氧化变色现象。横切面肠衣渗入肉糜的色圈不得超过1.2mm。

杂质：肉眼观察无杂质。

滋味及气味：具有红肠应有的香味并有轻度烟熏味，不得有焦煳味、霉味及其他异味。

③热狗肠（又名无皮小红肠）

感官特性：以乳化型猪肉糜经灌制、腌制、烧煮、熏烤和剥皮而成的香肠产品。产品无皮、光滑，肠身饱满结实，有弹性，长短整齐、粗细均匀；表面浅棕色，切面呈浅红色，色泽均匀；肉质细腻、鲜嫩可口，肉香纯正、并略带烟熏味。

感官检验方法：将待检样品放入洁净的白瓷盘中，按感官特性要求目测其色泽、形态和成品规格；用不锈钢刀将其切成薄片，观察切面的自然肉色，观察是否存在碎骨、明显的气孔以及不正常的异味。

在品味中，口感应有热狗肠特有的风味和轻度烟熏味。其成品长度根据具体规格而定，长短整齐、粗细均匀、无皮光滑、肉质饱满，有弹性。

（2）熏煮火腿类　该类产品工艺主要包括选料修整、注射、腌制、滚揉、斩拌、成型、煮制、烟熏等，代表品种有方火腿、圆火腿、块肉火腿、压缩火腿等。下面以圆火腿为例对该类产品的感官特性及感官检验方法作一介绍。

①感官特性：肠体均匀饱满，无损伤，表面干净、完好，结扎牢固，密封良好，肠衣的结扎部位无内容物渗出；组织致密，有弹性，切片良好，无软骨及其他杂质；咸淡适中，鲜香可口，具固有风味，无异味；具有产品固有的色泽。

外形良好，无污垢，不破损，无汁液；组织致密，有弹性，切片性能好，切面无密集气孔且没有直径大于3mm的气孔，无汁液分离，无异物；柔嫩爽口，咸淡适中，滋味鲜美，无异味；切片呈自然粉红色或玫瑰红色，色泽均匀，有光泽。

②感官检验：根据产品的感官要求，用眼、鼻、口、手等感觉器官对产品的外观、色泽、组织状态和风味的质量好坏进行评定。

5. 其他肉制品

除以上四类常见肉制品之外，市场上销售的还有诸如肉串、肉块、肉饼及含肉馅的速冻熟肉制品，现将其感官特性及感官检验方法简单介绍如下：

（1）感官特性　以冰鲜、冻肉及副产、果菜、面粉为原料，配以其他辅料，经切块浸渍、不制馅或制馅，成型、加热、预冷速冻等工艺所制成的熟肉产品，成品要求形态完整、色泽一致、无结霜、无粘连。

（2）感官检验方法　冻结质量检验：在样品未解冻之前，观其断面冰晶大小，有无结霜、群体粘连、结块和风干现象。

色泽检验：将样品平铺在白瓷盘中，检验色泽是否正常一致。

形态质地检验：在进行色泽检验的同时，检验该规格品种的形态是否完整，表面是否全部包上面衣或腌渍物，大小是否均匀，质地是否良好，老嫩程度如何，有无变形、破裂，单体表面焦煳不超过两处，每处不超过1cm^2。

杂质检验：在铺满样品的白瓷盘中，拣出所有杂质，并将一般杂质和有害杂质分开。

缺陷检验：将约1000g样品平铺于白瓷盘内，拣出色泽异常、形态不整、表皮破损、馅心泄漏、大小不均、焦煳过多、质地不良的次品。再用感量为0.5g的天平分别称重，各项缺陷的百分率按下式计算：

$$D=(m_1/m)\times 100$$

式中　D——缺陷含量，%

m_1——缺陷质量，g

m——样品质量，g

滋味及风味检验：取样品装入密封袋，置于专用盘上，用微波炉解冻，加热熟化后品尝，检验是否具有该品种应有之滋味及风味，有无异味。

第五节　水产品及其制品鉴别

一、水产原料感观评定方法

目前国内外常用的鉴定鱼类鲜度的主要方法仍为感官法和生物化学法。感官评定法由于简便易行又能及时得出结论，所以至今仍被广泛采用。

感官评定指依靠视觉、嗅觉、触觉等生理官能对鱼类的外观性状进行检查，从而对其作出鲜度判断。本法尽管是以外观性状凭经验作出判断，但由于能反映水产原料内部的各种变化结果，因而有一定的科学依据。各种水产类常用的感官评定指标介绍如下。

1. 鱼类

（1）眼球饱满、角膜透明　眼球下部原有结缔组织支撑，使眼球向外凸出。当鱼体内蛋白质开始分解后，结缔组织就逐渐变软而失去支撑力，于是眼球就逐渐下陷。另一方面眼球内含有黏蛋白，当其结构完整时角膜是透明的，而当黏蛋白分解后，角膜就变浑浊。所以这一指标能确切地反映出鱼体鲜度。

（2）鳃色鲜红、鳃丝清晰　鳃丝内含有血红蛋白，当其结构完整时，鳃色鲜红。当血红蛋白开始分解后，鳃色就发生变化。另一方面，鳃丝上覆盖着的黏液，也含有蛋白质成分，当蛋白质结构完整时，黏液是润滑而透明的，当蛋白质分解后，黏液就变浑浊并使鳃丝粘结。所以这一指标也能确切地反映鲜度。

（3）体表色泽　各种鱼类的体表都有其固有的色彩，当鱼体变质时，存于鱼体皮肤的真皮层内的色素细胞所含的各种色素（主要是类胡萝卜素和虾红素，也有脂色素性的色素和黑色系的色素）就会被氧化，或溶于水，或遇酸性沉淀，而使鱼体变色和失去光泽。如能熟悉各种鱼类固有的色彩，以体色作为鉴别鲜度的指标是有意义的，但因鱼类品种繁多，非专业人员不易熟辨，故还以观察鱼体体表有无光泽较为实用。

（4）鱼鳞紧贴完整　当鱼鳞所附着的组织细胞层处于完整状态时，鱼鳞是紧贴在鱼体上的，剥之亦不易脱落。在鱼体开始自溶以后，组织逐渐变软，鱼鳞也较易剥落。到鱼体腐败变质时，鱼鳞所附着的组织细胞层已被破坏，鱼鳞就很易脱落而呈现残缺不全的状态。但鱼鳞是否完整也与捕捞作业方式和运输操作有关，例如张网作业所捕捞的鱼，由于鱼在网内挣扎冲撞，鱼体虽未变质而鱼鳞也会残缺。因此，以鱼鳞是否紧贴或是否易于剥落作为指标比较确切，而鱼鳞的完整与否只能作为辅助性的参考指标。

（5）肌肉弹性　鱼体在僵期内，体内细胞吸水膨胀具有弹性。自溶作用开始后，因细胞失去水分而使鱼体变软，弹性逐渐减退。到腐败变质时细胞晶体组织已被破坏，弹性就完全消失。所以这一指标能确切反映鱼体鲜度。

（6）鱼腹是否膨胀　生前饱腹的鱼体在死亡后经一段时间，肠中内容物会发酵产生气体而呈现膨胀现象，但如生前空腹，就无此反应，所以这一指标缺乏普遍意义，亦不够确切。

（7）黏液腔　石首鱼科的鱼类（如大黄鱼）的头背连接处皮肤下有蜂窝状的格形结构称为黏液腔，当鱼体新鲜时，腔格内充盈着血液，随着鲜度下降，自下而上（即从背向头）渐次消失。当鱼体变质时，最前面的腔格内也见不到血液。这一指标能很灵敏确切地反映出鲜度，但应指出石首鱼科以外的鱼类，则无此组织结构。

2. 虾类

（1）头胸节和腹节的连接程度　在虾体头胸节末端存在着被称为“虾脑”的胃脏和肝脏。虾体死亡后，“虾脑”易腐败分解．并影响头胸节与腹节连接处的组织，使节间的连接变得松弛。这一指标能灵敏而确切地反映鲜度。

（2）体表色泽　在虾体甲壳下的真皮层内散布着各种色素细胞，含有以胡萝卜素为主的色素质，常以各种方式与蛋白质结合在一起。当虾体变质分解时，即色素质与蛋白质脱离而产生虾红素，使虾体泛红。这一指标能确切地反映鲜度，但不如前一指标灵敏，到虾体接近变质时才能反映。

（3）伸曲力　虾体处在尸僵阶段时，体内组织完好，细胞充盈着水分，膨胀而有弹力，故能保持死亡时伸张或卷曲的固有状态，即使用外力使之改变，待等外力移去，仍能恢复原有姿态。当虾体发生自溶以后，组织变软，就失去这种伸曲力。这一指标能确切地反映鲜度。

（4）体表是否干燥　鲜活的虾体外表洁净，触之有干燥感。但当虾体将近变质时，甲壳下一层分泌黏液的颗粒细胞崩解，大量黏液渗到体表，触之就有滑腻感。这一指标也能确切地反映出鲜度。

3. 蟹类

（1）肢与体连接程度　蟹体甲壳较厚，当蟹体自溶作用而变软以后，由于有甲壳包被而见不到变形现象，但在肢、体相接的转动处，就会明显地呈现松弛现象，以手提起蟹体，可见肢体（步足）向下松垂。这一指标能灵敏而确切地反映鲜度。

（2）腹脐上方的"胃印"　蟹类多以腐殖质为食饵，死后经一段时间，胃中食物就会腐败而蟹体腹面脐部上方泛出黑印。这一指标能确切地反映鲜度。

（3）蟹"黄"是否凝固　蟹体内被称为"蟹黄"的物质，是多种内脏和生殖器官所在。当蟹体在尸僵阶段时，"蟹黄"是呈凝固状的，但当蟹体自溶作用以后，它即呈半流动状，到蟹体变质时更变得稀薄，手持蟹体翻转时，可感到壳内"蟹黄"的流动。这一指标能确切地反映鲜度。

（4）鳃色洁净、鳃丝清晰　海蟹在水中用鳃呼吸时，大量吞水吐水，鳃上会沾有许多污粒和微生物，当蟹体活着时，鳃能自净，死亡后则无自净能力，鳃丝就开始腐败而粘结。这一指标也能确切地反映鲜度，但须剥开甲壳后才能观察。

4. 贝类

贝类应以死活作为可否食用的界限，凡死亡的贝类两壳常分开，但也有个别闭合的。对于这种情况的贝体只能采用放手掌上探重和相互敲击听音等法来检验。凡死亡但未张壳的贝体一般都较轻，相互敲击时发出咯咯的空音（但如内部积有泥沙反会较重）。活的贝体在相互敲击时发出笃笃的实音。对大批贝类的检验，可先进行大样抽验，即先以一个包件（箩筐或袋）为对象，静置一些时间后，用脚或其他重物突然触动，如包件内活贝多，即发出较响的嗤嗤声（受惊后两壳合闭之声），否则发出声音就较轻。遇后一种情况时，应进一步从包件内抽取一定数量的贝体做上述探重和相互敲击检验，逐一检查。如死亡率较高，整个包件须逐只进行检验或改作饲料等利用。

5. 鱼类鲜度

几种鱼类鲜度感官等级指标，见表6-10、表6-11和表6-12。

表 6-10　　黄鱼新鲜度感官等级指标

等级＼指标	鉴定项目			
	眼	鳃	肌肉	体表
Ⅰ	眼球饱满，凸出角膜透明	鲜红或紫红，鳃丝清晰，黏液透明，稍有腥气	坚实，有弹性，以手按之即弹起	金黄色，有光泽，鳞片完整
Ⅱ	眼球平坦或凹陷，角膜稍浑浊	暗红或暗紫，有时稍淡，鳃丝粘连，黏液透明度较差，腥味较重	较松弛，弹性较差，以手按之恢复较慢	淡黄色，光泽较差，鳞片稍完整，易脱落
Ⅲ	眼球明显下陷，角膜浑浊	灰红或褐色，鳃丝浑浊，有异臭，有时有陈腐味或轻微腐臭	松弛，弹性差	苍白色，无光泽，鳞片不完整，脱落较多
Ⅳ	眼球严重下陷或塌陷，有时破裂，角膜严重模糊或有一层污膜	灰褐或灰绿，鳃丝模糊，黏液呈脓样，有明显的酸败或腐败臭	严重松弛，失去弹性	暗淡无光，披有污秽脓样物，鳞片严重脱落

表 6-11　　对虾鲜度感官等级指标

等级	质量指标
Ⅰ	虾体完整，品质新鲜，色泽清亮，外表附着坚实，无黑箍，黑裙或黑斑不超过一处
Ⅱ	虾体完整，品质新鲜，有弹性，色泽正常，允许有黑箍一处，黑裙或黑斑不超过两处
Ⅲ	虾体基本完整，稍有弹性，允许有黑箍一处，黑裙或黑斑不超过三处
Ⅳ	虾体基本完整，无异味，不发红，黑箍、黑裙、黑斑不严重影响外观

表 6-12　　梭子蟹鲜度感官等级指标

等级＼指标	鉴定项目			
	体表色泽	鳃	蟹黄性状	肢体连接程度
新鲜	背壳青褐色或紫色，纹理清晰有光泽，脐上无印，螯足内壁洁白	鳃丝清晰，白色或微带褐色	凝固不流动	步足和躯体连接紧密，提起蟹体时，步足不松弛下垂
变质	背壳褐色，纹理模糊无光泽，腹壁灰白色，脐上部透现出深色胃印，螯足内壁灰白色	鳃丝浑浊，灰褐色或深褐色	呈液状，能流动	步足和躯体连接松弛，提起蟹体时步足下垂

6. 气味数值量化评价新鲜度

埃伦伯格（Ehrenbery）和休恩（Shewan）把鱼肉蒸煮35min后，根据气味，采用10分制评价新鲜度，具体评分标准见表6-13。

表6-13　　根据鱼肉气味评价新鲜度（10分制）

新鲜，有强烈的海藻气味	10
稍新鲜，海藻气味已消失	9
完全感觉不到鱼的气味	8
没有酸味和新鲜气味，稍有下列气味：	
刨木头时的气味，树叶气味，香草醛或萜的气味，咸鱼或冰藏气味	7
浓缩牛乳气味或焦糖、咖啡气味	6
牛奶瓶气味，金属气味，马铃薯或煮兽毛皮气味	5
乳酸或发酵的牛乳以及正甲苯胺的气味	4
低脂肪酸（乙酸、丁酸）气味或牧草、肥皂、动物脂气味	3
氨、三甲胺或低级胺的气味	2
强烈的氨、三甲胺气味或硫化物气味，强烈的腐败气味，排泄物气味	1

二、水产加工品感官检验

所谓水产加工品是指以鲜、冻水产品为原料加工制成的产品，市场上最常见的且销售量较大、生产管理比较正规的水产加工品一般包括干制水产品、盐渍水产品和鱼糜制品三大类。

1. 干制水产品

干制水产品是以鲜、冻动物性水产品、海水藻类等为原料经相应工艺加工而成的产品，主要包括干海参、烤鱼片、调味鱼干、虾米、虾皮、烤虾、虾片、干贝、鱿鱼丝、鱿鱼干、干燥裙带菜叶、干海带、紫菜等。

（1）干海参　是以新鲜海参为原料经水煮、盐渍、拌灰、干燥等工序制成的产品。

①感官特性：产品规格按个体大小分为四个等级：大规格≥15.1g/个，中规格10.1~15.0g/个，小规格7.6~10.0g/个，特小规格≤7.5g/个。

产品感官根据组织形态的不同分为三级：一级品体形肥满，肉质厚实，刺挺直无残缺，嘴部石灰质露出少，切口较整齐；二级品体形细长，肉质较厚，个别刺有残缺，嘴部石灰质露出较多；三级品体形不正，刺有残缺，嘴部石灰质露出较多。

产品色泽均呈黑灰色或灰色；体内洁净，基本无盐结晶，体表无盐霜，附着的木炭粉或草木灰少，无杂质，无异味。

②感官检验方法：在目测规格的基础上，随机取10个海参，用感量不大于0.1g的天平逐个称量。

将样品平摊于白瓷盘内，于光线充足无异味的环境中，按感官特性的要求逐项检验，肉质及内部杂质应剖开后进行检验。必要时，水发后检验。

（2）烤鱼片 是以冰鲜或冷冻的马面鲀鱼、鳕鱼等原料鱼制成的调味鱼干，经烤熟、轧松等工序制成的产品。

①感官特性：产品规格按色泽、形态、组织、滋味及气味分成两级：一级品肉质呈黄白色，色泽均匀；鱼片平整，片形完好；肉质疏松，有嚼劲，无僵片；滋味鲜美，咸甜适宜，具有烤鱼特有香味，无异味。二级品肉质呈黄白色，边沿允许略带焦黄色，鳕鱼片允许一面有棕红色；鱼片平整，片形基本完好；肉质较疏松，有嚼劲，无僵片；滋味鲜美，气味正常，无异味。

②感官检验方法：将试样平摊于白搪瓷盘内，于光线充足、无异味的环境中，按感官特性的要求逐项检验。

（3）调味鱼干

①感官特性

产品色泽呈玉黄色，稍带灰白色，表面有光泽、半透明，允许局部有轻微淤血呈现的淡紫红色；形态、片形基本完好、平整，鱼片拼接良好，无明显缝隙和破裂片；组织紧密，软硬适度，肉厚部分无软湿感，无干耗片；滋味鲜美，咸甜适宜，具有干制鱼干的特有香味，无异味，无外来杂质。

②感官检验：将试样平摊于白搪瓷盘内，于光线充足、无异味的环境中，按感官特性的要求逐项检验。

（4）虾米

①感官特性：产品规格按色泽、形态、组织、滋味及气味分成三级：一级品具有虾米的固有色泽，光泽好；肉质坚实，大小均匀，个体肥满光滑，虾体基本无粘壳、附肢，基本无虾糠；鲜香，细嚼有鲜甜味。二级品具有虾米固有色泽，光泽较好；肉质较坚实，大小较均匀，虾体允许有少量粘壳、附肢，虾糠少；较鲜无异味。三级品具有虾米固有色泽，光泽较差；肉质较坚实，虾体粘壳、附肢和虾糠稍多；无异味。三个等级的产品均无外来杂质，无霉变现象。

②感官检验方法：将样品平摊于白搪瓷盘内，于光线充足、无异味的环境中，按感官特性的要求逐项检验。

（5）虾皮

①感官特性：产品感官根据组织形态及色泽的不同分为三级：一级品色泽好，肉质厚实，壳软，片大且均匀，完整，基本无碎末和水产夹杂物。二级品光泽较好，壳软，片大较均匀，破碎较少，无明显碎末。

②感官检验方法：将试样摊于白搪瓷盘内，于光线充足、无异味的环境

中，按感官特性的要求逐项检验。

(6) 烤虾

①感官特性：产品感官根据肠腺、色泽、光泽、形态、组织、滋味及气味、杂质的不同分为三级：一级品无肠腺，肉质呈烤制熟虾固有红色，色泽均匀；光泽度好；形状完整（完整率≥95%），大小均匀，虾体之间无粘结现象；肉质柔韧，有嚼劲；滋味鲜美，咸甜适宜，具有浓厚的烤虾香味，无异味。二级品无肠腺；肉质呈烤制熟虾固有红色，色泽基本均匀；光泽度较好；形状基本完整（完整率≥85%），大小均匀，虾体之间无粘结现象；肉质基本柔韧，有嚼劲；滋味鲜美，具有烤虾的香味，无异味。三级品允许有肠腺；肉质呈烤制熟虾固有红色，色泽基本均匀，有偏黄现象；光泽度一般；形状较完整（完整率≥75%），大小均匀，虾体之间无粘结现象；肉质偏硬，基本有嚼劲；滋味鲜美，气味正常，无异味。各级产品均无杂质。

②感官检验方法：将试样平摊于白搪瓷盘内，于光线充足、无异味的环境中，按感官特性的要求逐项检验。

(7) 虾片

①感官特性：产品呈本品应有的色泽，半透明，表面略有光泽，洁净，无霉变、污染等迹象，无夹生片；干燥坚脆的薄片，大小、厚薄基本一致，片形大体平整；经油炸后，口感酥脆，具本品应有的虾鲜味，无硬心、无异味、无硬块；无肉眼可见杂质。

②感官检验方法

口味与气味的检验：随机抽取适量样品，放入180～200℃的精炼食用植物油中膨化，起浮后捞出，即时品尝鉴定口味与气味。

其余感官项目：将样品平摊于白搪瓷盘中，在光线充足的环境中按感官特性的要求逐项检验。

(8) 干贝

①感官特性：产品感官根据色泽、组织形态、滋味气味的不同分为三级：一级品光泽好，半透明；颗粒坚实，饱满；味鲜美，具浓厚特有的香味。二级品光泽较好；颗粒坚实较饱满；味较鲜美，具特有的香味。三级品光泽暗淡；颗粒不整齐；味较鲜，无异味。各级产品体表均洁净，无杂质，无污染，无虫害，无霉变。

②感官检验：将样品平摊于白搪瓷盘内，于光线充足、无异味的环境中，按感官特性的要求逐项检查。

(9) 鱿鱼丝

①感官特性：脱皮鱿鱼丝呈淡黄色，带皮鱿鱼丝呈棕褐色，色泽均匀；形态呈丝条状，每条丝的两边带有丝纤维，形状完好；肉质疏松，有嚼劲，无僵

丝；滋味鲜美，口味适宜，具有鱿鱼丝特有香味，无异味；无杂质。

②感官检验：将试样平摊于白搪瓷盘内，于光线充足、无异味的环境中，按感官特性的要求逐项检验。

（10）鱿鱼干

①感官特性：产品感官根据形态、色泽、肉质分为三级：一级品体形完整、匀称呈扁平片状，肉腕无残缺，肉体洁净、无损伤；色泽呈黄白色或粉红色，半透明略有白霜；肉质结实、肥厚。二级品体形基本完整、匀称呈扁平片状，肉腕允许有残缺，肉体洁净允许略有损伤；色泽呈粉红色或肉红色，半透明，霜薄；肉质稍松软、较薄。三级品体形不够完整匀称，肉腕有残缺，肉体有损伤，有部分断头；色泽呈暗红色或暗灰色，不透明，霜多；肉质松软、较薄。各级产品气味呈鱿鱼特有香味，无霉味或异味；体表无尘沙等杂质附着，无霉斑、虫蛀现象。

②感官检验方法：将样品平摊于白搪瓷盘中，按感官特性的要求逐项检验。

（11）干燥裙带菜叶

①感官特性：产品感官根据外观和色泽分为两级：一级品呈墨绿色；无枯叶、暗斑、花斑、盐屑、明显毛刺；二级品呈绿色、绿褐色或绿黄色或三种颜色同时存在；无盐屑，有轻微毛刺、花斑、暗斑、枯叶。各级产品均无泥沙、铁屑、塑料丝、杂藻等外来杂质；具有干裙带菜叶固有的气味，无异味。

②感官检验方法：在光线充足、无异味的环境中，将样品摊于白搪瓷盘中，查看干裙带菜叶的色泽及有无杂质和盐屑；以正常嗅觉检查产品气味；用适量水浸泡菜体，待叶片展开后，查看枯叶、花斑、暗斑、毛刺情况。

（12）干海带

①感官特性：产品感官根据外观、叶体长度、叶体最大宽度、黄白边、黄白梢的不同分为三级：一级品叶体清洁平展，平直部为深褐色至浅褐色。两棵间无粘贴，无霉变，无花斑，无海带根；叶体长100cm以上（包括从叶基部起，够70cm无黄白边的折断海带）；叶体最大宽度13cm以上（北方：辽宁省、山东省产），10cm以上（南方：江苏省、浙江省、福建省产）；无黄白边，无黄白梢。二级品叶体清洁平展，平直部为褐色至黄褐色，两棵间无粘贴、无霉变，允许有花斑，其面积之和不超过叶体面积的5%，无海带根；叶体长80cm以上（包括从叶基部起，够50cm无黄白边的折断海带）；叶体最大宽度10cm以上（北方：辽宁省、山东省产），7cm以上（南方：江苏省、浙江省、福建省产）；黄白边允许叶体一侧或两侧长度之和不超过10cm，无黄白梢。三级品平直部为浅褐色至绿褐色，两棵叶体无粘贴，允许有花斑，其面积之和不超过叶体面积的8%，无海带根；叶体长60cm以上（包括从叶基部起，

够40cm无黄白边的折断海带）；叶体最大宽度7cm以上（北方：辽宁省、山东省产），5cm以上（南方：江苏省、浙江省、福建省产）；黄白边允许叶体一侧或两侧长度之和不超过15cm，黄白梢允许有10cm的长度（但不计算在叶体长度内）。

②感官检验方法：将抽取的干海带样品剪开扎绳，在每捆中随机抽取5棵海带，翻看海带是否发霉，是否粘贴，展开海带叶体察看其外观。以分度值为0.5cm以下的直尺或卷尺测其叶体长度、叶体最大宽度、黄白边和黄白梢长度。

（13）紫菜

①感官特性：产品感官根据外观、色泽、张数、口感的不同分为三级：一级品厚薄均匀，平整；无缺损；在250g质量内所规定张数的1/10中，允许每张有1~2个小于7mm的孔洞（3mm小洞不限）；无草竹屑、绳头、贝壳及绿藻等杂质；条斑紫菜呈黑紫色，两面有光泽，坛紫菜呈黑紫色，两面有光泽；条斑紫菜250g，不少于65张，坛紫菜250g，不少于45张；口感鲜香、细嫩、无咸味、无泥沙；二级品厚薄均匀，平整；允许有小缺角；在250g质量内所规定张数的1/3中，允许每张有3~4个小于1cm的孔洞（5mm小洞不限）；无草竹屑、绳头、贝壳及绿藻等杂质；条斑紫菜呈黑紫色，两面有光泽，坛紫菜呈深紫色，一面有光泽；条斑紫菜质量250g，不少于55张，坛紫菜质量250g，不少于35张；口感较鲜香、细嫩、无咸味、无泥沙。三级品厚薄较均匀；在250g质量内所规定张数的1/2中，允许每张有1/5的缺损，或3~4个小于1.5cm的孔洞（5mm小洞不限）；允许有少量绿藻，无草竹屑、绳头、贝壳等杂质；条斑紫菜呈黑紫色或深紫色，有光泽，坛紫菜呈深紫色带微绿色，略有光泽；条斑紫菜250g，不少于45张，坛紫菜250g，不少于30张；口感较鲜嫩、无咸味、无泥沙。

②感官检验方法：感官检验应在光线充足、无异味、清洁卫生的场所进行，按感官特性逐项检查。

2. 盐渍水产品

盐渍水产品是以新鲜海藻、水母、鲜（冻）鱼为原料，经相应工艺加工而成的产品，主要包括盐渍海带、盐渍裙带菜、盐渍海蜇皮和盐渍海蜇头等。

（1）盐渍海带　盐渍海带是指以新鲜海带为原料，经漂烫、冷却、盐渍、脱水、切割工序加工而成的海带制品。

①感官特性：产品感官根据色泽、组织形态不同分为两级：一级品色泽均匀，绿色；藻体表面光洁，无黏液，无孢子囊斑。二级品呈绿色，褐绿色；藻体表面光洁，无黏液，允许有少量孢子囊斑。各级产品的组织形态均要求形状整齐，基本一致，口感脆嫩；具有盐渍海带固有的气味，无异味；无肉眼可见杂物，咀嚼时无牙碜感。

②感官检验方法：将试样平摊于白搪瓷盘内，在光线充足、无任何气味的环境下，检查藻体的组织形态、气味、色泽、杂质。

（2）盐渍裙带菜　盐渍裙带菜是指以新鲜裙带菜为原料，经漂烫、冷却、盐渍、脱水等工序加工而成的裙带菜产品。

①感官特性：产品感官根据采集部位不同分为：盐渍裙带菜叶和盐渍裙带菜茎。盐渍裙带菜叶感官根据外观、菜体规格、杂质、气味、叶质的不同又分为两级：一级品叶面平整，无病虫蚀叶，无枯叶、暗斑、明显毛刺、红叶、花斑（允许带有剪除花斑孔洞的选修菜）；菜体规格半叶基本完整（包括边茎长10cm，裂叶长20cm以上的选修折断菜），边茎宽≤0.2cm；色泽呈均匀绿色；无明显泥沙等外来杂质；呈海藻固有气味，无异味；叶质有弹性；盐渍裙带菜中选修折断菜的比例≤5%。二级品无枯叶、红叶；菜体长度≥2.5cm，边茎宽≤0.2cm；呈绿色或绿褐色或黄绿色或三种颜色同时存在；无明显泥沙等外来杂质；无异味；叶质有弹性。盐渍裙带菜茎感官根据外观、菜体规格、杂质、气味、叶质的不同又分为两级：一级品茎条整齐，无边叶、茎叶；菜体长度≥40cm；色泽呈均匀绿色；无明显泥沙等外来杂质；无异味；叶质脆嫩。二级品茎条宽度不限，不允许带边叶；菜体长度≥20cm；色泽呈绿色或绿褐色或黄绿色或三种颜色同时存在；无明显泥沙等外来杂质；无异味；叶质轻脆嫩，无硬纤维质。

②感官检验方法：在光线充足、无异味的环境中，将样品摊于白搪瓷盘中，查看菜体的规格、色泽、边茎宽度、有无花斑、枯叶、红叶、暗斑、明显毛刺、杂质等；用两手轻拉裂叶检查叶片的弹性；以正常嗅觉检查产品气味。

（3）盐渍海蜇皮和盐渍海蜇头

①感官特性：盐渍海蜇头产品感官根据外观分为四级：一级品自然圆形，完整，片张平整，允许有3cm以内破洞，允许有不影响外观的小缺角；无红衣，无泥沙。二级品基本完整，片张平整，允许有3cm以内破洞两处或裂缝的总长度不得超过长径1/3；不允许沾染“头血”；允许带少量红衣，无泥沙。三级品形状不定，允许有破洞和裂缝；允许沾染少量“头血”；允许带少量红衣，无泥沙。四级品形状不定，允许有破张和碎张；允许沾染“头血”；允许带少量红衣，无泥沙。各级产品均为白色或浅黄色（自然色泽），有光泽，无蜇须；肉质厚实均匀，有韧性；无异味；口感松脆。

盐渍海蜇皮产品感官根据外观分为三级：一级品只形完整，无蜇须。二级品只形基本完整，允许有残缺，无蜇须。三级品单瓣或两瓣以上相连接。各级产品均呈白色、黄褐色或红琥珀色（自然光泽）；肉质厚实，有韧性；无异味；口感松脆；无泥沙。

②感官检验方法：开箱后应从上下层均匀取10张样品，将试样平摊于白

搪瓷盘内，于光线充足、无异味的环境中，按感官特性的规定，测量尺寸，观察其外形、颜色、气味、有无杂质及变质现象，并采取品尝方法来确定口感。

3. 鱼糜制品

鱼糜制品是以鲜（冻）鱼、虾、贝类、甲壳类、头足类等动物性水产品肉糜为主要原料，添加辅料，经相应工艺加工而成的产品，代表品种有冻鱼丸、鱼糕、虾丸、虾饼、墨鱼丸、贝肉丸、模拟扇贝柱和模拟蟹肉等，并根据是否熟化分为即食类和非即食类。

（1）感官特性

冻品外观：包装袋完整无破损、不漏气，袋内产品形状良好，个体大小基本均匀、完整、较饱满，排列整齐，丸类有丸子的形状，模拟制品应具有特定的形状。

色泽：鱼丸、鱼糕、墨鱼丸、墨鱼饼、贝肉丸和模拟扇贝柱白度较好，虾丸和虾饼要有虾红色，模拟蟹肉正面和侧面要有蟹红色、肉体和背面色泽白度较好。

肉质：口感爽，肉滑，弹性较好，10 分法评定≥6 分。

滋味：鱼丸和鱼糕要有鱼鲜味，虾丸和虾饼要有虾鲜味，贝肉丸和模拟扇贝柱要有扇贝柱鲜味，模拟蟹肉要有蟹肉特有的鲜味。味道较好，10 分法评定≥6 分。

杂质：允许有少量 2mm 以下小鱼刺或鱼皮，但不允许有鱼骨鱼皮以外的夹杂物。

（2）感官检验方法　感官检验应在光线充足、无异味、清洁卫生的场所进行，按感官特性逐项检查。

冻品外观和色泽：先检查包装袋是否完整、有无破损，再剪开包装袋检查袋内产品形状、个体大小、是否完整和饱满，模拟蟹肉排列是否整齐；再检查样品色泽、风干程度。

肉质和滋味：将解冻后的样品水煮，品尝检验其肉质和滋味。水煮方法如下：

将 1L 饮用水倒入洁净的容器中煮沸，放入解冻后的试样 100～200g，盖严，煮沸 1～2min，停止加热，开盖即嗅气味，取出后品尝。用 10 分法评定肉质和滋味，以综合分数评定其质量。评分方法见表 6-14。

表 6-14　　滋味和肉质弹性评分标准

评　分	10	9	8	7	6	5	4	3	2	1
弹性强度	极强	非常强	强	稍强	一般	稍弱	弱	非常弱	极弱	一触即溃
滋　味	极好	非常好	好	稍好	一般	稍差	差	非常差	极差	有异味

第六节　蜂蜜类的感官鉴别

蜂蜜的感官检验可通过看色泽、品味道、试性能、查结晶等来进行判断。

（1）色泽　每一种蜂蜜都有固定的颜色，如刺槐蜜、紫云英蜜为水白色或浅琥珀色，芝麻蜜呈浅黄色，枣花蜜、油菜花蜜为黄色或琥珀色等。纯正的蜂蜜一般色淡、透明度好，如掺有糖类或淀粉则色泽昏暗，液体浑浊并有沉淀物。

（2）味道　质量好的蜂蜜，嗅、尝均有花香；掺糖加水的蜂蜜，花香皆无，且有糖水味；好蜂蜜吃起来有清甜的葡萄味，而劣质的蜂蜜蔗糖味浓。

（3）性能　纯正的蜂蜜用筷子挑起后可拉起柔韧的长丝，断后断头回缩并形成下粗上细的塔状并慢慢消失；低劣的蜂蜜挑起后呈糊状并自然下沉，不会形成塔状物。

（4）结晶　纯蜂蜜结晶呈黄白色，细腻、柔软；假蜂蜜结晶粗糙，透明。

对多个样品可采用成对排序试验法，用 Friedman 分析方法进行分析。试验由多名有经验的品评人员参加，评价样品的性能，最后分析判定样品的质量。

下面介绍几种常见蜂蜜色香味及结晶，据此可初步判断是哪种蜂蜜。

紫云英蜜：呈淡白微现青色，有清香气，味鲜洁，甜而不腻，不易结晶，结晶后呈粒状。

苕子蜜：色味均与紫云英蜜相似，但不如紫云英蜜味鲜洁，甜味也略差。

油菜蜜：浅白黄色，有油菜花清香味，稍有浑浊，味甜润，最易结晶，其晶粒特别细腻，呈油状结晶。

棉花蜜：淡黄色，味甜而稍涩，结晶颗粒较粗。

乌桕蜜：呈浅黄色，具轻微酵酸甜味，回味较重，润喉较差，易结晶，呈粗粒状。

芝麻蜜：呈浅黄色，味甜，一般清香。

枣花蜜：呈中等琥珀色，深于乌桕蜜，蜜汁透明，味甜，具有特殊浓烈气味，结晶粒粗。

荞麦蜜：呈金黄色，味甜而腻，吃口重，有强烈荞麦气味，颇有刺激性，结晶呈粒状。

柑橘蜜：品种繁多，色泽不一，一般呈浅黄色，具有柑橘香甜味，食之微有酸味，结晶粒粗呈油脂状结晶。

槐花蜜：色淡白，有淡香气，口味鲜洁，甜而不腻，不易结晶，结晶后呈细粒状，油脂状凝固。

枇杷蜜：色淡白，香气浓郁，带有杏仁味，甜味鲜洁，结晶后呈细粒状。

荔枝蜜：微黄或淡黄色，具荔枝香气，有刺喉粗浊之感的味道。

龙眼蜜：淡黄色，具龙眼花香气味，纯甜，没有刺喉味道。

椴树蜜：浅黄或金黄色，具有令人愉悦的特殊香味。蜂巢椴树蜜带有薄荷般的清香味道。

葵花蜜：浅琥珀色，味芳香甜润，易结晶。

荆条蜜：白色，气味芳香，甜润，结晶后细腻色白。

草木犀蜜：浅琥珀或乳白色，浓稠透明，气味芳香，味甜润。

甘露蜜：暗褐或暗绿色，没有芳香气味，味甜。

山茶花蜜：深琥珀色或深棕色，味甜有桉树异臭，有刺激味。

百花蜜：颜色深，是多种花蜜的混合蜂蜜，味甜，具有天然蜜的香气，花粉组成复杂，一般有5~6种以上花粉。

结晶蜂蜜：此种蜂蜜多称为春蜜或冬蜜，透明差，放置日久多有结晶沉淀，结晶多呈膏状，花粉组成复杂，风味不一，味甜。

第七节　植物油料与油脂鉴别

一、植物油料的检验

植物油料的感官鉴别主要是依据色泽、组织状态、水分、气味和滋味几项指标进行。这里包括了眼观其籽粒饱满程度、颜色、光泽、杂质、霉变、虫蛀、成熟度等情况，借助于牙齿咬合，手指按捏等办法，根据声响和感觉来判断其水分大小，此外就是鼻嗅其气味，口尝其滋味，以感知是否有异臭异味。植物油料有大豆、油菜籽等，大豆在前面已经介绍过，这里就只介绍油菜籽的感官检验。

1. 含油量的感官检验

油菜籽的含油量受气候、环境、品种的影响较大。不同地区，同一品种的含油量不同，同一地区的不同品质含油量也各有高低。感官检验油菜籽含油量的高低一般应以籽粒大小，饱满程度，籽粒色泽，未熟粒的多少，杂质的大小等方面综合判定。一般来说，油菜籽籽粒大、饱满、均匀、圆滑、鲜亮、籽仁鲜亮呈黄色、无未熟粒、杂质少的含油量高；籽粒不均匀、粒小有皱纹、色泽灰暗、杂质多、发芽粒多、未熟粒多及发热霉变的油菜籽含油量低。

评定出油率：

(1) 看质量好坏定出油率

①好货：一般是籽实饱满，皮薄，大小适中，品种一致，整齐均匀，鲜亮

圆滑，体质老性，一次晒干者含油量高。

②次货：一般是花菜籽，籽粒大小不一，成熟程度不同，并逐次晒干者含油率次之。

③差货：一般杂有茶籽，籽粒不齐或粒大皮缩，或皮厚肉小，或粒小皮硬（如辣菜籽）出油少。

④坏货：一般是色泽气味不正常，有霉变现象，皱瘪萎缩粒多，这样的菜籽出油更少。

（2）手指碾定出油率

①用食拇两指捏起菜籽100粒左右，反复压碾，碾后用指头使劲挤压，挤压时如两指头边缘有一线粗的油分，而且油迹明显，将此油揩去再行回碾挤压，两指头边缘又出现微油分，此籽出油率约30%～32%。

②用指头回碾挤压时，如两指头边缘有少量油分，将此油揩去，再行回碾挤压，则指头边缘略显油分，放开指头，则指上碎粉周围油迹很明显者，其菜籽出油率约28%～39%。

③用指头回碾挤压时，如指头边缘略有油分，放开指头，则指上碎粉周围油迹明显，将此油揩去，再行回碾挤压，指上碎粉周围油迹者，出油率约25%～27%。

④用指头回碾挤压时，感觉糙指，两指边缘无油迹，放开指头则指上碎粉周围油迹很现，复压也是一样，出油率约23%～24%。

⑤用指头回碾挤压时，感觉粗糙，反复挤压，指上碎粉周围显油迹者，出油率约20%～22%。

⑥用指头回碾挤压时，感觉粗糙，经过数次碾压，其指上碎粉周围有油痕，一会儿即散，出油率约16%～18%。

（3）对样定出油率

①为了使感官评定有所依据，在业务上可用加工、化验办法。先试验得到结果，然后把加工、化验过的样品并标明试验结果摆在收购场上对样定率。

②加工试榨：用单独收购验质过的一定数量菜籽，混合取样后，将此批菜籽全部入榨，严格操作，单独磅油，求得准确出油率，一方面核对验者眼光，另一方面将所留样品下次收购时对样之用。

③化验对照：将收购验质过的菜籽综合扦取样品1kg，一分两瓶（需准确分样），一瓶用来化验，一瓶封瓶口，用来校对眼光是否准确，并留着下次定率时参考。

2. 水分的感官检验

（1）碾压法　取少量菜籽样品放在硬板上，用指甲或竹片（其他硬器亦可）碾压菜籽，如果皮肉完全分开，有响声、有碎粉、肉呈黄白色，水分在

8% ~9%；皮肉虽分开，但无碎粉，肉呈微黄色，水分在9% ~10%之间；皮肉大部分开，其中有些籽粒被压成饼，肉呈微黄色，水分约在10% ~11%；皮肉不能分开，被压成饼，肉呈黄色并有油迹者，水分约在12%以上。

（2）手感法　用手抓一把油菜籽样品握紧，有“咯咯”响声，大部分从拳头或指缝中向外流出，放开手后，手心只有少量油菜籽，水分在8%以下；抓一把样品握紧，手感光滑发溜，半数样品从拳头两端或指缝中外流，水分在9.0% ~10.1%之间；手握油菜籽时，感觉微带弹性，发软，搓之无“沙沙”响声，水分在10%以上；抓一把油菜籽，若能握成团，水分在20% ~25%；若手插入油菜籽中，感觉发涩、发潮，用鼻子嗅有异味，则表示水分大，已变质。

（3）括板法　取菜籽一撮放在桌上，用硬物将菜籽压破，如皮肉完全分开皮能吹去，并成数片，有不少粉末，色显黄白色（用手捏片子感觉喳喳声，感觉干燥），水分约7% ~8%。压碎后，皮肉分离，有些微碎粉（用手指捏片子感觉粗糙，略有响声），水分约8% ~9%。压碎后，皮肉虽然分开，但是开片没有粉碎，色带微黄（用手捏片子觉得油润），水分约9% ~10%。压碎后，皮肉不能分开，而成一团，肉成黄色，水分约12%以上。

（4）指头碾压法　用食拇指捏起菜籽100粒左右，进行来回碾动，感觉坚硬顶指不易碾破，并发出沙沙响声，碾破后即成粉末，觉得干燥，肉呈黄白色，水分约7%以内。压碾时，觉得有大部分坚硬顶指，极易碾破，碾破后大多已碎，感觉粗糙，少部分皮肉未分，水分约8%以内。压碾时，有少数坚硬顶指，容易碾破，碾破后有碎粉，反复回碾以带油润，水分8%以内。压碾时，没有或有少数坚硬顶指，容易碾破，碾破后无碎粉，可以四散，反复回碾以带油润，水分9%以内。压碾时，不顶指，容易碾破，并有少数成饼、成团，反复回碾带软润，水分约11% ~12%。如压碾时，一碾成饼、成条，回碾成坨，水分大，不宜收购。

3. 杂质的感官检验

用手抓油菜籽试样一把倾斜抖动使菜籽流落，观察指缝中留下杂质在半指缝以内者，其杂质在2.0%左右。一般来说，正常年景下，土禾场脱粒的菜籽，因其与油菜籽粒大小相近的泥土较多，只有通过米机才能整筛一部分，杂质含量可达2.0%以内。不过机者，杂质一般在3.5%左右，甚至高达5.0%。水泥场或者铺垫物进行脱粒菜籽，因其只含有机杂质，只要过筛或风车扬整，杂质含量一般不会超过2.0%。

用手操起菜籽一撮，轻轻搓几下，然后将手掌凹下倾下斜，慢慢摇动，让菜籽徐徐滚走，泥沙灰土等即存在掌心和指缝中估计其百分比。或用天平称一定数量菜籽，用筛选、手拣将全部杂质拣出，求其百分比，验证眼光。

二、食用植物油的感官检验

植物油脂的质量优劣，在感官鉴别上也可大致归纳为色泽、气味、滋味等几项，再结合透明度、水含量、杂质沉淀物等情况进行综合判断。其中眼观油脂色泽是否正常，有无杂质或沉淀物，鼻嗅是否有霉、焦、哈喇味，口尝是否有苦、辣、酸及其他异味，是鉴别植物油脂好坏的主要指标。

1. 色泽检验

正常植物油的色泽一般为浅黄色，但颜色有浅有深，花生油为淡黄色至橙黄色，大豆油为黄色至橙黄色，菜子油为黄色至棕色，精炼棉籽油为棕黄红色至棕色。

有多个样品时，可采用如下方法进行鉴别：分别将样品过滤，然后倒入500mL量杯中，油量高度不得低于50mm，在室温下先对着自然光观察，然后再置于白色背景前借其反射光线观察，并用下列词语表述：白色、灰色、柠檬色、淡黄色、黄色、橙色、棕黄色、棕色、棕红色、棕褐色等。同种植物油颜色越浅越好。

2. 气味及滋味检验

冷榨油无味，热榨油有各自的特殊气味，如花生油有花生香味，芝麻油有芝麻香味等。油料发芽、发霉、炒焦后制成的油，带有霉味、焦味。植物油酸败后先为青草味、干草味，之后变成油脂酸味。油脂中残留较多的溶剂时有汽油味，不得销售和使用。

气味鉴别方法如下：将样品倒入150mL烧杯中，置于水浴上加热至50℃，以玻璃棒迅速搅拌，嗅其气味，并蘸取少许样品，辨尝其滋味，然后按正常、焦煳、酸败、苦辣等词句记述。如该方法不能辨别时，可补充下列方法辅助检查：

①取少许油样涂于手掌上，用双手合掌摩擦后，嗅其气味。

②取油样2～3mL于小烧杯内，并注入刚停下沸腾的热水，然后嗅其气味。

3. 透明度检查

纯净植物油应是透明的，水分含量低于0.1%、杂质含量低于0.2%、含皂量低于0.3%。但一般植物油因含有过量水分、杂质、蛋白质和油脂溶解物（如磷脂、蜡质、皂类）等而出现浑浊、沉淀，甚至酸败变质。透明度检验方法如下。

将油样混匀。取油样100mL于比色管中，20℃下静置24h（蓖麻油应静置48h）。将比色管先对着光线观察，再于乳白色灯泡前观察。用透明、微浊、浑浊等词语表述（棉籽油在比色管中上部无絮状悬浮和浑浊时即可认为透明）。

第八节　酒水类鉴别

一、酒水类概述

1. 酒的品种分类

酒的种类繁多，一般有四种分类法。

（1）按生产特点分

①蒸馏酒：原料经发酵后，用蒸馏法制成的酒叫蒸馏酒，这类酒固形物含量极少，含酒精高、刺激性强，如白酒，白兰地酒等。

②发酵原酒（或称压榨酒）：原料经发酵后，直接提取后用压榨法而取得的酒。这类酒的度数较低，而固形物的含量较多，刺激性小，如黄酒、啤酒、果酒等。

③配制酒：用白酒或食用酒精与一定比例的糖料、香料、药材等配制而成的。这类酒因品种不同，所含糖分、色素、固形物和酒精含量等各有不同，如橘子酒、竹叶青、五加皮及各种露酒和药酒。

（2）按酒精含量分

①高度酒：含酒精成分在40%（体积分数）以上者为高度酒，如白酒、曲酒等。

②中度酒：含酒精成分在20%～40%（体积分数）之间者为中度酒，如多数的配制酒。

③低度酒：含酒精成分在20%（体积分数）以下者为低度酒，如黄酒、啤酒、果酒、葡萄酒等。它们一般都是原汁酒，酒液中保留营养成分。

（3）按生产原料分

①粮食酒：以高粱、玉米、大麦、小麦和米等粮食为原料而酿制的酒。

②非粮食酒：以含淀粉的野生植物或水果等为原料而制成的酒。

（4）按酒的风味特点分　在商业经营中，我国习惯上根据各种酒的风味特点把酒类分为白酒、黄酒、啤酒、果酒和配制酒五类。

2. 酒的品种命名

我国酒类品种繁多，计有上千种，其命名方法归纳起来有以下几种。

（1）以原料命名　如五粮液、三粮酒、高粱酒、薯干酒、苹果酒、橘子酒、青梅酒、红果酒、葡萄酒等。

（2）以产地命名　如茅台酒、董酒、汾酒、洋河大曲、北京特曲、绍兴酒（即墨酒）等。

（3）以用曲命名　如大曲酒、小曲酒、陈曲酒、六曲酒等。

（4）以特殊工艺命名　如老窖酒，加饭酒、沉缸酒、封缸酒等。

（5）以颜色命名　如红葡萄酒、白葡萄酒、江阴黑酒、竹叶青、黄啤酒、黑啤酒、老白酒等。

（6）以甜度命名　如丹阳的甜黄酒，三冬蜜酒等。

（7）以复合名称命名　如泸州老窖特曲酒、桂林三花酒、通州老窖酒等。

（8）以加入药材或香料命名　如丁香葡萄酒等。

二、酒品风格的形成和语言的描述

酒品的风格就是指酒品的色、香、味、体作用于人的感官，并给人留下的综合印象。

1. 色

酒的颜色丰富多彩，酒液中的自然色泽主要来源于酿制酒品时的原料。酿制时应尽量地保持原料的本色。自然的色彩会给人以新鲜纯美、朴实、自然的感觉。酒品色泽的形成，会由于温度、形态的改变等原因而发生变化，另外还可以用增色的方法来形成酒品的色泽。这种增色可以是人工使用调色剂来增加酒液的色泽，使酒色更加美丽，也可以是发生在生产过程中，比如陈酿的酒品浸润了容器颜色，使本身的色泽发生变化。再有酒品变质和酒病也会使酒的色泽发生变化，出现浑浊变色等情况。描绘酒品色泽常用的术语，一般符合该酒的正常色调的酒品称为正色。如我国白酒一般无色透明，少数酒品微黄都属于白酒的正色。果酒的酒色与原料果实的真实色泽相同或相近似，也都属酒品正色。不符合该酒的正常色调称为色不正。有的酒品呈两个颜色，称真色，如红曲黄酒，以黄为主，黄中带红。

酒品一般在正常光线下观察带有光亮，称为有光泽。酒色发暗失去光泽称为失光或色暗。光泽不强或亮度不够，称为略失去光泽。好的酒液像水晶体一样高度透明。酒液清亮看不出纤细的微粒，称为透明度好。酒液乌暗光线不能通过则称为不透明。优良的酒品都具有澄清透明的液相。如发现酒液浑浊，那说明原料、工艺、质量等出现了问题。观看酒液是否浑浊是品评酒品的一个重要指标。据程度不同应给予有荧光、乳状浑浊、雾状浑浊、土状浑浊、纤维状游浮物浑浊等评语。沉淀物具有不同形状，有黏状、絮状、片状、块状等。沉淀物颜色也各不相同，白酒的沉淀物是白色、棕色，啤酒的沉淀物是白色、褐色，葡萄酒的沉淀物是白色、棕褐色。

对于含气的酒类如香槟酒，汽酒，啤酒等，不论是酿酒时保留的，还是人工加入的，含气现象都是一个品评指标，常用平静，不平静，起泡，多泡等评语来说明酒液中的 CO_2 是否充足，用气泡如珠、细微连续、持久、时涌泡、泡不持久、形成晕圈等评语评价气泡升起的现象。含气酒装瓶后，在瓶中形成一定压力，开瓶时产生响声，响声在一定程度上说明酒液的含气状态。香槟酒的音响鉴定以清脆、响亮为好。泡沫是啤酒的一个质量指标，与啤酒酒液中的CO_2、麦芽汁等成分有关。优质的啤酒倒入洁净的杯中，立即产生了泡沫，啤酒中的泡沫以洁白、细腻、持久挂杯为好，一般从斟酒时泡沫盖满酒面到消失的持续时间不少于3min。

对于含糖度较高的黄酒、果酒、葡萄酒等，应举杯旋转观察，用流动正常、酒液浓、稠、黏、黏滞、油状等评语评价酒液流动的情况。

2. 香

(1) 酒香产生的主要成分

①有机酸类物质的作用：酒液中含有大量的有机酸物质，各种不同的有机酸物质具有不同的调香作用，乙酸呈舒适的酸香，丁酸呈窑泥香，己酸呈窑泥香带辣味，丙酸呈辛酸，丁酸呈涩味等等，酒液中酸度适中，可以起调节酒的香味，改善酒液口感等作用，使酒液香气清新优美。

②高级醇类物质的作用：醇是酒品的主要成分之一，除了醇外，醇类物质可以赋予酒品独特的香气，异戊醇呈杂醇油气味，异丁醇呈脂肪香气，正丁醇呈茉莉香气，正丙醇呈酒精香气等等，适量的醇类可以使酒液香气厚实丰满。

③酯类是酒液香气的重要来源：乙酸乙酯呈果香，乳酸己酯呈草香，丁酸己酯呈菠萝香，己酸己酯呈窑香等等，适量的酯类可以提高酒液的香气。

④羰基化合物类中的醛类物质：含量适中可以增加酒类香气的释放作用，但含量过多，则会加重酒的产辣味道和刺激性。

(2) 表示香气程度的术语　酒品中的香气不能被嗅出，称为无香气。用无香气、微有香气、香气不足、浮香等语言描述酒香的微弱和不足。赞扬酒香则用清雅、细腻、纯正、浓郁协调、完满、芳香等词语。描述酒香释放情况的词语有暴香、放香、喷香、入口香、回香、余香、绵长等。描述独特香气的词语有陈酒香、固有酒香、焦香、香韵等。描述有不正常气味用臭气、煳焦气、金属气、腐败气、酸气、霉气等。

(3) 表示各类酒品香气的术语　品评白酒常用醇香、曲香、糟香、果香、窖底香、芝麻香，郁而不猛，低而不淡，柔和绵长等。对不正常的香气则用香气不正、香气不纯、刺激性强烈、焦臭、醛臭、油膻味、杂醇酒味等。对清香型，用清香醇正、绵长爽净。对浓香型，用芳香浓郁、香气协调、喷香等。

黄酒的香气一般用香气芬芳、醇香浓郁等词语描述。啤酒的酒花香气要求没有老化气味，没有酒花气味，香气新鲜清爽，麦芽香气应是清香（淡色啤酒）、焦香（浓香啤酒）。

果酒和葡萄酒香气的主要品评指标必须保持原料的品种香气，即果香气味。对酒香的评语常用酒香浓郁，陈酒香，成熟酒香，新酒气味和酒香不足等。

3. 味

酒的味感是关系酒品优劣的最重要的品评标准，古今中外的名酒佳酿都具备优美的味道，令饮者赞叹不已，长饮不厌，甚至产生偏爱。

酒品中一般带有酸、甜、苦、辣、咸、涩、怪等味道。

酸味，是一些酒品风格的主要特点，酸味酒给人以醇厚、甘冽、清爽、干净的感觉。现代酒品中常以“干”字来表示酸味酒，酸味酒有不黏不挂、清肠沥胃、开胃佐餐的效果，很受消费者的喜爱。酸味酒以酸为主体，还有涩、辛等味，适量的酸味，形成酒品的芳香气味，增加酒味的醇厚和回味；酸味不足时，酸味会显得寡淡乏味、后味短；酸味过强酒味则会变得辛辣粗糙，失去回味。不同的酒品对酸味的要求也不相同，比如啤酒、白酒要求不得有酸味，黄酒则可以呈现轻微的酸味，而干葡萄酒则必须呈现明显的酸味。品评时可以用调和，微酸，含酸味，酸重等词语进行品评描述。

甜味，可以给饮者以舒适、滋润、圆正、纯美、丰满浓郁等感觉，酒品的甜味主要来源于酒液中含有的糖分、甘油和多元醇类等物质，如果酒、葡萄酒等原料中含有丰富的糖分，谷物酒中的淀粉在糖化作用下会转化成麦芽糖、葡萄糖。另外还有的酒品在生产过程中加入了饴糖、糖、糖浆等来改善酒品的口味。品评时多以无甜味、微甜、甜、浓甜、甜得发腻、回甜、甜味突出等词语描述，还有用以下词语表示不是因糖分形成的甜味，如净甜、绵甜、醇甜、甘冽、甘润、甘爽等。

苦味，在酒品的品味中，并非都是劣味，有些酒味中必须含有微苦或苦味才是正味，如啤酒、味美思、比特酒等，适量的苦味给饮者以净口、开胃、生津、止渴等良好的作用。但有些酒品不允许有苦味，如白酒，苦味的产生多数因为原料中含有的单宁和生产中的高级醇引起的。苦味的品评术语有无苦味、微苦味、苦、极苦、微苦涩、苦涩、后味苦等。

涩味常与苦味同时发生，给人以收敛、不滑润等不愉快的感觉。原料处理不当，过量的单宁、乳酸等物质进入酒液，便会使酒品产生涩味。涩味一般是不受欢迎的，但在果酒和葡萄酒中适量的涩味却可以提高酒品的品质。

酒品中的辛辣味是不受欢迎的，酒液中含有的醛类、高级醇等物质都会引起酒液中的辛辣味，给人以冲头、刺鼻等不良感觉。

怪味也称异味，是酒品中不应出现的气味，产生的原因和描述也很复杂，一般表现为油味、糠味、糟味等。

对酒味总的品评术语有浓厚、平淡、醇厚、香醇、甜净、绵软、清冽、粗糙、燥辣及后味、余味、回味等不同的味觉感觉。酒类中的各种产品都含有不同比重的酒精，但各类酒品都要求消除酒精味道。只有各种味感相互配合、酒味协调、酒质肥硕、酒体柔美的酒品才能称得上美味佳酿。

4. 体

酒体是品评酒品的一个项目，是对酒品的色泽、香气、口味的综合评价，但不等于酒品的色、香、味溶解在水和酒精中，而是要求它们应和挥发物质、固态物质混合在一起构成酒品的整体。评价酒品的体常用精美醇良、酒体完满、酒体优雅、酒体娇嫩、酒体瘦弱、酒体粗劣等词语进行评述。

5. 风格

酒品的风格是对包括酒品的色、香、味、体的全面品质的评价，同一类酒中的每个品种之间都存在差别。每种酒的独特风格是稳定的、定型的、各种名贵的酒品无一不是以上乘的质量和独特风格，受到广大饮者的喜爱。品评酒品风格使用突出、显著、明显、不突出、不明显、一般等词语进行评价。定型酒品的主要成分含量都有一定的范围，所以用分析酒品成分的方法鉴别酒品的优劣真伪。

三、酒类感官检验方法

1. 评酒的准备工作

评酒室的室温在 15 ~ 20℃为宜，相对湿度 50% ~ 60%，避免外界干扰，噪音应在 40 分贝以下，无有气味物质的影响，室内保持空气新鲜，呈无风状态，光线充足柔和，照度以 500lx 为宜。墙壁色调适中单一，反射率在 40% ~ 50% 之间。

选定品评样品，每个评酒员每天的品评用量不得超过 24 个品种。准备好品酒用的各种酒杯，不得混用，注入酒杯的酒液量以酒杯的 3/5 为好，留有空间，便于旋转酒杯进行品评。含气酒品注入酒杯时，瓶口距杯口 3mm 缓慢注入，达到适当高度时，注意观察起泡情况，计算泡沫保持的时间。

2. 各类酒品的最佳品评温度

白酒 15 ~ 20℃，黄酒 30℃左右，啤酒在 15℃以下保持 1h 以上，葡萄酒、果酒 9 ~ 18℃之间，干白葡萄酒 10 ~ 11℃，干红葡萄酒、深甜葡萄酒 16 ~ 18℃，高级白葡萄酒 13 ~ 15℃，淡红葡萄酒 12 ~ 14℃，香槟酒 9 ~ 10℃。

3. 同一类酒样的品评顺序

酒度，先低后高，香气先淡后浓，滋味先干后甜，酒色先浅后深。

评酒时还要注意防止生理和心理上的顺效应、后效应等情况所引起的品评误差，影响结论的正确性。品评时可以采取反复品评，间隔时间休息，清水漱口等方法加以克服。

评外观时要在适宜的光线下直观或侧观，注意酒液的色泽，有无悬浮物，沉淀物等情况。

评气味时杯口应放置于鼻下约6cm处，略低头，转动酒杯，轻嗅酒气，经反复嗅过后作出判断。

评口味时入口要慢，使酒液先接触舌尖，后接触舌两侧，再到舌根，然后卷舌，把酒液扩展到整个舌面，进行味觉的全面判断，最后咽下，辨别后味，并进行反复品评，对酒品的杂味刺激性、协调、醇和等作出判断评价。品评时高度酒可少饮，一般2mL即可，低度酒可多饮，一般在4～12mL，酒液在口中停留的时间一般在2～3s。品评程序是：一看，二嗅，三尝，四回味。

4. 评酒的基本方法

（1）一杯评酒法　也称直接品评法，评酒时采用暗评的方法，评酒人先品尝酒品，然后进行评述，可以一种酒样品尝后即进行评价，也可重复品尝几种酒样后，再逐一进行评述。

（2）两杯品评法　也称对比品评法，评酒时采用暗评的方法，评酒的人依次品尝两种酒样，然后评述两种酒的风格和风味等差异，以及各自的风格特点。

（3）三杯品评法　也称三角品评法，评酒时采用暗评的方法，品评人员依次品尝三杯酒样，其中两杯是同样酒样，品评人应品出哪两杯是同样的酒，其与另外一种酒之间在风味、风格上存在哪些差异，并对各自的风味、风格进行评述。

四、各类酒的感官检验方法

1. 白酒感官鉴别的基本方法

白酒又称蒸馏酒，它是以富含淀粉或糖类成分的物质为原料，加入酒曲酵母和其他辅料经过糖化发酵蒸馏而制成的一种无色透明、酒度较高的饮料。人们在饮酒时很重视白酒的香气和滋味，目前对白酒质量的品评是以感官指标为主，即是从色、香、味、格四个方面来进行鉴别的。

（1）色泽透明度鉴别　将白酒倒入白色透明高脚玻璃杯中，用手指夹住酒杯的杯柱，举杯于适宜的光线下，进行直观或侧观。观察酒液的色泽是否正常，有无光泽，有无悬浮物、沉淀物等。如光照不清，可以用白纸作底以增强反光，或借助于遮光罩，使光束透过杯中酒液，能看出极小的悬浮物。白酒的正常色泽应是无色透明，无悬浮物和沉淀物的液体。将白酒注入杯中，杯壁上不得出现环状不溶物。将酒瓶倒置，在光线中观察酒体，不得有悬浮物、浑浊和沉淀。冬季如白酒中有沉淀可用水浴加热到30～40℃，如沉淀消失为正常。

（2）香气鉴别　白酒的香气有逸香、喷香、留香三种。当鼻腔靠近酒杯口，白酒中芳香成分逸散在杯口附近，很容易使人闻到香气，这就是逸香，也称闻香，用嗅觉即可直接辨别香气的浓度及特点。当酒液饮入口中，香气充满口腔，叫喷香。留香是酒已咽下，而口中仍持续留有酒香气。

在对白酒的香气进行感官鉴别时，最好使用大肚小口的玻璃杯，将白酒注入杯中稍加摇晃，即刻用鼻子在杯口附近短促呼吸仔细嗅闻其香气。如对某种酒要进行细致的鉴别或精细比较时，可以采用下列特殊的闻香方法。

①用一条吸水性强，无味的纸，浸入酒杯吸一定量的酒样，闻纸条上散发的气味，然后将纸条放置 8～10min 后再闻一次。这样可以鉴别酒液香气的浓度和时间长短。同样也易于辨别有无不快气味以及气味的大小。

②在手心中滴几滴酒样，再把手握成拳头，从大拇指和食指间的缝隙中，紧接用鼻子闻其气味。此法可以用以验证所判断香气是否正确有明显效果。

③在手心或手背上滴几滴酒样，然后两手相搓，使酒样迅速挥发，及时闻其气味。此法可以用于鉴别酒香的浓淡。

评香气时闻酒气味前要先呼气，再对酒杯吸气。还应注意酒杯和鼻子的距离，呼气时间的长短、间歇、呼气量尽可能相同。一般的白酒都应具有一定的逸香，而很少有喷香或留香。名酒中的五粮液，就是以喷香著称的，而茅台酒则是以留香而闻名。白酒不应该有异味，诸如焦煳味、腐臭味、泥土味、糖味、酒糟味等不良气味均不应存在。

（3）滋味鉴别　白酒的滋味有浓厚、淡薄、绵软、辛辣、纯净和邪味之别，酒咽下后，又有回甜、苦辣之分。白酒的滋味评价以醇厚无异味，无强烈刺激性为上品。感官鉴别白酒的滋味，将酒饮入口中时注意要慢而稳，使酒液先接触舌尖，后而两侧，再至舌根部位，然后鼓起舌头打卷，使酒液铺张到全部舌上，进行味觉的全面判断。

（4）评风格　品评酒的风格，是对酒的色、香、味全面评价的综合体现。这主要靠鉴评人员平日广泛接触各种名酒积累下来的经验。没有对各类酒风格的记忆，风格是无法品评的。

白酒的感官要求：各类白酒，一般都要求具有本品种突出的风格，色泽为无色，清凉透明，无悬浮物，无沉淀。

不同香型的白酒其香气和口味要求如下：

酱香型：要求酱香突出、优雅细致、酒体醇厚、回味悠长，以茅台酒为代表。

浓香型：其特点是窖香浓郁、绵软甘洌、尾净余长，即有“香、甜、浓、净”四个字的特征，如泸州老窖、五粮液、剑南春、洋河大曲等。

清香型：其特点是清香纯正、口味协调、微甜绵长、余味爽净，如山西汾酒。

米香型：其特点是米香洁雅纯正、入口绵软、落口甘洌、回味怡畅，以桂林三花酒为代表。

兼香型：其特点是浓酱协调、香气浓郁、纯正柔和、后味回甜，如白沙液酒。

还有混合香型或特殊香型的白酒，如西凤酒、董酒等。

2. 白酒真伪的感官检验方法

（1）商标鉴别法　假酒或其他伪劣商品在外包装上多数没有商标标识或“注册商标”（注册）字样，即使仿照，其图案色彩与真品标识总有不同之处。如洋河大曲其真品商标是定点印刷的，质量精致，图案清晰。在“羊禾”、“敦煌”、“洋河”、“美人泉”等商标上加印“注册商标”字样。假品商标均在一些小厂印刷，质量粗糙，字体有别，字型不统一，图案及人物造型不协调。

（2）包装装潢鉴别法　食品法规中均规定了各种饮料酒的标签标准，并且在装潢方面要求图案清晰、形象逼真、色彩调和、做工精细、包装用料质量好。而伪劣酒的包装装潢则多数不符合标签法规，或滥用标记、装潢图案模糊、形象不真、色彩陈旧、包装用料差、做工粗制滥造。如古井贡酒，其真品瓶贴“古井贡酒”四字隶书，白底红字烫金，厂名处是红底白字方形印刷体，瓶贴背后打印出厂日期、批号，每箱附有食品卫生检验合格证和装箱单，同箱内产品出厂日期、批号与装箱单一致，用黄色铝质盖封口，光滑圆整。而伪劣瓶贴上图形图案虽与真品相似，但未注册，使用的厂名各异，也有使用回收的真酒瓶装制假酒，但瓶盖断裂，封口不完整，同箱内的出厂日期、批号不一致，无装箱单。

（3）瓶盖特征　根据材质、图案、颜色、结构不同进行鉴别。如汾酒真品瓶盖是用进口铝质材料制成的，螺纹盖上印有“古井亭”图案，整齐清楚，盖内壁呈银白色，内垫有弹性的白色硬质塑料垫，封口整齐。瓶盖外壁螺纹处有红箭头指示开口方向，并有英文“open”字样。而伪劣酒瓶盖用料质杂，盖上“古井亭”图案不清晰，有脱落现象。瓶盖内壁色泽灰暗或涂黄色，内壁用纸垫或暗黄色塑料垫，封口不整齐。瓶盖外螺纹处没有开口指示箭头和英文。

（4）瓶型特征　根据酒瓶形状，制作质量等特征进行鉴别。如五粮液真品瓶型有鼓形（俗称萝卜瓶）、麦穗形两种，瓶子用料细，制作精，瓶底圆形，周围有规则的凸出条纹。假五粮液瓶型较杂乱，有方形，圆柱形，还有一些不规则的异形瓶。

3. 几种名优白酒的真伪感官鉴别方法

（1）鉴别贵州茅台酒的真伪　茅台酒为中国名酒，在国内外均享有盛名。茅台酒厂始建于1704年，在贵州省仁怀市茅台镇。

感官鉴别茅台酒真假的方法如下。

①生产厂家鉴别：茅台酒厂没有和其他任何厂家联营，也没有把它的商标许可权与任何厂家共享，更没有设立过一厂、二厂和分厂等。凡是注明为联营厂、一厂、二厂，分厂生产的“茅台酒”，完全可以肯定是假的。

②注册商标鉴别：茅台酒全瓶贴“贵州茅台酒”注册商标，是用进口100g铜版纸印制的，500mL容量酒瓶的商标纸规格为90mm×125mm。内销酒商标的图案分三部分：中间是一条从右上方到左下方的60mm宽白色斜带，上下分别有两条黑色细线和四条黑色粗线，把红色的“贵州茅台酒”五个字夹在中间。斜带和左上角的相接处有13mm宽的金色条，条上有“中外驰名”四个黑字。左上角为一红色色块，中间有直径为35mm的套金色边的白圈，圈内有从上至下的环形麦穗，金色齿轮和红五角星图案。斜带和右下角的相接处有一条细金线。在右下角的红色色块上，有“中国茅台酒厂出品”八个白字，白字下有“53% VOL，500mL”的标明酒度和容量的黑字。酒瓶背面说明的规格为65mm×85mm并以红色套边，套边四周留有宽10mm的白边，出厂日期为蓝色阿拉伯数字。商标印刷精美，色彩准确，切边均匀。

假“茅台”的商标和背贴都是用普通纸张印刷的，商标规格为100mm×140mm，背贴规格为133mm×85mm。各种图案配色混乱，层次不清晰，颜色偏淡，规格不一致，所用字体也与真商标有明显区别，出厂日期字迹有红色的，也有其他颜色的。

③包装材料鉴别：茅台酒的酒瓶是乳白色玻璃瓶，封口为大红色螺纹扭断式防盗铝盖，顶部有“贵州茅台酒”五个白字，瓶口无内塞。整瓶酒外包一张优质正方形皮纸，装在彩盒中；外包装彩盒用的是进口白板纸加细瓦楞。盒上字体和色泽与商标、背贴上一致。

假“茅台”的封口用深浅不同的红色胶帽，有透明无字的，也有假造“茅台”两字的，瓶盖有白色的，也有红色的。盖子也壁纹各异，有黄色扭断式铝盖，也有塑料盖外套扭断式黄色铝帽的。内塞有螺旋式、带腰线、平顶等几种。外包装盒用的是不合格的劣质皮纸或其他材质。

④感官特点鉴别：茅台酒是用小麦制曲，经八次发酵，贮存两三年后方可出厂的。它的独特感官指标是酒液无色透明，饮时醇香回甜，没有悬浮物及沉淀，酒香突出，幽雅细腻，酒体醇厚，回味悠长，空杯留香持久，经久不散。假“茅台”多为用高粱酒、白干酒、配制酒等冒充的，很难具有茅台酒的色、香、味特点。

（2）鉴别四川五粮液的真伪　五粮液酒产于四川省宜宾市，因以高粱、玉米、糯米、粳米和小麦为原料，故称“五粮液”。

感官鉴别五粮液酒真假的方法如下。

①商标鉴别：真的注册商标是“五粮液”牌，以醒目的“五粮液”三个大字作为特殊标志，商标图案底部用黄色谷穗衬映，谷穗以上全部套红，“五粮液”三个字使谷穗图形略凸起，商标背面印有出厂日期，透过酒液和瓶体就能看清楚。

假“五粮液”的商标有“555”牌，“精工”牌、“东升”牌，“白云山”牌、“翠竹”牌等，产地杂乱，商标的颜色、字体也五花八门。也有仿制真五粮液的装潢设计的，但假酒多数是商标印刷粗糙，或者根本就没有印上注册商标。

②瓶型鉴别：真酒的瓶型有鼓型（也叫萝卜瓶）、麦穗型两种。瓶子用料考究，制作精细。瓶底为圆形，周围有规则的凸出条纹。假“五粮液”的瓶型纷乱多样，有方形、圆柱形的，也有不规则的异型瓶。

③酒质鉴别：真的酒体清澈透明，具有香气悠久、味道醇厚、入口甘美、入喉净爽、各味协调、恰到好处的独特风格，尤以喷香著称于世。假酒的酒体浑浊，有的甚至是酒精兑水制成，闻时酒气刺鼻，喝时刺喉，并有明显苦味。

④瓶盖鉴别：真酒的瓶盖与内盖是分离的，若从瓶底看到瓶盖与内盖联为一体，则是假酒。

（3）鉴别泸州老窖特曲酒的真伪　四川泸州是我国浓香型白酒的发源地。泸州老窖特曲酒产于泸州曲酒厂，这个厂有很多百年以上的老窖，经过这些窖池的发酵，酿出来的酒香气特别浓郁。

感官鉴别泸州老窖特曲酒真假的方法如下。

①厂家鉴别：在选购时，应认准真酒商标上的“中国四川泸州曲酒厂”或“四川省泸州曲酒厂”字样，外销酒为“中国四川泸州酒厂”八个字，没有分厂名称。假酒为达到以假乱真的目的常常标注与真酒字音雷同的厂名，如“泸州老窖曲酒厂”，“泸州曲酒厂×分厂”等。

②商标鉴别：真酒为全瓶贴注册商标，中间有“泸州老窖”四个小字和“特曲酒”三个大字，上面中央还有用麦穗组成的圆形小商标，圆圈中有泸州两字。假酒的瓶上贴的商标图案与颜色，甚至字形和瓶型，都和真的相近似，但是在注册商标“泸州牌”上有所区别，一般都不敢冒用“泸州牌”商标而是改用其他字号。

③封口鉴别：真酒在瓶盖封口胶套上印有“泸州曲酒厂”的字样。金属防盗盖上印有“中国四川泸州曲酒厂特曲、头曲”的字样。假酒没有封口胶套，即使用真瓶装假酒也可以用这个方法鉴别出来，还可以从商标的新旧程度上来加以区别。

④品味鉴别：真酒具有“浓郁、醇和、甜润、回味”四大特点。开瓶拔塞后，芬芳飘逸，轻咽慢品，韵味无穷，饮后余香，经久不绝，嗝噎回味，浓香犹存，即使饮得过量也不上头，尤其是饮后的回味有一股特殊的水果香气，使人感到心情愉快。假酒多为劣质酒，浑浊而有沉淀，其味道根本不能与真酒相比拟。

（4）鉴别安徽古井贡酒的真伪　古井贡酒产于安徽亳州古井酒厂，明朝万历年间被列为贡品，因此得名。这种酒色清如水晶，香艳似幽兰，入口甘美醇和，回味经久不散。

感官鉴别古井贡酒真假的方法如下。

①外包装与瓶贴鉴别：真酒的瓶贴为全张注册商标，使用的是“古井贡”注册商标。注册商标图案为圆形，图上左侧为槐树，树下靠右侧有古井，上为蓝天白云。圆周为双圈套金，两旁有“注册商标”四字。瓶贴上有白底红色烫金的“古井贡酒”四字隶书。厂名处是红底白色方形字印刷体，内销者为“安徽亳州古井酒厂”，外销者为“中国粮油食品进出口公司（安徽）”。瓶贴背面打印有出厂日期、批量和检验合格证。

假酒的瓶上贴的圆形图案，与真的相似，但是没有注册，使用的企业名称也各异。酒箱内的出厂日期和批量不一致，还缺少装箱单。

②封口鉴别：真酒的封口用的是黄色铅质断裂盖，光滑而圆整，上面印有古井图案和“注册商标”字样。假冒酒中也有使用真酒瓶装盛假酒的，但一般都瓶盖断裂，封口不圆整。

③酒质鉴别：真酒具有色清透明、杯满不溢、窖香浓郁、绵甜净爽的特点，而假酒的酒体浑浊，有杂质漂浮，味道麻辣苦涩，有的还含有大量铅、甲醇及其他物质，有害人体健康。

（5）鉴别贵州董酒的真伪　董酒产于贵州省遵义市董酒厂，厂址在北郊董公寺，因酒创于此地而得名。董酒属于大曲其他香型白酒，它既有大曲酒的浓郁芳香，又有小曲酒的柔绵、醇和、回甜，还有淡雅的药香和爽口的微酸。酒体丰满而协调，酒度分酒精体积分数50%和60%两种。该酒特点是酒液清澈透明，香气幽雅舒适，入口醇和浓郁，饮后甘爽味长。

感官鉴别贵州董酒的真假可用以下方法。

①商标和包装鉴别：真的董酒商标为全瓶贴注册一套两张，一张大一张小。大张商标近似槐形，镶黑边，上边大部分为白底，中间有草书“董酒”两个金字，右上角为“贵州董酒”四字的汉语拼音，拼音下方有金色齿轮图案框住的“优”字，白底左下方篆刻印章为红色的“中国名酒”字样，瓶贴下方（即桃形纸尖）有1/5为橘红色，上印黑色仿宋体企业名称和汉语拼音字样。颈标上的橘红色和白色各占一半，呈长条形，上下有黑边，橘红色的上

半部印有“贵州董酒”四字的拼音字母，白色的下半部上印有“中国名酒”四字，中间是金色圆圈环绕的一个“董”字，为金色隶书体。该酒的封口已从 1987 年 8 月起全部改为金属防盗盖。

假冒“董酒”的商标是假的，纸张和印刷质量均差，色彩不准，无橘红色。颈标上的“董”字和瓶贴上的“董酒”两字以及“优”字和齿轮图案，均没有打拱烫金，字色不是金色而是黄色。字体与真酒有明显差异，笔划粗细不匀。有些假商标虽然也打拱烫金，但是字不凸起，酒瓶也是假的。假酒往往采用与董酒相似的瓶子或回收的董酒瓶，重新封口上胶，再贴上伪造的商品标识。

②酒质鉴别：真董酒的特点如前面所述，品质上乘。而假“董酒”多是杂质酒，口感粗糙，有的甚至是用酒精和水兑制的，根本不可能有真酒的香味。

（6）鉴别山西汾酒的真伪　汾酒产于山西省杏花村汾酒厂，是我国古老的名酒之一。在酒文化的历史长河中，汾酒形成了自己独特的风格，即酒液清洌，晶莹透明，清香纯正，柔和爽口，回甜生津，入口绵，落口甜，饮后余香，素以色、香、味“三绝”著称。目前，汾酒厂已生产出酒精体积分数 65%、60%、53%、48%的系列化产品。

感官鉴别山西汾酒真假的方法。

①商标鉴别：汾酒的注册商标为“汾”牌和“古井亭”牌。“汾”牌注册商标是一个圆圈里面加行书体“汾”字，“汾”字金黄透亮，与周围圆圈无接触处，商标两边的英文字母清晰。“古井亭”商标由古井亭正面图案和“古井亭”三字组成，图中亭顶除翘起的两个黑角外，共有 16 条竖直黑线，代表着亭瓦宽度，应宽窄间隔均匀，所描的金线也清晰，亭檐下黑底金枢匾额上有“古井亭”三个金字。

“汾酒”二字和古井亭图案均为凸版印刷，印制精美，色泽鲜艳，边裁整齐。注册商标两边以外径为 15mm 的 1915 年巴拿马赛会一等奖章和 1963 年全国评酒会金质奖章图案为装饰，“注册商标”中的“册”字有意写成了“朋”。

假“汾酒”的字表面无光亮，且与圆圈接触，两枚奖章图案印制粗糙，字迹普遍模糊而无光亮，亭顶黑线不是 16 条，亭檐下“古井亭”三字很难看清楚，注册商标上的“册”字写法与真品不同。

②颈标鉴别：汾酒的颈标字迹工整清晰。假“汾酒”的颈标印刷粗糙，有的把“酒”字误写为“洒”字，陶瓷的颈标字迹不清楚，红颜色相互渗透严重。

③瓶盖鉴别：玻璃瓶装汾酒的瓶盖用进口铝材制成，螺纹防盗盖上印有古井亭图案，整齐清晰且附加装饰，防盗盖为黄色，并印有杏花村和唐人杜牧诗句，配有“汾酒”字样的封口标。瓶盖内壁为银白色，内垫有弹性的白色硬

质塑料垫，封口整齐。瓶盖外壁螺纹处有红箭头指示开启方向，并有英文“open”字样。呈琵琶型的瓷瓶装汾酒，是塑料盖和胶帽封口，再加“中国名酒”字样的封口条；瓶身上有杏花村彩图和杜牧的诗句，上下均有花边。

假“汾酒”的瓶盖用料不一，盖上古井亭图案不清晰，有脱落现象。瓶盖内壁色泽灰暗或涂了黄色，内垫为纸垫或暗黄色塑料垫，封口不整齐。瓶盖外壁没有开口指示箭头和英文。

④酒质鉴别：汾酒酒液无色，清澈透明，没有沉淀和悬浮物。假酒的酒色不正，发白或浑浊。真汾酒酒香纯净，醇厚爽口，回味生津，酒体自然协调，饮后余香悠久。假“汾酒”的香味杂，酒度不一，有害于人体健康的物质含量往往超标。

（7）真假郎酒的鉴别　郎酒，原名回沙郎酒，用优质的郎泉水酿造，因而得名。郎酒是国家名酒，属酱香型，工艺与茅台酒相似，但又有自己的独到之处，其酒质红泽微黄，清澈透明，酱香突出。

郎酒素以酱香浓郁、幽雅细腻、酒体丰满、回味绵长、空杯留香长而著称，同时兼具“饮时不刺喉，饮后不口干、不上头”的独特风格。

目前市场上仿冒该酒猖獗，故对于郎酒必须特别注意鉴别。

①真郎酒瓶标上写有“中国名酒”及“获国家金质奖”字样，假的郎酒则一般不写，同时注意方圆认证标记。

②真郎酒的全名称是“郎酒”，仅两字而已，瓶贴上有一个特大而醒目的红色“郎”字，右下方有一个小篆体“酒”字。假冒者虽然一般都能把“郎”字仿得比较相像，甚至很逼真，但小号篆体的“酒”字却一般都写不好，或者写成“曲”、“窖”等字，连起来就是“郎曲”，“郎窖”等，这些都是假酒。

③真郎酒的瓶贴上部有金质奖章图案，左下方有厂名“四川省古蔺郎酒厂”字样。假郎酒没有奖章图案，厂名一般都写成“四川省在蔺郎酒厂”，与真的厂名仅一字之差。

④包装装潢：包装瓶系乳白色圆柱瓶，银灰色金属防盗盖，瓶上部为万字格图样，瓶下部为凹凸线条，瓶颈部系有红色飘带。

商标突出大郎字，“郎”字上红，下带黑色，底边有金黄色山水图样，郎字左下角是篆体“酒”字，四边套红。

（8）真假剑南春酒的鉴别　剑南春酒产于四川省绵竹市剑南春酒厂，属浓香型白酒，是酒中佳品，历次中国名酒的评选中均榜上有名。为了防止假冒，剑南春酒厂多年来采取了一系列重要的保护措施，这样更有利于消费者感官鉴别酒的真伪，依法保护自己的正当权益。

①瓶盖鉴别：自 1987 年 3 月起，500mL 装各种瓶型剑南春酒均使用防盗

整封口，盖为乳白色金属铝，整面直径 2.9cm，分别标有外销用“长江大桥牌”和内销用“剑南春牌”两种注册商标。瓶盖上部标有“中国四川绵竹剑南春酒厂”红色字样，中部标有“中国名酒”和“MIAN ZHU JIAN NAN CHUN WINERY”、“SICHUANCHINA”字样，英文字以下为断裂线，使用时只要旋转盖子，从断裂线处就会自动断掉 0.5cm，使瓶盖总高由 3.3cm 降为 2.8cm，作为启开过的标识。

②封签鉴别：250mL 以下规格剑南春酒，多使用塑料盖和封签封口，封签为淡绿色，印有绿色篆体字“四川绵竹剑南春酒厂”字样，整齐美观，印刷清晰。

③商标质量鉴别：剑南春酒的商标全部实行定点印刷，印刷质量高而稳定，图案、文字均很清晰。盗印的商标多是模糊不清，或者套色不准确。

④酒质鉴别：剑南春酒有“窖香浓郁”、“余味悠长”、“醇和回甜、清洌净爽”三个特点。因该酒的真品是选用老窖发酵，长时间地用陶罐储存老熟，酒又属于浓香型，所以瓶盖一开，香飘满室。该酒入口和顺，口感纯净爽适，没有强烈刺激，回味香甜，余香长。假酒一般都没有香气或香气不浓，也有加香过度而产生暴香异气的，酒色不正，酒体发浑，透明度差。

(9) 真假西凤酒的鉴别

①真品：陕西省西凤酒厂生产。全瓶贴注册，原为“凤凰牌”注册商标，于 1987 年 7 月 18 日停止使用。现商标为烫金压鼓版，上印“西凤酒”三字，牡丹花图案，手摸有凸感，花大面实，叶是实心的。颜色和谐、美观，产地字体小而清晰。整个商标为机器裁边，整齐，铅制瓶盖，机器镶边，为扭断式防盗盖。瓶底印有“西凤酒专用”字样和“8”或“凸”标记。酒质沉香优雅，甘味挺爽，酒液无色，清凉透明，无沉淀，无悬浮物。摇动瓶子后泡沫消失较慢。

②假品：烫金粗糙，凹凸感不明显，花小，叶是空心。商标印刷颜色不均，淡旧，切边不齐，细看弧角似用剪子剪的。产地字体大小不一，且粗糙。瓶盖多为马口铁手工铡成，封口不齐，瓶盖不易扭断，封口胶发红，无内塞。酒质低劣，摇动后泡沫消失快，有浑浊感。

4. 啤酒感官鉴别的基本方法

(1) 啤酒的概述　啤酒是以大麦芽，啤酒花和水为主要原料，不发芽谷物（如大米、玉米等）为辅料，经糖化发酵酿制成的富含多种营养成分的低度饮料酒。如按供给人体热能计算，1L 啤酒相当于 0.7L 牛奶的营养。

所谓啤酒度数，是指原麦汁的质量百分比浓度，而不是酒精含量。如 12°啤酒，酒精含量只有 3.5% ~4.0%。

啤酒的典型性：即啤酒作为一种营养性低酒精度的饮料酒，它所具有的特点（典型性）表现在以下几个主要方面。

色泽——啤酒的色泽可分为淡色，浓色和黑色三种，优良的啤酒不管颜色深浅均应具有醒目的光泽，暗而无光的不是好啤酒。

透明度——啤酒在规定的保质期内，必须保持其洁净透明的特点，不应有任何浑浊或沉淀现象发生。

泡沫——泡沫是啤酒的重要特征之一，啤酒也是惟一以泡沫体为主要质量指标的酒精类饮料。

风味和酒体——一般日常生活中常见的淡色啤酒应具有明显的酒花香味和细微的酒花苦味，入口稍苦而不长，酒体爽而不淡，柔和适口。

二氧化碳含量——具有饱和充足的二氧化碳，能赋予啤酒杀口力，给人以舒适的刺激感。

饮用温度——啤酒的饮用温度很重要。在适宜的温度下饮用，酒液中很多有益成分的作用就能协调互补，给人以一种舒适爽快的感觉。啤酒宜在较低的温度下饮用，以12℃左右为好。

（2）啤酒的简单分类　按颜色深浅可将啤酒分为淡色啤酒、浓色啤酒和黑啤酒。按包装容器可分为瓶装啤酒、罐装啤酒和桶装啤酒。按生产方法可分为熟啤酒（经巴氏杀菌）和鲜啤酒（不经巴氏杀菌），另外当今还有一种经过滤除菌的啤酒称为“纯鲜啤酒”。啤酒有鲜与熟之分，鲜啤酒又名生啤酒，但它并不是生的。无论生、熟啤酒，其酿造过程基本上是一样的，所选用的原料也一样，都是用麦芽、大米、酒花和水，经过70℃的温度糖化、煮沸后添加酵母发酵、过滤酿造而成。其不同之处如下：

熟啤酒：发酵成熟的啤酒经过滤后，使酒液清亮透明，经过罐装入瓶加盖，由输送带传入喷淋机内，用水低温逐渐升温到65℃，保持40min，即巴氏灭菌的啤酒，这种经过灭菌的酒，叫熟啤酒。其品质特点是，发酵时间长，不带鲜酵母，稳定性好，不易变质，保存时间长，在12～15℃的条件下，保存期可达40～120d。

鲜啤酒：是未经过巴氏灭菌的啤酒。其品质特点是，口味淡雅清爽，酒花香味显著，特别是由于啤酒发酵的微生物——酵母菌仍生存于酒液中，因此鲜啤酒更易于开胃健脾，营养较熟啤酒丰富。啤酒的酵母菌是由碳、氢、氧和各种矿物质元素组成的细胞体，含有较多的维生素，所以啤酒酵母并无毒素。经常饮用鲜啤酒大有裨益。但由于鲜啤酒未经灭菌，酵母菌还会在酒液中繁殖，会使啤酒浑浊，因此，零售的散装鲜啤酒适宜现买现喝，不宜存放。

（3）啤酒的感官检验　啤酒的感官检验可以简单地归纳为看、闻、品。

①看：首先看啤酒的透明度、色泽和泡沫。瓶装啤酒对着光线观察其透明度，然后将酒瓶倒置，这样可明显观察是否有沉淀物。开瓶后将酒倒入透明玻

璃杯中，观察其颜色的深浅，是否有光泽。

啤酒的泡沫是啤酒质量感官鉴别的一项重要指标。除了要求啤酒的泡沫洁白、细腻外，还要求啤酒的泡沫具有持泡性和挂杯性。所谓持泡性就是要求泡沫消失较慢。沫层在 3cm 左右、能持久 3min 以上者为优。挂杯性就是在啤酒泡沫散落后，杯壁仍挂有泡沫。另外，鉴别酒的酒具要清洁，切忌沾有油污，否则会影响啤酒的泡沫质量。啤酒泡沫的多少还与斟酒技术和储藏的方式等有一定的关系。

②闻：靠近啤酒杯上口处，轻轻吸气闻。凡有明显的酒花香、纯洁的麦芽香和酯香者为优，如有生酒花味、老化味、铁腥味、酸味、有异味或其他怪味者为劣。

③品：优质啤酒落口既有清爽、鲜美的感觉又有酒花和麦芽的清香。口感协调、纯厚、柔和、无甜味、苦味清爽消失快而无明显涩味感。回味舒适纯正，有碳酸气刺激感（即所谓杀口感）者质量上乘。如回味甜涩，有酵母臭味、焦糖味、麦皮味、酸味等异味，或饮后感到似水单调无味者，均属劣质啤酒。

（4）啤酒的感官标准

①色泽鉴别

良质啤酒——浅黄色带绿，不呈暗色，有醒目光泽，清亮透明，无明显悬浮物。

次质啤酒——色淡黄或稍深些，透明或有光泽，有少许悬浮物或沉淀。

劣质啤酒——色泽暗而无光或失光，有明显悬浮物和沉淀物，严重者酒体浑浊。

②泡沫鉴别

良质啤酒——倒入杯中时起泡力强，泡沫达 1/2 ~ 2/3 杯高，洁白细腻，挂杯持久（4min 以上）。

次质啤酒——倒入杯中泡沫升起，色较洁白，挂杯时间持续 2min 以上。

劣质啤酒——倒入杯中稍有泡沫且消散很快，有的根本不起泡沫，起泡者泡沫粗黄，不挂杯，似一杯冷茶水状。

③香气鉴别

良质啤酒——有明显的酒花香气，无生酒花味，无老化味及其他异味。

次质啤酒——有酒花香气但不明显，也没有明显的异味和怪味。

劣质啤酒——无酒花香气，有怪异气味。

④口味鉴别

良质啤酒——口味纯正，酒香明显，无任何异杂滋味。酒质清冽，酒体协调柔和，杀口力强，苦味细腻微弱且略显愉快，无后苦，有再饮欲。

次质啤酒——口味较纯正，无明显的异味，酒体较协调，具有一定杀口力。

劣质啤酒——味不正，有明显的异杂味、怪味，如酸味或甜味过于浓重，有铁腥味，苦涩味或淡而无味，严重者不堪入口。

5. 果酒和葡萄酒的感官鉴别的基本方法

（1）鉴别果酒的质量　果酒是将各种水果汁直接发酵（或经勾兑）后酿成的低度酒。一般的酒精含量为12% ~18%。果酒含有各种维生素及矿物质，并具有原来果实的芳香和酒的醇美，口味甜润。果酒基本上以原来鲜果命名，如苹果酒、荔枝酒、橘子酒和杨梅酒等。果酒的酿造以葡萄酒为代表，其他果酒的酿造方法与葡萄酒基本相似。果酒酿造方法基本上分为混合发酵法（即原料水果皮肉混合在一起发酵，这种方法多用来酿造深色果酒或红葡萄酒）和分离发酵法（即把原料水果的皮与肉分开，单独用果汁进行发酵，这种方法多用来酿造浅色果酒或白葡萄酒）。总之，葡萄或其他水果在酿造过程中发生了深刻的变化，一部分糖分变为酒精，含氰物、丹宁等成分减少了，芳香物质增加了，形成了果酒的特殊风味。

①外观鉴别：应具有原果实的真实色泽，酒液清亮透明，具有光泽，无悬浮物、沉淀物和浑浊现象。

②香气鉴别：果酒一般应具有原果实特有的香气，陈酒还应具有浓郁的酒香，而且一般都是果香与酒香混为一体。酒香越丰富，酒的品质越好。

③滋味鉴别：应该酸甜适口，醇厚纯净而无异味，甜型酒要甜而不腻，干型酒要干而不涩，不得有突出的酒精气味。

④酒度鉴别：我国国产果酒的酒度多在酒精体积分数12% ~18%范围内。

（2）红葡萄酒与白葡萄酒的区别　市场上常见的葡萄酒，有红葡萄酒和白葡萄酒。不少人认为红葡萄酒是用红葡萄生产的，白葡萄酒是用白葡萄生产的，这是一种误解。红葡萄酒与白葡萄酒的主要区别，在于加工的方法不同，生产出的产品有红与白之分。

①红葡萄酒：红葡萄酒是用红色或紫色葡萄为原料，采用皮、汁混合发酵而成。果皮中的色素和丹宁在发酵过程中溶于酒中，因此酒色呈暗红或红色，酒液澄清透明，含糖量较多，酸度适中，口味甘美，微酸带涩，香气芬芳。

②白葡萄酒：白葡萄酒是用皮红汁白或皮汁皆白的葡萄为原料，将葡萄先拧压成汁，再将汁单独发酵制成。由于葡萄的皮与汁分离，而且色素大部分存在于果皮中，故白葡萄酒色泽淡黄，酒液澄清，透明，含糖量高于红葡萄酒，酸度稍高，口味纯正，甜酸爽口，香气芬芳。

五、酒类的感官鉴别与食用原则

（1）良质酒应是色泽、香气、滋味均良好，不应有变色、沉淀、变味等现象，这类酒在销售和食用过程中可不受限制。

（2）次质酒一般可以食用，但如发现有明显的变色、退色或变味及大量沉淀等现象则应禁止食用，可以改作它用。次质酒虽然可以饮用，但应尽快食用或限期售完。

（3）劣质酒不得食用。劣质白酒可以加工酒精用。

第九节　茶叶类鉴别

茶叶为山茶科植物茶树的叶子经加工制成的饮品。我国的茶叶种类甚多，花色品种更是纷繁复杂，根据制作方法不同和商业经营的习惯，一般将茶叶分为红茶、绿茶、花茶、黄茶、黑茶、青茶等六大类。茶叶品质的优劣、新陈、真假主要是通过感官方法鉴别的。

茶叶质量的感官鉴别可分两个阶段进行，即茶叶的外形审评和茶叶的内质审评。

一、茶叶的外形审评

茶叶的外形审评即“干看”，“干看”包括对茶叶的形态、嫩度、色泽、净度、香气、滋味等六方面指标的体察与目测。不同种类的茶叶外形各异，但一般都是以细密、紧固、光滑、质量等作为衡量标准的，这是共性。接着观察茶叶的油润程度、芽尖和白毫的多寡，茶梗、籽、片、末的含量，并由此来判断茶叶的色泽、嫩度和净度，最后通过鼻嗅和口嚼来评价茶香是否浓郁，有无苦、涩、霉、焦等味。具体判断方法如下。

1. 外形鉴别

优质茶叶：绿茶、红茶、花茶以条索紧固、圆直光滑、质重匀齐者为优质；乌龙茶以条索肥壮、圆芽的外形颗粒形圆而紧实者为佳，越圆越紧越细越重就越好。外形呈条索状的茶叶，以条索紧细、圆直光滑、质重匀齐者为优质；外形呈圆形状的茶叶，以越圆越紧越细光滑而质重者为优良；外形扁平的茶叶，以平扁挺直光滑为上品。

劣质茶叶：条索、圆形、扁平三种形状的茶叶，凡是外形看上去粗糙、松散、结块、热曲、短碎者均为次质。

2. 净度鉴别

茶叶的净度主要是通过茶叶中的茶梗、籽、片、末的含量和非茶类杂质的有无来鉴别的。

优质茶叶：茶叶洁净，无茶梗、无非茶类杂质。

劣质茶叶：茶叶中含有少量的茶梗或少许茶籽、碎末等。

3. 嫩度鉴别

嫩度鉴别即通过芽尖和白毫的多少来判断叶质的老嫩程度。

优质茶叶：芽尖和白毫多的为上品，做出的茶叶条索紧实、色泽黝黑，身首重实。

劣质茶叶：没有芽尖和白毫，或存在较少，茶叶外形粗糙，叶质老，身首轻。

4. 色泽鉴别

色泽鉴别主要是看干茶的色度和光泽度，色泽状况如何，也能反映出茶叶原料的鲜嫩程度和加工的优劣。

优质茶叶：红茶、花茶以深褐色或青黑色、油润光亮的为上品；绿茶以茶芽多有翠绿色、油润光亮的为上品；乌龙茶以红、青、白三色明显的为上品；紧压茶以色泽黝黑者为优。

劣质茶叶：无论是何品种的茶叶，凡是有色泽深浅不一、枯干、花杂、细碎、灰暗而无光泽等情况的均为劣质茶叶。

5. 香气和滋味鉴别

拿一撮茶叶放在手掌中，用嘴哈气，使茶叶受微热而发出香味，仔细嗅闻即可。另将少许茶叶置口中慢慢细嚼，细品其滋味。

优质茶叶：具有本品种特有的正常茶香气，如是花茶，还应具有所添加鲜花的香气，香气馥郁、清雅；用嘴咬嚼干茶，可感觉出微苦，甘香浓烈，余香清爽回荡。好茶的滋味鲜爽，并具有较强的收敛性。

劣质茶叶：香气淡薄或无香气，滋味苦涩，有的甚至发出青草味、烟焦味、霉味或其他异常气味，口感苦涩不堪。

二、茶叶的内质审评

茶叶的内在品质鉴别也称“湿看”，“湿看”包括对茶叶冲泡成茶汤后的汤色、气味、滋味、叶底等项内容的鉴别。即观察茶汤的色度、亮度和清浊度，闻一闻茶汤的香气是否醇厚浓郁，品尝其味道是否醇香甘甜，叶底的色泽、厚薄与软硬程度等。具体方法如下：

将 3g 左右的茶叶用沸水 150 ~ 180mL 沏开，待泡好之后即可进行鉴别。

1. 汤色鉴别

汤色鉴别主要是看茶汤的色度、亮度、清浊度，但应注意该项鉴别应在茶汤沏泡好后立即进行，否则待茶汤冷却后不但汤色不好、色泽较深，而且还会出现“冷浑浊”。

优质茶叶：茶汤色泽艳丽、澄清透明，无混杂，说明茶叶鲜嫩，加工充分，水中浸出物多，质量好。例如，红茶汤应红浓明亮，绿茶汤应碧绿清澈，乌龙茶汤应为橙黄色鲜亮，花茶汤应为蜜黄色明亮。

劣质茶叶：茶汤亮度差，色淡，略有浑浊。如陈茶或霉变茶的茶汤，则无光泽，色暗淡，浑浊。

2. 气味鉴别

虽然干闻也能辨别茶叶的香气，但终不及湿闻时更为明显。取一杯冲泡好的茶水，不要把杯盖完全揭开，只需稍稍掀开一道缝并把它靠近鼻孔，嗅闻后仍旧盖好放回原位。

优质茶叶：具有本品种茶叶的正常香气，香气应清爽、醇厚、浓郁、持久，并且新鲜纯正，没有其他异味。

劣质茶叶：香气淡薄，持续时间短，无新茶的新鲜气味，有的甚至具有烟焦、发馊、霉变等异常气味。

3. 滋味鉴别

优质红茶：以醇厚甘甜为优，喉间回味长。劣质红茶：味淡、苦涩，无回味或回味短。

优质绿茶：先感稍涩，而后转甘，鲜爽醇厚。劣质绿茶：味淡薄，苦涩或略有焦味。

优质花茶：滋味清爽甘甜，鲜花香气明显。劣质花茶：味淡薄，回味短。

优质乌龙茶：具有红、绿茶相结合的甘甜醇厚感觉，回味优美而持久。劣质乌龙茶：味平淡，涩口，回味短。

4. 叶底鉴别

茶叶叶底的色泽和软硬，可以反映出鲜叶原料的老嫩；叶底的色泽还与汤色有密切的关系，叶底色泽鲜亮与浑暗，往往和汤色的明亮与浑浊是一致的。茶叶叶底柔软者说明所用原料鲜叶比较细嫩；粗老的鲜叶制成的茶，其叶底也比较粗硬。鉴别叶底的软硬、薄厚和老嫩程度时，除用日光观察外，还可借助于手指按压、牙齿咬嚼等方式。

优质红茶：红艳鲜明。劣质红茶：粗老、色泽发暗。

优质绿茶：翠绿而明亮的细嫩鲜叶，在叶底背面有白色毫毛。劣质绿茶：粗老、灰黄、破碎，若绿茶调青不及时或不彻底，还会出现红叶或红梗。

优质花茶：绿色均匀、稍带黄且明亮。劣质花茶：色泽褐暗杂而不匀。

优质乌龙茶：其叶底应是绿叶镶红边，即叶脉和叶缘部分为红色，其余部分为绿色。劣质乌龙茶：叶底色暗发乌。

第十节　糖与糖果制品鉴别

一、食糖质量优劣的感官鉴别

食糖是人们生活中不可缺少的食品，也是生产制作粮油食品的主要辅料，其质量的优劣十分重要。目前，市场上食糖品种繁多，来路较广，质量不一。从以下几个方面可以鉴别食糖优劣。

1. 从颜色上观察

白砂糖应是洁白光亮，绵白糖应是色泽雪白；机制的红砂糖应是红褐或黄褐，土制红糖有红褐、黄褐、青褐和赤红等颜色，色泽深浅不一，色浅的质量较好；冰糖应是无色透明或略微发红，但以无色透明的为好，凡是颜色发黄、发暗，多属于受潮引起的。

2. 从结晶颗粒上观察

优质的砂糖晶体颗粒均匀一致，富有光泽，晶面明显，松散而不粘手；绵白糖晶粒较小、均匀、绵软，无结块现象。

3. 从其他感官方面观察

好的食糖应清洁卫生，为不含其他夹杂物的纯净物质。在水中溶解后，溶液应当是清澈透明的，没有任何悬浮物、沉淀或浑浊现象。

劣质食糖多是由于掺假、掺杂所造成。食糖的掺假物一般有淀粉类和矿物质。市场上也发现有把精盐掺入白糖出售的，但这只要凭感官检查即可鉴别出来。

4. 食糖掺入淀粉的鉴别检验

掺入有淀粉的食糖，其糖溶液混浊不清，如借助于显微镜观察则有小颗粒状物质存在；同时还可以加碘液观察，如果产生蓝色碘淀粉络合物，即可判定有淀粉类存在。

5. 食糖掺入矿物质的检验

食糖掺假的矿物质大致有石膏、硫酸钡、红黏土等。凡含有这类杂质的食糖溶液呈浑浊状态，味道苦涩不甜，灰分含量也相应增加。掺红黏土的食糖，口感还会牙碜，具有土腥味。

二、块糖质量优劣的感官鉴别

1. 硬糖

优质硬糖应光亮透明，粒型整齐，无大的气泡和杂质，不粘牙，不粘纸，糖味鲜美纯正，无异味。达不到此标准者为次品。

2. 奶糖

优质奶糖表面光滑，口感细腻，软硬适中，富有弹性。不粘牙，不粘纸，无杂质。达不到以上标准者，为次品。

3. 方糖

优质方糖在洁净的水中溶解速度快，溶液清晰，无杂质沉淀；其外观应洁白平正，富有光泽，无缺边、断角、裂纹，口味清甜，无异味。发黄、发暗或缺边、断角的为次品。

三、巧克力质量优劣的感官鉴别

近几年来，市场上巧克力食品逐渐增多，尤其是儿童食品，购买时区别优劣很重要。

正规的巧克力分为奶油型和香草型两种，前者偏于奶油香味，后者属可可型的苦香味。制作巧克力对配料比例要求相当严格，不当的配比会影响其口味和质量。高质量的巧克力口感越细腻越好，甜度越低越好。入口后需迅速溶化并伴有奶昔香味或苦香味。近年，一些小的巧克力生产厂家使用不够等级的原料，靠加大糖度或减少必要的工艺流程来降低成本，使得一些低档、劣质的巧克力涌进市场。这些巧克力口感粗，甜度高，味道不纯正，入口溶化慢，吃后有一种粘舌头的感觉。

第十一节　果品类鉴别

果品类的感官检验的具体内容，虽因其种类不同而有差异，但其主要内容有以下四方面。

一、色　　泽

果品的色泽是撩人食欲的极为重要的方面，亦是首要的因素。很多果品都有其相对固定的色泽，如苹果脯为橙黄色透明，山楂脯为鲜红色，杏脯为浅黄或橘黄色等。因此，果品的色泽应鲜明、均匀，并符合该成品应有的色泽。其色泽可用标准色板作对比来得到。

二、形　　态

各种果品的形态是感官检验的重要内容之一，它标志着果品质量优劣程度。形态是用肉眼来观察果品的外形，观察它的形状大小，是否完整、表面状态、形体均匀度、形状种类等诸多情况，来确认该产品质量的高低。

对果品的形态要求：首先大小应均匀，如蜜枣，其原料大小差异较大，但若成品颗粒差异也大，则有损整体质量；其次形状应统一，是片状都是片状，条状都是条状，不能混在一起；再次外形要完整一致，不能差得太多；四是果品的表面状态应符合要求，如苹果脯的表面不能流糖、不返沙、不粘手；山楂脯的个粒要完整，不破不烂、籽巢挖净等。

三、组　织

果品的组织状况与口感有密切的关系。当果品入口以后，在咀嚼、品尝过程中，其组织状况的优劣则尽在口中了，或柔嫩、或脆嫩、或松软、或有沙感、或存渣、或坚硬等。一般来说，柔嫩、脆嫩、柔韧等口感是正常果品组织的感觉，而松软、有沙感、干缩、有渣、坚硬的口感是低劣产品的品质体现。

四、滋味和气味

果品的滋味是用味觉来检验的。果品是一种高糖制品，在突出甜味的同时，使酸味和咸味与之协调配合，将使风味别具一格。如橄榄，若全部是甜味，此产品很难得到大家的认同，而若酸味和咸味过浓，又会使果品味道变劣。

果品的香气是由嗅觉来感受的，合适的香气能增加消费者的心理愉快感，激发人们的食欲，亦是衡量果品质量的重要指标。

果品的滋味和香气有密切的关系。当人们在食用果品时，除了能感受到各种滋味外，同时还能感受到果品中的呈香物质所产生的香气。各种果品都应滋味和顺，香气纯正，符合该产品应有的风味，无异味、异臭。

第十二节　罐头类鉴别

一、罐头类食品的概述

罐头类食品是以各种原料（水果、蔬菜、水产、肉、禽、乳类及各种食用资源）经加工调味装入容器中在经排气，密封，杀菌，冷却处理制成的别具风味能长期保存的一种食品。罐头的品种繁多，分类方法各有不同。

1. 按罐藏原料分

（1）肉类罐头　主要原料有猪、牛、羊肉，如原汁猪肉、红烧猪肉、清蒸猪肉、咖喱羊肉等。

（2）禽类罐头　主要原料有鸡、鸭、鹅，如红烧鸡、香菇鸭、五香鹅等。

（3）水产品罐头　主要原料有鱼、虾、贝，如油浸青鱼、茄汁鲤鱼、五香风尾鱼、清蒸对虾、红烧赤贝等。

(4) 水果罐头　主要原料是各种水果，如糖水橘子、糖水菠萝、糖浆无花果等。

(5) 蔬菜罐头　主要原料是各种蔬菜，如青刀豆、酸黄瓜、油焖笋、鲜蘑菇、番茄酱、酸辣菜等。

其他不属于上列各类的罐头，都列入其他罐头，如花生米、茄汁黄豆、蛋炒饭、蜜糖莲子等。

2. 按加工方法分

(1) 清蒸类罐头　清蒸类罐头为原料经过初步加工，不经烹调而直接装罐所制成。为保持原有食品特有的风味，只加入少量的食盐（或稀盐水）及香料，如清蒸猪肉、清蒸对虾。原汁类罐头，也属于清蒸类罐头不加汤汁，而原汁罐头中要加入汤汁，例如原汁猪肉、原汁酢鱼。

(2) 调料类罐头　这类罐头先把原料加上配料，调味品进行初步加工；或是先将原料装罐，再注入调味液和配料，以适应消费者的口味，如红烧猪肉、五香刀鱼等。

(3) 油浸类罐头　这类罐头是先将原料进行加工，如蒸煮、熏制、油炸后装罐，再注入精炼食物油，使之别具风味如油浸鲭鱼、油漫烟熏鳗鱼等。

(4) 糖水、糖浆类罐头　这类罐头的主要原料是水果，也有少部分用蔬菜作原料。先将初步加工整理后的原料装罐，再注入14%～18%的糖水，称为糖水罐头。如果先将原料在糖浆中熬煮，取出装罐，再注入浓度70%左右的糖浆，称为糖浆罐头或液态蜜饯罐头。

(5) 果酱类罐头　这类罐头的原料为水果。先把原料切碎、打浆、熬煮成酱状浓稠食品，浓缩后装罐，如苹果酱、桃子酱等。

(6) 果汁类罐头　原料为水果，先将原料洗净、整理、压榨而得汁液，经过滤（有的不过滤）、加糖（有的不加糖），浓缩后装罐，如杨梅汁、橙汁。

(7) 茄果类罐头　原料为番茄，制成番茄酱，番茄汁等。

3. 按罐藏容器分

(1) 铁盒罐头　包装用马口铁制成，是目前使用最广泛的容器。铁盒罐头有竖圆型、平圆型、梯型、方型等。其优点：柔软、易于弯曲、拉伸、冲压，重量比玻璃罐轻，不易破碎断裂，便于携带、运输和保管，导热性能好，杀菌时间短，在冷热急剧变化时，不易破裂。缺点：成本高，化学稳定性差，易与罐内食品发生作用，使铁皮腐蚀而导致罐内食品变质。

(2) 玻璃罐头　用玻璃制成的容器，优点：透明，便于消费者观察和选择；化学性质稳定，抗酸抗硫性强，不与食品发生作用而产生变色、变味、变质，尤其适宜装水果、蔬菜及其他酸性较强的食品，原料丰富，价格便宜，并可回收复用。缺点：较笨重，易破碎，运输不便，导热性较差。

(3) 塑料罐头　采用聚丙烯塑料薄片容器作罐身，盖膜是用复合薄膜热熔封口而成。封口后灭菌处理。罐身有透明和乳白色两种材料，形状和规格多种。盖膜有单层的聚丙烯，也有二层或三层的复合薄膜。此罐具有耐高温、无锈蚀、重量轻、价格低、开罐方便和陈列性好等优点。上海喜临门食品厂和油脂二厂曾用它灌装豆沙和冰淇淋，深受消费者欢迎。

(4) 软罐头　用多层复合薄膜制作加工而成。上海食品工业研究所研制的软罐头，一般分为三层：最外层是聚酯塑料薄膜，它具有一定的强度，耐穿刺，耐摩擦，适宜印刷；中间一层是铝箔，具有隔绝空气和遮光性能；最里层为变性聚乙烯塑料薄膜，它无毒、无害，符合食品安全卫生条例的要求，并能热熔封口。优点是轻巧、卫生、实用、携带方便，可以大大减轻商品的运输量，目前国外已普遍采用，有广阔的发展前景。

铝罐、不锈钢罐等，目前很少采用，在此不作介绍。

二、罐头类食品的感官检验

(一) 罐头的感官鉴别要点

根据罐头的包装材质不同，可将市售罐头粗略分为马口铁听装和玻璃瓶装两种（软包装罐头不太常见，本文不述及）。所有罐头的感官鉴别都可以分为开罐前与开罐后两个阶段。

开罐前的鉴别主要依据眼看容器外观、手捏（按）罐盖、敲打听音和漏气检查四个方面进行，具体而言就是：

第一、眼看鉴别法。主要检查罐头封口是否严密，外表是否清洁，有无磨损及锈蚀情况，如外表污秽、变暗、起斑、边缘生锈等。如是玻璃瓶罐头，可以放置明亮处直接观察其内部质量情况，轻轻摇动后看内容物是否块形整齐，汤汁是否混浊，有无杂质异物等。

第二、手捏鉴别法。主要检查罐头有无胖听现象。可用手指按压马口铁罐头的底和盖，玻璃瓶罐头按压瓶盖即可，仔细观察有无胀罐现象。

第三、敲听鉴别法。主要用以检查罐头内容物质量情况，可用小木棍或手指敲击罐头的底盖中心，听其声响鉴别罐头的质量。良质罐头的声音清脆，发实音；次质和劣质罐头（包括内容物不足，空隙大的）声音浊、发空音，即“破破”的沙哑声。

第四、漏气鉴别法。罐头是否漏气，对于罐头的保存非常重要。进行漏气检查时，一般是将罐头沉入水中用手挤压其底部，如有漏气的地方就会发现小气泡。但检查时罐头淹没在水中不要移动，以免小气泡看不清楚。

开罐后的感官鉴别指标主要是色泽、气味、滋味和汤汁。首先应在开罐后目测罐头内容物的色泽是否正常，这里既包括了内容物又包括了汤汁，对于后者还应注意澄清程度，杂质情况等。其次是嗅其气味，看是否为该品种罐头所特有，然后品尝滋味，由于各类罐头的正常滋味人们都很熟悉和习惯，而且这项指标不受环境条件和工艺过程的过多影响，因此品尝一种罐头是否具有本固有的滋味，在感官鉴别时具有特别重要的意义。

（二）各类罐头食品的感官检验

1. 肉类罐头的质量鉴别

肉类罐头主要是指采用猪、牛、羊、兔、鸡等畜禽肉为原料，经过加工制成的罐头。其种类很多，根据加工和调味方法的不同可分为原汁清蒸类、腌制类、烟熏类、调味类等。

（1）容器外观鉴别

良质罐头——整洁、无损。

次质罐头——罐身出现假胖听、突角、凹瘪或锈蚀等缺陷之一，或氧化油标、封口处理不良（俗称有牙齿即单张铁皮咬合的情况）以及没留下罐头顶隙等。

劣质罐头——出现真胖听、焊节、沙眼、缺口或较大缺齿等。

（2）色泽鉴别

良质罐头——具有该品种的正常色泽，并应具备原料肉类应有的光泽与颜色。

次质罐头——较该品种正常色泽稍微变浅或加深，肉色光泽度差。

劣质罐头——肉色不正常，尤其是肉表面变色严重，切面色泽呈淡灰白色或褐色。

（3）气味和滋味鉴别

良质罐头——具有与该品种一致的特有风味，鲜美适口，肉块组织细嫩，香气浓郁。

次质罐头——尚能具有该品种所特有的风味，但气味和滋味差，或含有杂质。

劣质罐头——有明显的异味或酸臭味。

（4）汤汁鉴别

良质罐头——汤汁基本澄清，汤中肉的碎屑较少，有光泽，无杂质。

次质罐头——汤汁中肉的碎屑较多，色泽发暗或稍显混浊，有少许杂质。

劣质罐头——汤汁严重变色、严重混浊或含有恶性杂质。

（5）打检鉴别

良质罐头——敲击所听到的声音清脆。

次质罐头——敲击时发出空、闷声响。

劣质罐头——敲击时发出破锣声。

2. 水产类罐头的质量鉴别

水产类罐头主要是采用鱼、虾、蟹、贝等海产品及淡水鱼类为主要原料，经过加工制成的罐头，其主要品种有油浸类、清蒸类、调味类、原汁茄汁类等。

（1）容器外观鉴别

良质罐头——整洁无损。

次质罐头——假胖听、突角、生锈、氧化油标、大齿、单咬、无真空等。

劣质罐头——真胖听、爆节、沙眼、缺口、大齿或罐头内外污秽不洁，锈蚀严重。

（2）色泽鉴别

良质罐头——具有与该品种相应的正常色泽。

次质罐头——具有与该品种相应的色泽，但光泽差，变暗。

劣质罐头——色泽不正常，有严重的变色或呈黑褐色。

（3）气味和滋味鉴别

良质罐头——具有该品种所特有的风味。块形整齐而组织细嫩、气味和滋味适口而鲜美。

次质罐头——尚存有该品种所固有的风味，但气味和滋味都较差，无异味。

劣质罐头——有严重的腥臭味或有其他明显的异味。

（4）组织状态鉴别

良质罐头——块形大小整齐，组织紧密而不碎散，软硬适度，若为贝类则具有弹性，无杂质存在。

次质罐头——块形大小基本一致，组织较紧密，软硬尚适度，贝类也有弹性，个别情况有杂质，有的尚残存着去除不净的鳞片和鳍等。

劣质罐头——块形大小不一，碎块甚多，组织松软，贝类则无弹性，有严重的杂质或恶性杂质存在。

（5）打检鉴别

良质罐头——响声清脆。

次质罐头——响声发空或发闷。

劣质罐头——呈破锣响声。

3. 果蔬类罐头的质量鉴别

果蔬类罐头的主要原料有干鲜水果和蔬菜，用砂糖、柠檬酸、盐等作为辅料。果类罐头主要有糖浆类、糖水类、果汁类、干果类和果酱类。蔬菜罐头主要有清水类、调味类等。

(1) 容器外观鉴别

良质罐头——商标清晰醒目、清洁卫生，罐身完整无损。

次质罐头——假胖听、突角、锈蚀、凹瘪、氧化油标、大齿、单咬，无真空。

劣质罐头——真胖听、爆节、沙眼、缺口、大齿。

(2) 色泽鉴别

良质罐头——具有与该品种相应的色泽，均匀一致，具有光泽，色泽鲜艳。

次质罐头——尚具有与该品种相应的色泽，但色彩不鲜艳，果蔬块形较大，不够均匀。

劣质罐头——色泽与该品种应有的正常色泽不一致，常呈暗灰色，无光泽或有严重的光色、变色。

(3) 气味和滋味鉴别

良质罐头——具有该品种所特有的风味，果蔬块具有浓郁的芳香味，鲜美而酸甜适口。

次质罐头——尚具有该品种所特有的风味，芳香气味变淡，滋味较差。

劣质罐头——气味和滋味不正常，具有酸败味或严重的金属味。

(4) 汤汁鉴别

良质罐头——汤汁基本澄清，有光泽，无果皮，果核、菜梗等杂质存在。

次质罐头——汤汁稍显浑浊，尚有光泽，但有少量的残存果皮、果核、菜梗，或有其他杂质存在。

劣质罐头——汤汁严重浑浊或有恶性杂质。

(5) 打检鉴别

良质罐头——清脆响声。

次质罐头——响声发空或发闷。

劣质罐头——呈破锣响声。

三、市场罐头类食品鉴别

(一) 挑选罐头的方法

罐头食品都是密封的，内部质量好坏，数量多少，消费者是不清楚的。因此，在选购时，只能从罐头的外观去挑选。

(1) 看日期　选购罐头，一定要选择日期较近的罐头。

(2) 看商标上有生产厂的厂名　要选购梅林、长城等名牌产品，商标要新，无污损。

（3）看罐形　罐头的盖和底不得向外凸出，要向内凹进的，这种罐头的真空度大，产品质量就好，反之，说明罐头内的真空度小，产品质量差。消费者见到胖听罐头不要购买。铁罐表面应无锈蚀现象。

1. 怎样鉴别罐头的生产日期

罐头食品虽能较长时间的保存，但毕竟有一定的期限，如果保存时间过长，同样会发生质量变化。

根据轻工业标准，内销罐头必须在罐盖上打印工厂、品名代号、生产日期。打印的方法是：罐盖打字分三排，第一排是生产日期，采用6位数，按照年月日依次排列，年代号取公历的最后两位数，月代号，1月到9月份生产的罐头，前面加一个0，10月到12月份生产的罐头，不加0，如1月份生产的罐头，用01表示，11月份生产的罐头仍用11表示。日代号，1日到9日生产的罐头前面加0，10日到31日生产的罐头前面不加0。第二排是产品代号、产地及厂代号。产品代号由轻工业部统一规定，如1代表原汁猪肉罐头，805代表蘑菇罐头。产地代号用英文字母表示。厂代号，是用阿拉伯数字表示的，它写在产地代号的后面，如MI，表示安徽省蚌埠罐头厂，KI，表示江苏省南京罐头厂。第三排是罐头生产班次号，如一班生产的罐头，用1表示，二班生产的罐头，用2表示。

2. 罐头的产地代号表示的方法

我国生产的罐头，是以英文字母为产地代号。

A代表北京，B代表上海，C为辽宁，D为吉林，E为黑龙江，F为内蒙古、宁夏，G为河北、天津，H为山东，I为河南，J为陕西，K为浙江，M为安徽，N为江西，O为山西，P为湖南，Q为福建，R为广东，S为广西，T为四川，U为云南，V为贵州，W为甘肃、青海，Y为新疆、西藏，Z为台湾。

3. 罐头食品的代号表示方法

罐头食品的分类代号，是按照罐头生产的原料和食品的性质分为10个大类，每一大类中再分若干品种。001~099，表示猪肉类（一般将“0”省略）100~199，表示牛羊肉或其他畜肉类。200~299，表示禽肉类。300~399，表示油浸或茄汁鱼类。400~499，表示红烧肉或其他加工鱼类。500~599，表示虾、蟹、贝类水产品类。600~699，表示糖水水果类。700~799，表示果酱、糖酱、果汁、沙司类。800~899，表示蔬菜类。900~999，表示其他类。

在同类产品中超过99种时，其代号即出现四位数字，猪肉类代号首位数“0”则不省略。如糖水水果类罐头，品种超过99种时，代号可写成“6100”；猪肉罐头的第一百个品种，其代号即打印为“0100”号，消费者掌握了这些代号知识，就可以知道罐头中装的是什么食品了。

（二）从罐型鉴别罐头的品类

当前，在国际市场上，有些商品的销售包装，已经形成某种习惯的造型，消费者进入市场，一看到这种销售包装形态，就明白其中装入的是什么内容物。罐头食品的销售包装，在国内外市场上，也已经形成了一定的造型，常见的产品造型如下：饮料罐头为长圆筒形；猪肉罐头为圆型或方形；牛羊肉罐头为梯形；火腿罐头为马蹄形；鱼类罐头为扁椭圆形或扁方形；水果罐头为玻璃瓶装。

（三）罐头发生“胖听”原因及鉴别

胀罐，又称胖听。它是区别正常罐头与败坏罐头的一个重要标志。罐头发生胀罐，有三种不同形式与原因。

（1）物理性胀罐　主要是罐内食品装得太多，捶气不足，杀菌时降压速度太快，气温和气压变化影响罐内真空度的原因，搬动产生严重的碰撞或变形而引起。这些胀罐使罐头外形失常，而罐内的食品质量没有变化，尚能食用，但是影响商品的外貌和价值。

（2）化学性胀罐　由于水果类罐头中的原料含有有机酸，这种酸与罐头内壁表面作用产生氢气，使罐内的真空度消失，压力增大而发生胀罐，又名“气罐”。这类罐头虽然内容物没有发生质量变化，尚有使用价值，但是，不能按合格商品出售。

（3）生物性胀罐　这种罐头的内容物因含有细菌或污染了细菌，使食品被分解产生腐败现象，失去食用价值。引起生物性胀罐的原因，主要是原料不新鲜，或杀菌不充分，卫生条件差，罐头卷边不良等。

以下为胀罐的通常鉴别方法。

（1）叩打试验　用中指头轻轻叩打罐盖与罐底的铁皮，听其音响来鉴别。如果发出“砰砰”鼓音的，则多是生物性或化学性胖听，如果发出实音的，则是物理性胖听。

（2）按压试验　用手指按压罐盖或罐底的铁皮，生物性和化学性胖听的罐头，都不容易按下去，或按下去后松手时又凸起。物理性胖听，手指容易按下去，松开手指后不会恢复原状。

（3）水中试验　将胖听罐头上的标签撕掉，擦洗干净，放在85℃左右的水中，水面高出罐头3～5cm，经5min后，如果罐头的某一部位有连续的气泡逸出，没有腐败的气味，则多是化学性胖听；如果有腐败的气味，则是生物性胖听；没有气体逸出，则是物理性胖听。

四、罐头的感官鉴别与食用原则

罐头经感官鉴别确定了品级后，即应按以下原则食用或处理：

(1) 容器外观及内容物正常，经感官鉴别为良质的罐头，在销售和食用的过程中不受任何限制。

(2) 内容物经感官鉴别为次质，外形检查发现有瘪听、轻度锈蚀情况，内容物检查有轻度硫化斑，属物理性或化学性胖听等的罐头，应根据具体情况限期销售，或经过理化、细菌检验合格后方可供食用。

(3) 内容物感官鉴别为劣质，外形检查发现有严重的锈听、漏听，内壁检查有严重的硫化斑或为生物性胖听者，应禁止食用，予以销毁。

第十三节　糕点类及油炸品鉴别

糕点类食品是以小麦粉、食糖、油脂、蛋品、乳品等为原料，经和面、焙烤、蒸、炸等加工工艺制成的。糕点营养丰富，适合于微生物的生长繁殖，从原料到成品的各个加工环节，都可能造成微生物污染，从而引起糕点的变质。

一般情况下，对于糕点最重要的是新鲜、味美、卫生、制品无缺陷。因此在对糕点质量的优劣进行感官检验时，应该首先观察其外表形态与色泽，然后切开检查其内部的组织结构状况，留意糕点的内质与表皮有无霉变现象。感官品评糕点的气味与滋味时，尤其应该注意以下三个方面：一是有无油脂酸败带来的哈喇味，二是口感是否松软利口，三是咀嚼时有无矿物质杂质带来的砂声。

一、糕点的感官标准

下面按糕点类别介绍感官标准（表6-15、表6-16、表6-17、表6-18、表6-19、表6-20），主要照顾到同一类产品的具有共性的标准，如形态、色泽、组织、口味等，而具体品种的特殊性则无法列入，如产品规格等。

表6-15　　酥　类

项　目	指　标
形　态	规格整齐，薄厚一致，表面有均匀裂纹，摊裂度大于生坯直径三分之一
色　泽	表面深黄色或淡黄色，色泽一致
组　织	松酥，起发均匀，有均匀小蜂窝，色泽一致
口　味	油润，酥松可口，无异味

表 6-16 酥皮类

项目	指标
形态	规格整齐，戳记清晰，薄厚均匀
色泽	表面乳白色或淡黄色，底面金黄色
组织	皮酥层次清晰，皮馅分明，无杂质，不偏皮
口味	松酥适口，绵软不粘，皮酥馅软，无异味

表 6-17 浆皮类和松酥包馅类

项目	指标
形态	规格整齐，花纹清晰，不鼓顶，不塌坑，不跑馅
色泽	表面有光泽，色泽一致，不焦煳，无杂质
组织	皮馅匀称，饼皮薄厚均匀，不跑馅，不空膛
口味	皮酥松，馅绵软，不坚硬，不糊口

表 6-18 松酥类

项目	指标
形态	块型整齐，薄厚均匀
色泽	棕黄色或淡黄色，色泽均匀
组织	疏松，组织均匀，无大孔洞，无杂质
口味	香甜，松酥，可口，无异味

表 6-19 油炸类

项目	指标
形态	块型规整，切口整齐，大小一致，薄厚均匀，果料撒附均匀
色泽	表面油润有光泽，呈白色，米黄色或黄棕色
组织	组织疏松，无大孔洞，起发均匀，不干心，无杂质
口味	松酥，绵软，香甜爽口，无异味

表 6-20 蛋糕类

项目	指标
形态	形状丰满，规格一致；切块制品切口整齐，块形方正；长条糕长宽一致，薄厚均匀；装饰料分布均匀；不鼓顶，不塌陷
色泽	呈枣红色或淡黄色，底呈棕黄色，内部呈黄色
组织	起发均匀，无大孔洞，有弹性，不粘，无杂质
口味	松软，蛋香味浓，无异味

二、常见掺假糕点类食品的鉴别检验

掺假糕点类食品最常见的有：糕点中掺入非食用色素、异味蛋糕、假冒产品等。

1. 糕点中掺入非食用色素的检验

糕点中常使用的食用色素有苋菜红、胭脂红、日落黄、柠檬黄、靛蓝、亮蓝等。近年来，有一些糕点小生产者，为了改变糕点产品的外观，显示糕点“有营养、质量好”来吸引顾客，在糕点中掺入碱性色素、无机颜料及广告色颜料等非食用色素；也有用这些非食用色素做糕点彩装的，用来假装糕点添加了鸡蛋、黄油等辅料。

非食用色素的检验方法如下。

（1）原理非食用色素在氯化钠溶液中，可使脱脂棉染色，这种被染过色的脱脂棉，经氨水溶液洗涤，不会褪色。

（2）试剂 10% 氯化钠溶液，1% 氨水溶液

（3）操作取样品溶液 10mL，加入 10% 氯化钠溶液 1mL，混合均匀，放进脱脂棉 0.1g，置于水浴锅上加热搅拌片刻，取出脱脂棉，用水洗涤。将此脱脂棉放入蒸发皿中，加 1% 氨水溶液 10mL，置于水浴锅上加热数分钟，取出脱脂棉水洗，如脱脂棉染色，则证明样品中存在有非食用色素。

2. 异味“蛋糕”、“蛋卷”的鉴别

近年来从农贸市场上发现有种异味“蛋糕”、“蛋卷”，色泽很黄，气泡多，甜味过甜。这种“蛋糕”、“蛋卷”的成分据有关部门测定，根本不含有鸡蛋或鸡蛋制品的成分，它主要是用柠檬黄色素代替鸡蛋，冒充蛋色；用糖精钠代替食用白糖，加强甜度；用廉价的氨水或农用化肥碳酸铵或硫酸铵（或碳酸氢钠、碳酸钠）作疏松剂发泡，使其组织松软（或蓬松），制作成的伪劣无营养价值的“蛋糕”、“蛋卷”。

这种异味“蛋糕”、“蛋卷”由于在生产过程中不能将氨味彻底消除掉，

所以都有着浓重的刺鼻的氨味。可通过嗅闻蛋糕、蛋卷的气味加以鉴别。

第十四节　冷饮品鉴别

一、饮料的分类及其质量的基本要求

1. 饮料的分类

①碳酸饮料分果汁型、果味型、可乐型及其他型。

②果汁饮料类分原果汁、浓缩果汁、原果浆、浓缩果浆、水果汁、果肉果汁、高糖果汁、果粒果汁、果汁、果汁水等十种。

③蔬菜汁饮料类有蔬菜汁、混合蔬菜汁、发酵蔬菜汁等。

④乳饮料类有乳饮料、乳酸饮料等。

⑤植物蛋白饮料类有纯豆浆、调制豆乳、豆乳饮料等。

⑥天然矿泉水饮料类。

⑦固体饮料类。

2. 饮料质量的基本要求

（1）感官指标　产品应具有纯洁色泽、滋味，不得有异味、异臭和外来物。

（2）饮料的感官质量要求

①色泽纯正，具有与饮料名称、内容相适应的恰当色调或该种饮料的特征色。同一产品的色泽鲜亮一致，无变色现象。

②透明型饮料应清凉透明；浊型饮料应整体均匀一致，无沉淀，不分层。果汁或含果汁饮料允许有少量细小的果肉和纤维沉淀物或悬浮物。

③滋味纯正、酸甜适度，香气清雅协调，饮用时给人以浑然一体的愉快感，具有该品种应有的风味。

④碳酸饮料具有明显的杀口感。

（3）饮料销售包装容器的质量要求　根据 GB/T10790—1989，饮料包装质量要求如下。

①玻璃瓶：应洁净、透明，不允许有明显的且影响使用的不透明砂粒、气泡及炸裂纹。能耐一定的温度差及稀酸的侵蚀。瓶口平面平行。在封合面上不容许有影响密封性的疵点。玻璃厚薄均匀，瓶身质量和容器误差在允许范围之内，同一种类者，其颜色必须一致。汽水瓶必须按 QB943 执行。

②金属罐：罐类涂料应符合 GB4805—1994 规定。金属罐表面需清洁、无锈斑及擦伤，封口结构良好，罐身不应有凹凸等变形现象。

③塑料容器：用于饮料的塑料合成材料应无毒、无异味、不与内容物起任

何反应。塑料包装容器能耐一定的温差，对氧气有较好的隔绝作用，并有一定的机械强度，密封性良好，容器表面光滑，有良好的印刷性能。

④复合包装容器：容器内层薄膜应无毒、无异味、不与内容物起任何反应，密封性能良好。隔绝层不易折裂，对氧气有较好的隔绝作用。外层材料具有一定的机械强度，耐高温，表面光滑，有良好的印刷性能。

⑤饮料标签的要求：应标明名称、配料表、净容量、厂名、厂址、电话号码、批号、生产日期、保质期、商品标准代号、商标。应遵照食品标签通用标准 GB7718—1987、食品标准编写规定 GB/T13494—1992、特殊营养食品标签 GB13432—1992 的规定要求。

二、饮料质量的一般鉴别方法

（1）外观　从成品中抽取样品，倒入清洁、干燥的烧杯中，放在明亮的白色背景之前观察，应无任何异常颜色或浑浊现象（果汁汽水例外）。

（2）味道　将抽取的样品，倒入清洁的烧杯中，品尝其味道，应具有本品独特风味，即口味与商品名一致，而不应有其他异味味道。

（3）气味　将成品倒入杯中，试闻气味，应有原本的芳香，无其他异味。

（4）瓶口空间距离　瓶内汽水液面到瓶顶的空间距离在 4 ~ 5cm 之间，封盖后应能看到液面。

（5）瓶盖　查看瓶盖封口，用手旋拧是否压紧，瓶盖图案清晰、无划伤、无锈蚀现象。此外还要查看标签是否符合要求。

三、几类饮料质量的感官鉴别

1. 碳酸饮料

市场上常见的有果味汽水、果汁汽水和可乐汽水。

（1）优质碳酸饮料的感官标准

①均质度：无分层现象，液面距瓶口 3 ~ 6cm。

②瓶盖：不漏气，不带锈。

③商标：端正，与瓶中实物一致。

④透明度：呈产品应有的颜色，澄清透明无杂质。

⑤口味：无异味，具有本产品的芳香味和酒精香味。

⑥泡沫：倒入杯内，泡沫高达 2cm 左右，并持续 2min 以上。

（2）劣质碳酸饮料　瓶盖松动或有锈迹，将瓶倒置对光观察，透明碳酸饮料可见云雾状或颗粒现象。带有果肉的碳酸饮料，有分层和沉淀物。口感有腐蚀馊饭味，甜味不足，辣味有余，喝完很快打嗝。

（3）假的碳酸饮料　大都用糖精、香精和非食用色素制成。瓶盖有压盖不规则的痕迹，封口不规则等。

我国禁止使用非食用色素，包括碱性色素、直接色素、无机染料和部分酸性合成色素。饮料中是否含有非食用色素，可用下列化学分析法鉴定。

①碱性色素的检查：碱性水溶性色素于弱碱性溶液中可使脱脂纯白羊毛染色，取此染色羊毛的乙酸提取液，于碱性环境中又可重新使新羊毛再染色。

具体操作是：取待检饮料10mL，加10%氢氧化铵使之呈碱性（加碱不要过量，否则过量的碱和色素阳离子结合，不易分离，使染色困难），加脱脂纯白羊毛线0.1g，于水浴中加热搅拌30min，取出染色羊毛用水洗涤。把此染色羊毛放入1%乙酸溶液5mL中，加热搅拌数分钟后除去羊毛，此乙酸溶液用10%氢氧化铵溶液中和并使呈碱性，再加入0.1g新的脱脂白羊毛线搅拌，水浴加热30min，此时若羊毛染色则证明有非食用碱性人工合成色素存在。

②直接色素的检查：直接色素在氯化钠溶液中可使脱脂棉染色，这种染色的脱脂棉经氨性水溶液洗涤后，颜色不会褪去。

具体操作是：取待检饮料液10mL，加10%氯化钠溶液1mL混匀，加入脱脂棉0.1g，于水浴上加热片刻后取出脱脂棉并洗涤。将此脱脂棉放置蒸发皿中，加1%氢氧化铵溶液10mL，在水浴中加热数分钟，再取出脱脂棉并用水洗涤，如脱脂棉已染色并且不褪，则证明存在着直接色素。

③鉴别是否有无机染料：无机染料中含有铬、铅、锌、铁等金属成分。取20mL饮料，离心，然后取少量沉淀，分别测定铬酸根、铁、铅离子等。

取少量的沉淀加入5mL浓硝酸离心后取2滴上清液，加入一滴饱和二苯卡巴腙溶液，呈紫色说明有铬酸根存在。

取少量的沉淀加入5mL浓硝酸离心后取少量的上清液，再缓慢加入(1+1)氨水，有黄色沉淀出现，说明有铅存在。在沉淀中加入5mL（1+1）盐酸煮沸5min，取上清液加2滴硫氰化钾溶液，有红色存在说明有三价铁离子存在。

2. 果汁饮料

（1）优质果汁饮料的感观标准　以鲜橘汁为例进行说明。

色泽：呈橘黄色。

气味、滋味：冲淡三倍后仍有纯正橘子香味，酸甜适口，无异味。

组织状态：含橘绒纤维，呈悬浮状。

杂质：不允许存在杂质。

（2）几种果汁饮料的质量要求　见表6-21。

表 6-21　　　　　　　　　　几种果汁饮料的质量要求

品　名	质　量　要　求
鲜橘子汁	果汁呈淡黄或橙黄色，酸甜适口，无异味，有橘子汁应有的风味，汁液均匀浑浊，静置后允许有少量的沉淀。原果汁含量大于45%，可溶性固形物为13% ~ 15%（折光计法）
猕猴桃汁	果汁呈黄绿或黄色，具有猕猴桃汁应有的风味，无异味。汁液均匀浑浊，静置后允许有沉淀。可溶性固形物为11% ~15%（折光计法），总酸度为0.3% ~ 1.0%（以柠檬酸计）
甜山楂汁	果汁呈红色，具有山楂风味，无异味。汁液均匀，不得有沉淀及分散现象
甜苹果汁	果汁呈淡黄色，汁液浑浊均匀，浓淡适中，长期静置后允许有少许沉淀及轻度分散。原果汁含量不低于45%，可溶性固形物为14% ~18%（折光计法），总酸度为0.2% ~0.7%（以苹果酸计）

（3）变质果汁饮料的识别　变质果汁饮料通常会有以下现象。

浑浊：不带果肉透明型果汁饮料出现浑浊，说明该饮料已由酵母引起乙醇发酵。

有乙醇味：开瓶盖后闻到有乙醇味，说明瓶内或果汁中的酵母恢复了繁殖能力，使果汁发酵产生乙醇。

酸味异常：品尝时发现酸味异常，说明饮料中的某些细菌分解了酸类、糖类而转化成乙酸和二氧化碳。

气泡：轻摇瓶子有大量气泡产生，不易消散。

（4）假果汁饮料的识别　假果汁饮料多以糖精钠、香精和色素兑成，对于这些饮料只要测定有无还原糖即可识别。

取2mL饮料置于试管中，调整其酸碱度至pH≥8，然后加0.4%亚甲基蓝乙醇溶液2滴，加热试管至溶液沸腾。如果溶液蓝色褪去，说明饮料中含原果汁。如果蓝色不消失，说明是用糖精钠兑成的。

通过检验果汁饮料中是否存在果胶质来鉴别真假果汁饮料。

果胶质分布于水果植物中，是高分子聚合物，其基本化学组成为半乳糖醛酸，在一定的浓度溶液中有沉淀析出。

取待检果汁及真品果汁各20mL，分别溶于10mL的蒸馏水中，在搅拌下加入2.5mol/L硫酸1mL，95%乙醇40mL，放置10min，观察到真品果汁有沉淀析出，假果汁则无沉淀析出。

3. 固体饮料

（1）固体饮料的质量要求　均匀片状或疏松粉状固体饮料加入水后，其香味和颜色应与所用原料相符，即与该饮料商标上的名称相符。固体饮料应在2min内全部溶于冷水中，不能有不溶性沉淀。水分不得超过25%。

（2）劣质固体饮料　外包装印刷粗糙，标签内容不全，无保存期或包装破损。隔塑料袋用手揉搓，感到有团块。摇动铁桶，声音发沉，打开包装，固体颗粒中粉末多，温水不易冲开或冲开后有明显的沉淀物。口感酸味过度，有辣味、苦味或异味。

4. 乳酸菌饮料感官指标

色泽：呈乳白色或略带黄色，色泽均匀一致，如添加果汁者，则允许带该果汁的色泽。

滋味和气味：口感细腻，酸甜适中，具有该类乳酸饮料应有的滋味和气味，无异味。

组织状态：为均匀乳浊液，允许略有沉淀，但无分层现象。

5. 饮料中生水的检验

常有人用未经煮沸的生水兑制饮料。未经煮沸的生水，其中存在微生物，常含有过氧化酶，此酶可使过氧化氢释放出氧，氧化碘化钾后游离出碘，遇淀粉后变蓝。生水加热煮沸后，酶被破坏，加试剂后不呈色。

取待检测液15mL，置于25mL比色杯中，加入5%碘化钾10滴，1%淀粉指示剂5滴和3%过氧化氢5滴，混匀，放置片刻，观察颜色变化，如溶液呈蓝色，则可判断为生水。

对于有颜色的样品，无需经过脱色处理，可直接进行试验，但需做生水和热水的对照试验。自来水、经过滤器或离子交换后的水，与生水同样呈现蓝色。

四、几种冷饮食品感官鉴别

1. 几种冷饮食品的感官鉴别要点

冷饮食品的感官鉴别主要是依据色泽、组织状态、气味和滋味四项指标。对于液体饮料，应注意其包装封口是否严密，有无漏气、漏液现象，倒置后有无悬浮异物或沉淀物，其颜色深浅是否符合本品种的正常要求，鼻嗅和口尝则是检查饮料是否酸甜适度、清凉爽口、有无令人难以接受的不愉快气味和滋味。对于固体饮料，则应注意它是否形态完整、颗粒均匀、组织细腻、有无成团结块现象等。对于所有的冷饮食品，都应注意其包装物是否完好、标签是否齐全、有无超期变质等情况。

（1）鉴别汽水的质量　汽水是将自来水经砂滤棒过滤和软化，加入糖、柠檬酸、果汁、香料等物充分混合后，过滤、充入二氧化碳，再经灌瓶、轧盖而制成的液体食品。

汽水是一种含二氧化碳的软饮料，大体上可分为果汁型、果味型、可乐型和其他型汽水。按可溶性固形物含量的不同可分为高糖、中糖和低糖三个级别，20℃下可溶性固形物含量（折光计法）大于等于10%为高糖，大于等于7%为中糖，小于7%为低糖。

①色泽鉴别：进行汽水色泽的感官鉴别时，可透过无色玻璃瓶直接观察，对于有色瓶装和金属听装饮料可打开倒入无色玻璃杯内观察。

良质汽水——色泽与该类型汽水要求的正常色泽相一致。

次质汽水——色泽深浅与正常产品色泽尚接近，色调调理得尚好。

劣质汽水——产品严重褪色，呈现出与该品种不相符的使人不愉快的色泽。

②组织状态鉴别：进行汽水组织状态的感官鉴别时，先直接观察，然后将瓶子颠倒过来观察其中有无杂质下沉。另外，还要把瓶子浸入热水中看是否有漏气现象。

良质汽水——清汁类汽水澄清透明，无浑浊，浑浊汁类汽水浑浊而均匀一致，透明与浑浊相宜。两类汽水均无沉淀及肉眼可见杂质，瓶子瓶口严密，无漏液、漏气现象。汽水灌装后的正常液面距瓶口2～6cm之间。玻璃瓶和标签符合产品包装要求。

次质汽水——清汁类汽水有轻微的浑浊，浊汁类汽水浑浊不均，有分层现象，有微量沉淀物存在。液位距瓶口2～6cm之间，瓶盖有锈斑，玻璃瓶及标签有不同程度的缺陷。

劣质汽水——清汁类汽水液体浑浊，浊汁类汽水的分层现象严重，有较多的沉淀物或悬浮物，有杂质。瓶盖封得不严，漏气、漏液或瓶盖极易松脱，瓶盖锈斑严重，无标签。

③气味鉴别：感官鉴别汽水的气味时，可在室温下打开瓶盖直接嗅闻。

良质汽水——具有各种汽水原料所特有的气味，并且协调柔和，没有其他不相关的气味。

次质汽水——气味不够柔和，稍有异味。

劣质汽水——有该品种不应有的气味及令人不愉快的气味。

④滋味鉴别：感官鉴别汽水的滋味时，应在室温下打开瓶后立即进行品尝。

良质汽水——酸甜适口，协调柔和，清凉爽口，上口和留味之间只有极小差异，稍欠绵长。二氧化碳含量充足，富于杀口力。

次质汽水——适口性差，不够协调柔和，上口和留味之间有差异，味道不够绵长。二氧化碳含量尚可，有一定的杀口力。

劣质汽水——酸甜比例失调，风味不正，有严重的异味。二氧化碳含量少或根本没有。

（2）鉴别不含气的饮料质量方法　这里所说的不含气饮料是指除汽水、果汁以外的以果汁、香精、砂糖、柠檬酸等为主要原料，经混合调配、过滤、杀菌、灌装制成的玻璃瓶装、塑料瓶（袋）装、听装、铝箔纸盒装的各种不含二氧化碳的饮料。

不含气饮料的感官鉴别，可参照汽水和果汁的感官鉴别项目进行。但在鉴别过程中，还需特别注意其包装有无膨胀、打开包装后有无气体冲出等现象。若开启后有气体产生，则说明此饮料已变质不能饮用。

①鉴别豆奶的质量：豆奶指以大豆为原料经筛选、热磨浆、过滤、均质、调制、煮浆等工艺过程生产出来的蛋白饮料。豆奶区别于普通豆浆之处就在于去除了豆腥味、苦涩味，并加入糖、柠檬酸、稳定剂等辅料调味。

a. 色泽鉴别

良质豆奶——色泽洁白。

次质豆奶——色泽白中稍带黄色，或稍显暗淡。

劣质豆奶——呈黄色或趋于灰暗。

b. 组织状态鉴别

良质豆奶——液体均匀细腻，无悬浮颗粒，无沉降物，无肉眼可见杂质，黏稠度适中。

次质豆奶——液体尚均匀细腻，微有颗粒，存放日久可稍见瓶底有絮状沉淀，是乳化均质不甚良好所致。

劣质豆奶——液体不均匀，有明显的可见颗粒，豆奶分层，上层稀薄似水，下层沉淀严重。液体本身或过于稀薄或过于浓稠。

c. 气味鉴别

良质豆奶——具有豆奶的正常气味，有醇香气，无异味。

次质豆奶——稍有异味或无香味，有的有轻微豆腥气。

劣质豆奶——有浓重的豆腥气和焦煳味。

d. 滋味鉴别

良质豆奶——香甜醇厚，口感顺畅细腻。

次质豆奶——味道平淡，入口有颗粒感但不严重，也无异常滋味。

劣质豆奶——有豆腥味、苦味、涩味或其他不良味道。

②鉴别麦乳精的质量

a. 色泽鉴别：进行麦乳精的色泽鉴别时，可以打开包装直接观察。

良质麦乳精——普通型为浅黄色，可可型为棕色，都有光泽。

次质麦乳精——色泽洁白或者灰暗。

劣质麦乳精——色泽灰暗而无光泽，有霉变颗粒。

b. 组织状态鉴别：感官鉴别麦乳精的组织状态时，可取样品在白纸上撒一薄层直接观察，然后取麦乳精 10g，加热水 100mL 冲调，再行观察。

良质麦乳精——呈大小均匀、松散多孔的颗粒，仅有少量粉末。冲调后呈均匀一致的浑悬乳状液。可可麦乳精允许有少量可可粉粒沉淀。

次质麦乳精——颗粒大小不均，粉末较多，冲调后可见少量颗粒沉淀并有僵粒。

劣质麦乳精——结块、成团，冲调后呈现出严重的浑浊或沉淀，严重者成块、结团而不溶解，有杂质。

c. 气味鉴别

良质麦乳精——具有牛奶固有的乳香味，可可麦乳精具有可可和牛奶的混合香味。

次质麦乳精——乳香味平淡或有其他异味。

劣质麦乳精——有焦煳味、腐败酸臭味、哈喇味等令人厌恶的气味。

d. 滋味鉴别：感官鉴别麦乳精的滋味时，取麦乳精 10g，加热水冲调后进行品尝。

良质麦乳精——具有牛乳或可可固有的滋味，甜度适中，无其他异味。

次质麦乳精——滋味平淡或甜度过大，稍有异味。

劣质麦乳精——有酸味、苦味及其他不良异味。

2. 鉴别咖啡的质量

由于咖啡中含有咖啡因，具有兴奋大脑中枢神经作用，饮用后能提神醒目，消除疲乏和睡意，可提高工作效率。咖啡有独特的香味、色泽，给人以色、香、味等方面的享受。所以咖啡深受群众喜爱，成为人们日常生活中的主要饮料之一。

（1）品种　咖啡以咖啡豆为原料，经拣选、品种拼和、称量、焙炒、冷却、粉碎、包装而成。外观呈颗粒状，并混有部分细粉。饮用时要经过烹煮。单纯以咖啡豆制成的品种称纯咖啡，加糖的称含糖咖啡，配入奶粉的称牛奶咖啡。速溶咖啡是由咖啡中提取汁液与砂糖经真空浓缩而成晶状颗粒，可随时冲泡，饮用方便。

（2）质量要求

①色泽：深褐色。

②香味：具有焙炒咖啡应有的独特香气。

③颗粒：2mm 左右大小的不规则颗粒。

（3）规格、保存期

①规格：纯咖啡有两种规格，一种是马口铁听装 227g（0.5lb），另一种纸袋筒装，2.5kg。速溶咖啡为小袋装，每袋冲一杯。

②成品保存期：听装一年半，袋装三个月。

3. 鉴别可可粉的质量

可可的原料是可可豆。因含有较丰富的蛋白质、脂肪、维生素、矿物质等，具有较高的营养价值，也为世界三大饮料之一。

（1）制取、品种　可可豆经焙炒取得的籽仁，含脂量达60%以上，经碱处理和研磨压榨后提取35%～40%可可脂，用以生产巧克力，余下含可可脂60%～65%的压榨物，即为可可饼。饮料中的可可粉就是用可可饼经磨细和筛选而制的。可可粉因含脂量不同可分为三种等级：高脂的含脂22%以上，中脂的含脂10%～22%，低脂的含脂10%以下。目前市场供应的品种有不含糖的和含糖（80%～85%）的两种可可粉。含糖的又有牛奶可可粉等花色。规格有听装，袋装与散装。

（2）质量要求

①色泽：红褐色。

②香味：具有可可独特香味，无异味。

③粗细度：为细腻粉末，无颗粒感，冲调后无明显沉淀。

④保存期：听装一年半，袋装三个月。

4. 鉴别冰淇淋的质量

冰淇淋是以奶粉、奶油、鸡蛋、砂糖、淀粉、香草粉等为原料，经混合、灭菌、冷热搅拌、高压均质、冷热交换、老化、冷冻膨化、装杯而制成的冷冻食品。冰淇淋按其味型可分为香草、奶油、果味等类别。根据脂肪含量不同可分为高脂肪、中脂肪和低脂肪冰淇淋。各类冰淇淋根据其理化指标还可分为特级、高级、中级和低级四个级别。

（1）色泽鉴别　进行冰淇淋色泽的感官鉴别时，先取样品开启包装后直接观察，接着再用刀将样品纵切成两半进行观察。

良质冰淇淋——呈均匀一致的乳白色或与本花色品种相一致的均匀色泽。

次质冰淇淋——尚具有与本品种相适应的色泽。

劣质冰淇淋——色泽灰暗而异样，与各品种应该具有的正常色泽不相符。

（2）组织状态鉴别　进行冰淇淋组织状态的感官鉴别时，也是先打开包装直接观察，然后用刀将其切分若干块再仔细观察其内部质地。

良质冰淇淋——形态完整，组织细腻滑润，没有乳糖、冰晶及乳酪粗粒存在，无直径超过0.5cm的孔洞，无肉眼可见的外来杂质。

次质冰淇淋——外观稍有变形，冻结不坚实，带有较大冰晶，有脂肪、蛋白质等淤积，只有一般原、辅料带进的杂质。

劣质冰淇淋——外观严重变形，瘫软或溶化，冻结不坚实并有严重的冰结晶和较多的脂肪、蛋白质淤积块，有头发、金属、玻璃、昆虫等恶性杂质。

（3）气味鉴别　感官鉴别冰淇淋的气味时，可打开杯盖或就蛋托上直接嗅闻。

良质冰淇淋——具有各香型品种特有的香气。

次质冰淇淋——香气过浓或过淡。

劣质冰淇淋——香气不正常或有外来异常气味。

（4）滋味鉴别　取样品少许置口中，直接品味。

良质冰淇淋——清凉细腻，绵甜适口，给人愉悦感。

次质冰淇淋——稍感不适口，可嚼到冰晶粒。

劣质冰淇淋——有苦味、金属味或其他不良滋味。

5. 鉴别雪糕的质量

雪糕是以砂糖、奶粉、鸡蛋、香精、淀粉、麦芽粉、明胶等为主要原料，经混合调剂，加热灭菌、均质、轻度凝冻、注模冷冻而制成的带棒的硬质冷食品。

作为一种冷食，雪糕的性质介于冰淇淋与冰棍之间，按成分可将其分为奶油类、咖啡可可类、水果类、果仁类等几大类。各类雪糕又按其理化指标即总固体、总糖、总蛋白、总脂肪等分为甲、乙、丙三级。

（1）色泽鉴别

良质雪糕——具有与各品种固有颜色相适应的均匀一致的色泽（如奶油雪糕呈乳白色，可可雪糕呈棕褐色等）。

次质雪糕——基本上具有与本品种要求相适应的色泽，色泽均匀程度尚可。

劣质雪糕——色泽不均匀，过深或过浅。

（2）组织状态鉴别　进行雪糕组织状态的感官鉴别时，可先打开包装直接观察，然后再把雪糕切成数块仔细观察。

良质雪糕——组织细腻，乳化完全，形态完整，冻结紧固，无外来杂质、无冰晶、无油点、无空头，杆棒正而不断。

次质雪糕——冻结不够坚实，有原辅料引入的一般性杂质，有少量冰晶，有少量断杆、歪杆、变形、半段、空头等缺陷。

劣质雪糕——冻结不坚实，形态不完整，有较大变形，有糖分渗出，乳化不良，有冰晶，有较多的断杆、歪杆、变形、半段、空头等缺陷，有金属、昆虫、毛发、玻璃、沙子等恶性杂质。

（3）气味鉴别　感官鉴别雪糕的气味应在打开包装纸后仔细嗅闻。

良质雪糕——具有各品种本身独有的纯正气味，无任何不良气味。

次质雪糕——香味淡薄或浓淡不一致。

劣质雪糕——香味不正或有其他异味。

（4）滋味鉴别

良质雪糕——具有纯正的甜味和各品种固有的特色滋味，口感清凉爽快。

次质雪糕——甜味和固有滋味平淡。

劣质雪糕——有苦味、咸味、涩味等不良滋味。

6. 鉴别冰棍的质量

冰棍是以砂糖、淀粉、饮用水、香精、果汁、果酱、豆制半成品、可可粉等原料，经混合配料，加热灭菌，注模冻结而制成的带棒硬质冷食品。

冰棍可粗分为豆类、果汁类、果泥类、果味类、可可类和奶油类等几大类，并按其理化指标分为甲、乙、丙三级。

（1）色泽鉴别

良质冰棍——呈现出与各种要求相适应的色泽，且整体颜色均匀一致。

次质冰棍——色泽分布尚均匀，基本具有与该品种相一致的色泽。

劣质冰棍——色泽不均匀或根本不具有与本品种要求相适应的色泽。

（2）组织状态鉴别　冰棍组织状态的感官鉴别方式和顺序同于雪糕的鉴别。

良质冰棍——冻结坚实，形态完整，楞角清楚，无外来杂质，无空头，杆正而无断杆。

次质冰棍——冻结得不够坚实，杆与冰坨之间容易滑脱，有少量杂质，有不多的断杆、歪杆、变形、半段、空头等缺陷。

劣质冰棍——冻结不结实，有糖分渗出，形态不完整，有再度冻结而产生的较大冰晶，有较多的断杆、歪杆、空头、变形、半段等缺陷，有头发、昆虫、玻璃、金属等恶性杂质。

（3）气味鉴别　取样品打开包装纸直接嗅闻即可。

良质冰棍——具有各品种该拥有正常气味。

次质冰棍——气味平淡或香气浓淡不一致。

劣质冰棍——无香味或香味不正，有其他异味。

（4）滋味鉴别

良质冰棍——具有该品种所具有的特色滋味和适口甜味，口感无咬不动的冰块感觉。

次质冰棍——固有滋味平淡。

劣质冰棍——有苦味、咸味或其他不良滋味。

五、冷饮食品的感官鉴别与食用原则

冷饮食品是人们消夏解暑的佳品。但由于冷饮食品大都含有碳水化合物、脂肪、蛋白质等，极易被微生物污染，使食品质量发生不良改变，在感官表现上也会发生相应变化。

(1) 经感官鉴别为良质的冷饮食品一般都可以自由销售，不受限制。但由于冷饮食品被微生物或其他有害物质污染后，不一定都能产生感官变化，所以在销售前必须进行细菌学和理化检验，检验合格方可销售和食用。在销售过程中要注意经常进行感官检查，一旦发现有恶劣变化，应立即停止销售并视具体情况做出妥善处理。

(2) 经感官鉴别确认为次质的冷饮食品，应进行理化和细菌检验，根据检验结果决定能否食用。因为冷饮食品感官质量的劣变有些是由于微生物污染所引起的，有些则是由物理因素导致的。所以对次质冷饮食品必须待理化和细菌学指标都检验合格后，方可限期销售和食用。对于经理化或细菌学检验不合格者，应予以销毁。

(3) 经感官鉴别确定为劣质的冷饮食品，不可销售和供人食用，应予以销毁或改作饲料等用途。

第十五节　调味品鉴别

调味品在食品中占有很重要的地位，几乎所有的加工食品都要使用调味品。质量优良的调味品，使用少量就可以增加食品滋味或改善食品的口感，增进食欲，补充人体所需要的营养物质；但质量低劣的调味品，特别是掺假调味品，不仅起不到应有的作用，反而会给人体带来危害。因此，调味品掺假的鉴别检验是非常重要的。

一、酱油掺假的快速鉴别

1. 酱油的感官质量鉴定

(1) 色泽　将少量酱油注入白瓷皿中，瓷皿稍倾斜，观察上部液体较少部分，这样较容易看出色泽好坏。凡质量好的酱油应具有鲜艳的赤褐色，并有透明感。如色泽过浅或浑浊不清而发乌的都不是优质酱油。为了便于比较多种样品的颜色，可将样品一律用水稀释至10倍后再进行观察。

在观察色泽的同时，一般还要进行浓度或黏度的鉴定。可取定量未经稀释的样品放在瓷皿上，倾斜观察酱油流动的速度，如流动很快而不粘皿底，说明浓度低、黏度小，而优质酱油流动得慢且粘皿底的时间长。

在鉴定酱油颜色的同时，还要鉴定酱油的体态。将定量样品放入比色管中，加水稀释1倍，混匀对光观察其透明程度和清浊情况，检查有无悬浮物和沉淀物。

(2) 香气　将样品放入三角瓶内，微微摇动嗅其气味，要仔细反复多次。

优质酱油应有固有的酱香和醇香，并比较其香气的大小。凡具有氨味、酸味、霉味、生米曲味、焦煳味或不快的异味的都不是正品。

多数样品进行比较，要经反复多次嗅其气味，同时要心情冷静才能得出正确结果。

(3) 滋味　凡是优质酱油味道应鲜美醇厚、咸甜适口、味感柔和，余味在口内停留的时间长，不得有酸、苦、涩或其他不良的味道。

2. 酱油中掺水的鉴别

一般酱油中水分约占65%左右，剩余的35%左右的成分就是固形物，用测总固形物的方法即可求出水分含量，如果含水量高于65%，即可认为酱油中掺水或者属于次品酱油。

3. 酱油中掺入尿素的检验

酱油中不含有尿素，为了掩盖劣质酱油蛋白质含量低的缺点，同时增加无机盐固形物的含量，有掺入尿素冒充优质酱油的现象。其检验方法如下。

尿素在强酸条件下与二乙酰肟共同加热反应生成红色复合物，以此可检出含有尿素。此法为二乙酰肟溶液法。

取5mL酱油样品于试管中，加3～4滴二乙酰肟溶液，混匀，再加入1～2mL磷酸混匀，置于水浴中煮沸，观察颜色变化。如果呈红色，则说明有尿素。

4. 酿造酱油和化学酱油的鉴别检验

酿造酱油是以淀粉、蛋白质等为主要原料进行微生物发酵的，它不仅利用微生物的代谢产物，而且利用菌体自溶的分解产物，所以酱油中含有大量的氨基酸和天然的棕红色素，还有构成香气的复杂有机酸、酯类和维生素等成分。

化学酱油是在酸性条件下将植物蛋白质原料水解为氨基酸所得，通称为氨基酸酱油。因为含碳水化合物中的植物蛋白在酸水解过程中产生乙酰丙酸，为此乙酰丙酸是化学酱油特有的成分，也是鉴别检验化学酱油与酿造酱油的主要特征。

(1) 原理　酱油样品在碱性条件下用乙醚进行抽提，待乙醚蒸发后加硫酸呈酸性，再用乙醚提取，蒸发除去乙醚后溶解于水，并加入香草醛溶液。乙酰丙酸与香草醛硫酸接触生成特有的蓝绿色溶液。其变色程度与乙酰丙酸含量成比例。

(2) 操作　取酱油样品50mL，加入1mol/L氢氧化钠溶液呈碱性后，以25mL乙醚分3次进行抽提。收集乙醚于冷凝装备内，蒸发乙醚后，残留物加入1mol/L硫酸呈酸性，再以2mL乙醚分别抽提2次。蒸发乙醚后，残留物加入2mL蒸馏水溶解，并加入2mL 0.5%香草醛溶液。如果样品溶液中有乙酰丙酸存在，香草醛溶液与残留物硫酸溶液接触面就会出现特别的蓝绿色，其颜色越深，说明乙酰丙酸的含量越高。酱油中如果加入5%左右的化学酱油，则在10min内会出现颜色；如果加入1%左右的化学酱油，则加入试剂24h后才会出现蓝绿色。

5. 配制酱油的鉴别检验

配制酱油主要是指用酱色、食盐水、味精和柠檬酸等物质混合而成的劣质酱油。最近几年发现有的小商贩用食盐水、酱色、水或味精水（主要是从味精厂购来的下脚料）兑制成“三合一”或“四合一”的伪劣酱油在农贸市场上销售，以假充真。因此，应提高消费者对配制酱油的识别能力。

（1）配制酱油的感官鉴别　对于配制酱油的感官鉴别主要从色泽、香气、滋味、含杂量四方面来鉴别。

①色泽：无光泽、发暗发乌；从白瓷碗中倒出，碗壁没有油色粘附。

②香气：无有机物质生成的豉香、酱香和酯香气。

③滋味、口味：入口咸味重，有苦涩味，烹调出的菜肴不上色。

④杂质：存放一段时间，表面上有一层白皮飘浮。

（2）配制酱油的检验

①原理：在酱油中添加酱色来增加酱油的红色，从而掩盖掺水，或掩盖用酱色或盐水配制成的酱油。所以酱色的检测，可判别酱油是否掺假。

②操作：取被检验的酱油10mL，加入50mL的蒸馏水呈红棕色的溶液，再从溶液中取出2mL放入玻璃试管中，逐滴加入2mol/L氢氧化钠。如果产生红棕色产物，证明有糖存在，因为酱色是由麦芽糖焦化而成的。

二、食醋掺假的快速鉴别

1. 食醋成品的感官评定

（1）色泽、体态　将样品摇匀后，用量筒量取20mL放入20mL比色管中，在白色背景上观察其颜色，并对光观察其澄清度及有无沉淀物。

（2）香气　用量筒取样品50mL放入150mL锥形瓶中，将瓶轻轻摇动嗅其气味。

（3）滋味　吸取样品0.5mL滴入口内，然后涂布满口，反复吮咂鉴别其滋味优劣及后味长短，第二次品尝时，须用清水漱口后进行。

2. 食醋中掺入游离矿酸的检验

食醋中不允许游离的矿酸如硫酸、盐酸、硝酸及硼酸等的存在，因为这些酸对人体健康有损害作用。

（1）原理　游离矿酸（如硫酸、盐酸、硝酸及硼酸等）存在时，氢离子浓度增大，可改变指示剂的颜色。

（2）试剂

①刚果红试纸（取0.5g刚果红，溶于10mL乙醇与90mL水中，将滤纸浸透此液后阴干，备用）；

② 0.01%甲基紫溶液。

（3）操作方法　用刚果红试纸沾少许样品，观察其颜色变化情况，若试纸变为蓝色至绿色，表示有游离矿酸存在。

取5mL样品，加水稀释至2%醋酸含量，加2~3滴0.01%甲基紫溶液，溶液呈绿色至蓝色表示有游离矿酸存在。

（4）注意事项

①如果样品颜色很深时，用活性炭脱色过滤后再测试。

②醋酸是弱酸，pH不能达到使刚果红试纸和甲基紫溶液变色的程度。但若有游离的酒石酸及草酸，则甲基紫溶液也呈阳性反应，必须按下列方法做确证试验。

硫酸试验：取样品5mL于试管中，加5%氯化钡溶液2mL，有白色浑浊或沉淀产生证明有硫酸或其盐存在。

盐酸试验：取样品5mL于试管中，加1%硝酸银溶液2滴，若有白色浑浊或沉淀产生证明有盐酸或氯化物存在。

硝酸试验：取二苯胺结晶1小粒于瓷皿中，加样品5滴，再加浓硫酸1滴，若有硝酸存在时则呈蓝色。

3. 酿造醋和人工合成醋的鉴别

食醋的酿造可分为淀粉分解、酒精发酵和醋酸发酵三个阶段。酿造醋不仅带有酸味，而且还兼有特殊的芳香味道。但现在已发现有的个体户和少数工厂用工业冰醋酸直接加水配制食醋，到市场上销售，这种危害人民身心健康的做法应坚决制止，现介绍两种鉴别检验方法。

（1）感官检验法　酿造食醋的感官特性见表6-22。

表6-22　酿造食醋的感官特性

项　目	要　求	
	固态发酵醋	液态发酵醋
色　泽	琥珀色或红棕色	具有该品种固有的色泽
香　气	具有固态发酵食醋特有的香气	具有该品种特有的香气
滋　味	酸味柔和，回味绵长，无异味	酸味柔和，无异味
体　态	澄　清	

（2）化学检验法

①碘液法：取样品50mL置于分液漏斗中，滴加20%氢氧化钠溶液至呈碱

性，加入戊醇15mL，振摇，静置。分出戊醇，用滤纸过滤，收集滤液于蒸发皿内置水浴上蒸干。残渣用少量水溶解，再滴加数滴硫酸使呈显著酸性。滴加碘液，如为酿造醋，则产生明显褐色沉淀。

②高锰酸钾法

试剂：3%高锰酸钾-磷酸溶液（称取3g高锰酸钾加85%磷酸15mL与7mL蒸馏水混合，待其溶解后加水稀释至100mL）；草酸-硫酸溶液（5g无水草酸或含2分子结晶水的草酸7g，溶解于50%的硫酸中至100mL）；亚硫酸品红液（取0.1g碱性品红，研细后加入80℃蒸馏水60mL，待其溶解后放入100mL容量瓶中，冷却后加入10mL 10%亚硫酸钠溶液和1mL盐酸，加水至刻度混匀，放置过夜。如有颜色可用活性炭脱色，若出现红色应重新配制）。

操作方法：取10mL样品加入25mL纳氏比色管中，然后加入2mL的高锰酸钾-磷酸液，观察其颜色变化；5min后加草酸-硫酸液2mL，摇匀。最后再加亚硫酸品红溶液5mL，20min后观察它的颜色变化。

观察结果：见表6-23。

表6-23　酿造醋、蒸馏酒醋、人工合成醋的判定

类　别	加高锰酸钾	加亚硫酸品红
酿造醋	很快变色	深紫色
蒸馏酒醋	变色较慢	淡紫色
人工合成醋	无变化（或紫红色）	无色或几乎无色

三、辣椒粉掺假的快速鉴别

辣椒粉是由红辣椒、黄辣椒、辣椒种子和部分辣椒柄碾碎混合而成的。但近年来在市场上发现辣椒粉有掺假现象，主要掺假物有麦麸、玉米粉、干菜叶粉、纤维素类物质，更有甚者掺入红砖粉来增加质量。

1. 感官检验

辣椒粉的正常颜色为深红色或橘红色，粉末均匀，有辣椒固有的香辣味；而加麸皮等杂物的辣椒粉颜色深浅不均匀，闻之辣味不浓，掺红砖粉者易结块。

2. 灼烧检验

取样品少许（0.5～1.0g）置于瓷坩埚中，放在电炉上灼烧，至冒烟时，正常辣椒粉会发出浓厚呛人的气味，闻之咳嗽、喷嚏；而掺假的辣椒粉则只见青烟，闻不到呛人的气味或气味不浓。

3. 掺入红砖粉的鉴别

（1）原理　辣椒粉相对密度小，饱和食盐水能将它浮起；红砖粉相对密度大，即使是饱和食盐水也不能将它浮起。

（2）操作　取待测辣椒粉少许置于大试管中，加入饱和食盐水溶液10～15mL，充分摇荡，然后放置片刻。因辣椒粉相对密度小而浮于上面，红砖粉相对密度大而沉于底部。如果试管底部有红色沉淀，则说明待测样品中有红砖粉掺入。

4. 掺入纤维素类物质的检验

（1）原理　麸皮等杂质中含有纤维素成分，纤维素与碘-碘化钾试剂作用呈蓝色反应。

（2）操作　取1～2片碘，溶于20mL 1%碘化钾溶液中，即得碘-碘化钾试剂。取待测样品1g置于试管中，加水10mL，置水浴中加热至沸，冷却，加碘-碘化钾试剂2～3滴，如溶液变为蓝色或蓝紫色，则说明待测样品中掺入了麦麸、玉米粉等淀粉、纤维素类物质。

5. 掺色素的检验

（1）原理　辣椒的红色是由天然的辣椒红色素和辣椒黄色素组成，属于类胡萝卜素，是脂溶性的，能溶于石油醚中。而掺入的人工合成色素，大都是水溶性的，不溶于石油醚。

（2）操作　取待测样品粉末适量置于试管中，加水5～6mL，加石油醚2～3mL，用手指压住管口，充分振荡，静置分层，观察石油醚层是否有颜色，如石油醚层无色或颜色很浅，而水层颜色却较深，则说明待测样品中使用了人工合成色素。同时应做正常阳性对照。

四、花椒粉质量的鉴别

花椒粉的掺假物常见的有：麦麸皮、玉米面等杂物。

1. 感官检验

正常花椒粉外观棕褐，颗粒状，具有花椒粉固有的香味，品尝有花椒味，舌尖有发麻的感觉。掺假花椒粉外观多呈土黄色，粉末状时有霉变、结块，花椒味很淡，口尝除舌尖有微麻的感觉外并带有苦味。

2. 掺淀粉类物质的检验

取待检验样品1g左右置于试管中，加水10mL，置于水浴中加热煮沸，冷却。加碘-碘化钾溶液2～3滴，如溶液变蓝色，则说明该花椒粉中掺入了淀粉类物质。

3. 显微镜检验

取少许样品放置于载玻片上，滴加水合氯醛溶液2～3滴，缓缓加热至近沸，离开火焰片刻，随时加水合氯醛溶液，以免蒸干，如此操作二三次，促使透明。加盖玻片，低倍镜下观察。正常花椒粉具有特征组织细胞，而掺假者可检出麦麸粉层细胞。

五、胡椒粉掺假的快速鉴别

1. 感官检验

色泽：正常黑胡椒粉为棕褐色，而掺假黑胡椒粉的颜色为褐黑色。

气味：正常黑胡椒粉有香辣味，而掺假者辣味刺鼻。

2. 组织检验

取少量样品加1%氢氧化钠溶液浸泡30min，移置载玻片上，在显微镜下用低倍镜观察颗粒的组织形态。正常的胡椒粉有杆状结晶，两端较圆，出现绿色亮光及其他组织；掺假者有少量杆状结晶，梳状纤维组织，类似米原皮的组织形态，并有黄色粗纤维。

3. 水溶性煮沸检验

取样品少许，放入试管中，加水5mL，放在酒精灯上煮沸。正常胡椒粉上液为褐色，下层有棕褐色颗粒沉淀；掺假者上液淡褐色，下层有黄橙色或褐黑色颗粒沉淀。

4. 掺淀粉类物质的检验

取少许样品置于载玻片上，滴加碘-碘化钾溶液2~3滴。正常的胡椒粉应是慢慢变黑，镜检无碘淀粉颗粒；掺假胡椒粉很快变为蓝黑色，镜检可见碘淀粉颗粒。

六、姜粉掺假的快速鉴别

姜粉是姜科植物——姜的干燥粉末，其辛辣成分主要为姜辣素、姜烯酮、姜醇等，其粉末除作调料外，也可药用，用于祛风、芳香、兴奋、发汗。

1. 感官检验

姜粉的感官检验见表6-24。

表6-24　真假姜粉的感官特征

项目	纯姜粉	掺假姜粉
外观	淡黄色，颗粒较大，纤维多	黄褐色，颗粒较小，有发霉结块，手中研磨有黄色坚硬物似玉米颗粒
嗅味	芳香而有辣味	霉变气味，微有辣味
品尝	舌尖有麻辣感	霉变味，舌尖微有麻辣感

2. 显微镜检验

取少许样品放置载玻片上滴加水合氯醛溶液2~3滴，缓缓加热至近沸，再离开火焰片刻，随时滴加水合氯醛溶液以免蒸干。操作二、三次，加盖玻片，供镜检，结果见表6-25。

表6-25　　真假姜粉的鉴别

项　目	纯 姜 粉	掺假姜粉
特征细胞	纤维细胞，分泌细胞，导管木栓细胞	除姜粉特征性细胞外，尚有玉米糊粉层细胞、果皮细胞胚乳碎片及麦麸糊粉层细胞，果皮细胞与非腺毛
淀粉粒	颗粒大［（5~60）μm×25μm］，圆形、球形、有的顶端呈鸟嘴状	内含淀粉粒，颗粒［（7~13）μm×18μm］，椭圆形或近六角形、五角形、类圆形、多面体形，脐点呈点状、大圆点状

说明：麦类糊粉层细胞从多表面观察呈多角形或圆形，侧面呈长方形。果皮细胞呈狭长形，壁有时呈联珠状增厚，表面生着较稀疏的长针形非腺毛，非腺毛平直微弯曲，胞腔狭窄或较宽，一般壁较厚，外壁平滑、纹孔不明显。

七、芥末粉掺假的快速鉴别

市售的正品芥末粉是一种学名为“黄芥”或与它很接近的植物干种子，经磨碎后而制成的黄色颗粒粉状物。应具有刺激的辛辣味，用水搅拌后，过一刻钟，刺激味更加强烈。感官鉴别掺假芥末粉可从以下几方面进行。

1. 外包装鉴别

掺假的芥末粉，一般包装都比较粗糙，包装物表面印字不清、易脱落，多数不写详细厂名和地址，有的只用汉语拼音和英文字母表示产地。

2. 色香味鉴别

掺假芥末粉的颜色、颗粒大小、气味随掺入不同物质和掺入量而异。现一般掺入黄色谷物，如玉米面等，则呈淡黄色或金黄色，刺激性辛辣味也明显减弱。

3. 淘洗鉴别

像淘米滤沙子一样，反复淘洗芥末粉，因粮食粉末的相对密度较大，就会剩在容器中，用嘴尝一下，如无明显芥末味，就说明掺入了粮食类物质。

八、真假大料的鉴别

大料，学名八角，俗称大茴香，是木兰科植物八角的干燥成熟果实，主要含有八角茴香油，此外还含有少量烯、萜类化合物和极少量樟油醚、甲基胡椒粉等。其主要功能是芳香健胃、矫味、镇咳，是人们生活中常用的芳香矫味调料。

八角是常绿乔木，花瓣呈红、淡黄、白色。雄蕊 10 ~ 20 枚，雌蕊 7 ~ 13 枚，所以不能仅从蓇葖果个数来鉴别真假八角，但多数是八个。

1. 形态鉴别

常见的假八角有红茴香、地枫皮、大八角。地枫皮是一种有毒植物，食后常出现阵发性惊厥。其形态区别如下。

（1）八角　又名八角茴香，常由八枚蓇葖果集成聚合果。淡棕或红棕色，果皮肥厚，单果先端钝或钝尖。香气浓郁，味辛、甜。

（2）地枫皮　蓇葖果 10 ~ 13 枚，红或红棕色。果皮薄，单果先端长渐尖而向内弯曲成倒钩状。气弱而呈松脂味。味淡，有麻舌感。

（3）红茴香　蓇葖果 7 ~ 8 枚，瘦小，红棕或红褐色。单果先端渐尖而向上弯曲。气弱而特异，味酸微甜。

（4）大八角　蓇葖果 10 ~ 14 枚，灰棕色或灰棕褐色。果皮薄，单果先端长渐尖，略弯曲。气弱而特异，味淡，有麻舌感。

2. 化学法鉴别

（1）氢氧化钾显色法　取试样粉末 50mg，置试管中，加 2% 氢氧化钾溶液 10mL，于水浴锅上加热至沸 2min，取出冷却，八角溶液显血红色。

（2）茴香精浑浊试验　取试样粉末 1g，置试管中，加乙醇 5mL，置沸水浴中加热至沸 2min，冷却后过滤，取滤液 1mL，加蒸馏水 25mL 稀释。八角稀释液呈乳白色浑浊，有浓厚茴香气味。地枫皮则为无色透明，有松木臭味。

（3）三氯化铁颜色反应　取上述茴香精浑浊试验的稀释液 10mL，置小分液漏斗中，加等量低沸点石油醚，挥发干，残渣加 0.25% 三氯化铁冰醋酸溶液 1mL，然后缓慢倾入装有 1 ~ 2mL 浓硫酸的试管内，八角的冰醋酸溶液与浓硫酸的接触面呈棕色环。

九、味精掺假的快速鉴别

味精是人们日常生活中常用的调味品，它以淀粉为原料，经水解生成葡萄糖，利用谷氨酸生产菌进行糖代谢，生物合成谷氨酸后进一步中和成 *L*-谷氨酸钠，即味精。谷氨酸钠的含量与相应的级别标准如下：

甲级：谷氨酸钠含量 99%；

乙级：谷氨酸钠含量 80%；

丙级：谷氨酸钠含量 60%。

目前市场上出售的多为甲级品，也有部分乙级品，丙级品很少见。

味精中常见的掺假物质有石膏、磷酸盐、碳酸盐、食盐、蔗糖、淀粉、铵盐等，可用如下方法进行快速检验。

1. 感官检验

将味精撒在一张白纸上，观察其颜色、形态，应为白色结晶，无杂物、无异味，水溶液有强烈鲜味。如有其他结晶形态颗粒或水溶液有咸味、甜味、苦涩味等，可视为掺假。

2. pH 测定法

pH 的测定方法简单，可用酸度计测定，也可广泛用 pH 试纸测试，此方法可作为掺假的初试。方法是：将味精样品配制成1%的水溶液，测定其 pH。正常味精1%的水溶液 pH 约为7，小于6 时可考虑是掺入了强碱弱酸盐类，如碳酸钠等。当 pH 为 7 而谷氨酸钠含量不足时，可考虑是掺有中性盐或其他物质。

3. 味精中掺入食盐的检验

甲级味精中谷氨酸钠含量99%以上，其食盐含量应小于1%，可用快速检验氯化钠含量的方法来判断其纯度。

（1）简易鉴别法　取5mL 浓度为5%的味精溶液于试管中，加入5%铬酸钾溶液1 滴，加0.73%硝酸银溶液1mL，摇匀，观察溶液变色情况。如溶液变成橘红色，则说明样品中氯化钠含量小于1%，如溶液仍呈黄色则说明氯化钠含量大于1%。

（2）氯化钠含量准确测定法　精确称取待测样品1.000g，加入20mL 水溶解，滴加6mol/L 硝酸几滴，使呈酸性，加铬酸钾指示剂2mL，用0.1mol/L 硝酸银标准溶液滴定至土黄色为止，同时做空白对照试验，根据滴定时所消耗硝酸银的量，按下式计算出待测样品中氯化钠的含量。

$$\text{食盐含量（\%）} = \frac{(V_1 - V_2)\ c \times 0.0585}{m} \times 100$$

式中　V_1 ——滴定样品时消耗硝酸银溶液的量，mL

V_2 ——滴定空白时消耗硝酸银溶液的量，mL

m ——味精样品的质量，g

c ——硝酸银标准溶液的浓度，mol/L

0.0585 ——1mL 1mol/L 硝酸银标准溶液相当于氯化钠的量，g

4. 味精中掺入醋酸盐的检验

（1）硫酸法

①原理：样品中的醋酸盐与硫酸作用，游离出醋酸，可闻到醋酸的气味。

②操作方法：取样品少许于试管中，加4～5 滴10%硫酸溶液，微热，嗅其气味，如有醋酸的气味则可认为样品中掺有醋酸盐。

（2）乙酸乙酯法

①原理：醋酸盐与硫酸作用生成醋酸，在有浓硫酸存在的条件下，醋酸和乙醇作用生成具有芳香味道的乙酸乙酯。

②操作方法：取样品 1g，加入 1mL 无水乙醇和 1mL 浓硫酸，在水浴上加热，嗅其气味，若有乙酸乙酯的芳香味，则说明样品中有醋酸盐的存在。

5. 味精中掺入磷酸盐的试验

（1）原理　在酸性溶液中，磷酸与钼酸铵作用生成黄色的结晶性磷钼酸铵沉淀。

（2）试剂　浓硝酸；钼酸铵溶液（称取 6.5g 钼酸铵的粉末，加 14mL 水与 14.5mL 浓氨水混合溶解后，冷却，缓缓加入 32mL 浓硝酸与 40mL 水，随加随摇，放置 2d 后用石棉过滤即可。）

（3）操作方法　取样品 0.5g，溶于 2～3mL 水中，滴入几滴浓硝酸，加入 5mL 钼酸铵溶液，在 60～70℃的水浴中加热数分钟，如生成黄色的结晶性沉淀，即表明有磷酸盐的存在。

6. 味精中掺入碳酸盐或碳酸氢盐的检验

（1）原理　碳酸盐或碳酸氢盐与盐酸作用即生成大量的二氧化碳，形成很多气泡。

$$CO_3^{2-} + 2HCl \rightarrow CO_2 + H_2O + 2Cl^-$$

（2）操作方法　取样品少许，加少量水溶解后，加数滴 10% 的盐酸，观察是否产生气体，如有气泡产生，则说明有碳酸盐或碳酸氢盐掺入。

7. 味精中掺入淀粉粒的检验

（1）原理　碘和淀粉作用生成蓝色物质。

（2）试剂　碘液（称取 1.3g 碘及 2g 碘化钾于 100mL 蒸馏水中研磨溶解。）

（3）操作方法　称以待测样品 0.5g，以少量水加热溶解，冷却后加碘液 2 滴，观察颜色变化，如呈现蓝色、深蓝或蓝紫色，则说明有淀粉粒存在。

8. 味精中掺入蔗糖的检验

（1）原理　蔗糖与间苯二酚在浓盐酸参与下生成玫瑰红颜色。

（2）试剂　间苯二酚；浓盐酸

（3）操作方法　取待测样品 1g 置于小烧杯中，加入 0.1g 间苯二酚及 3～5 滴浓盐酸，煮沸 5min 后，如有蔗糖存在，则出现玫瑰红颜色。

9. 味精中掺入石膏粉的检验

（1）水溶性试验　取样品约 5g，置于小烧杯中，加水 100mL，振摇，稍后观察其溶解情况。味精易溶于水，样品溶液应澄清透明，如样品溶液浑浊或出现沉淀，则疑为掺入了石膏粉等不溶性物质。如要确定掺入物，则应进一步做离子鉴定。

（2）硫酸根检验　取上述水溶液5mL，置于试管中，加盐酸2滴，混匀，加10%氯化钡溶液1～2mL，混匀，如出现白色浑浊或沉淀，则认为样品中有硫酸根离子存在。

（3）钙离子检验　取上述水溶液5mL，置于试管中，加入1%草酸溶液2mL，混匀，若出现白色浑浊或沉淀，则认为样品中有钙离子存在。

实 训 一

白酒的评分方法:把酒品品评的色、香、味,风格等分为几个项目,确定指标,给予评分,每项指标得分多少,依照酒品的种类和该项目对酒品品质关系的大小来确定,以便评酒人员在品评计分时能够掌握一个同等的适当的评分尺度。

白酒生产发展到20世纪60年代初期，逐渐形成浓香、酱香、清香、米香、兼香和其他香型共六大香型，他们的风味、风格是难以相互对比的，因此从1979年的全国第三届评酒会议开始实行分香型对比的方法了。

国家优质酱香型白酒选评标准和评分方法如表6-26、表6-27所示，适用于以高粱为原料，用小麦和大麦制曲，经固态发酵酿制而成的，具有酱香风格的白酒。

国家优质浓香型白酒评选标准　标准适用于以粮谷为原料，使用大曲和麸曲为糖化发酵剂，经传统工艺酿制而成，具有乙醇乙酯为主体的脂类香味的蒸馏酒。

国家优质清香型白酒选评标准适用于以粮谷为原料，用大曲和麸曲酒目为糖化发酵剂，经固态发酵工艺酿制而成，具有乙醇乙酯为主体脂类香味特点的白酒，感官指标及记分方法如表6-28所示，理化指标如表6-29所示。

国家优质米香型白酒评分标准：本标准适用于以大米、高粱等粮食为原料，经固态或串固态法酿制的有小曲米香特点的蒸馏酒。

国家优质其他香型白酒评选标准：适用于采用独特工艺酿造而成，风格独特，香气组成具有一定特征，经市场销售认可，享有一定声誉的其他型白酒。

啤酒的评分项目和方法如表6-30所示。

表6-26　　国家优质酱香型白酒评选标准评分方法

项　目	标　准	记分方法	编号得分		
			1	2	3
色	无色透明，无悬浮物，无沉淀物	10分			
	黄色明显，有悬浮物，浑浊沉淀	扣1～4分			
	有恶性沉淀或悬浮物	取消评比资格			

续表

项目	标准	记分方法	编号得分		
			1	2	3
香	酱香突出，幽雅细腻，空杯留香幽雅持久	25分			
	酱香不突出，焦香明显，窖香露头，空杯留香不持久，欠幽雅	扣1~6分			
	有油馊、油臭等异味，空杯留香有异味	扣6分以上			
味	酒体醇厚丰满，酱香显著，回味悠长	50分			
	酒体欠醇厚，焦煳涩味明显，回味短苦，味重，尾味不净	扣1~10分			
	口味淡薄，酒体不协调有异味，尾味不净	扣10分以上			
格	具有本品应有风格	15分			
	基本具有风格，欠协调，风格欠典型	扣1~5分			
	不具备酱香型白酒风格	扣5分以上			

表6-27　　理化指标

酒精度（20℃）/%（体积分数）	总脂（以醋酸乙酯计）/（g/L）	总酸（以醋酸计）/（g/L）	固形物 /（g/L）
52~57	≥2.5	1.5~3.0	≤0.4

表6-28　　国家优质清香型白酒评选感官指标及记分方法

项目	标准	记分方法	编号得分		
			1	2	3
色	无色透明，无沉淀，无悬浮物	10分			
	浑浊，沉淀带异色及悬浮物等	扣1~4分			
	有恶性沉淀或悬浮物	取消资格			
香	窖香浓郁，具有乙酸乙酯为主体，香气纯正协调	25分			
	放香不足，香气欠纯正，有异香等	扣1~4分			
	香气不协调，杂邪气重	扣6分以上			
味	甜，绵，爽，净，香味协调，余味悠长	50分			
	味欠绵软协调，口味淡薄后尾欠净味，苦涩有辛辣感，有杂味	扣1~10分			
	酒体不协调，尾不净，邪杂气重	扣10分以上			

续表

项目	标准	记分方法	编号得分		
			1	2	3
格	具有本品独特风格	15分			
	基本具有本品风格，但欠协调或风格不够突出	扣1~5分			
	不具备本品风格要求	扣5分以上			

表6-29　理化指标

酒精度 V%20℃	总酸以酸度计/（g/L）	总脂以醋酸乙酯计/（g/L）	乙酸乙酯/（g/L）	固形物/（g/L）	备注
38~40 52~55 59~61	≥0.6	≥3.0	≥1.7	≤0.4	以上指标系60度酒的标准，高或低按标准计算

表6-30　啤酒的评分项目和方法

项目	啤酒类别	标准	记分方法	得分
色	黄啤酒	淡黄带绿，黄而不呈暗色	5分	
		清亮透明，无悬浮物，沉淀物	5分	
		色泽暗，呈褐色	扣1~5分	
		轻微失光，稍有沉淀，悬浮物	扣1~5分	
	黑啤酒	黑红或黑棕	5分	
		清亮透明，无悬浮物，沉淀物	5分	
		黑色浅红，棕色	扣1~5分	
		轻微失光，稍有沉淀物，悬浮物	扣1~5分	
泡沫	黄黑啤酒	泡沫高，持久（8~15度）时5min不消失，细腻挂杯，黑啤酒洁白或微黄，黄啤酒洁白	20分	
		泡沫持续4min	扣1分	
		泡沫持续3min	扣3分	
		泡沫持续2min	扣5分	
		泡沫持续1min	扣7分	
		泡沫持续1min以下	扣9分	
		泡沫高度低	扣3分	
		泡沫完全不挂杯	扣5分	
		泡沫色暗或灰色	扣3分	
		口味纯正爽口，醇厚而杀口	共50分	

续表

项　目	啤酒类别	标　　准	记分方法	得　分
味	黄啤酒	其中①：纯正，没有酵母味、酸味等不正常的怪杂味	占18分	
		有明显的双乙酰或高级醇等发酵副产品的味道及其他怪味	扣1~11分	
		有麦皮味及酵母味	扣1~14分	
		其中②：爽口，饮后愉快协调，柔和，苦味愉快而消失迅速，无明显的涩味，有再饮的欲望	占18分	
		口味不协调、不柔和、感觉上刺口、涩、粗、杂	扣1~7分	
		有后苦	扣1~6分	
		有焦糖味及可发酵糖的甜味	扣1~5分	
		其中③：醇厚，饮后感到酒味醇厚圆满不单调	占10分	
		口味淡，无味似水	扣1~10分	
		其中④：杀口，有二氧化碳气的刺鼻感，口感清爽	占7分	
		杀口力不强	扣1~7分	
	黑啤酒	口味醇厚杀口、纯正爽口	50分	
		其中①：纯正，没有不愉快的怪味或杂味，没有酵母味和酸味等不正常的味感	占12分	
		有明显的酸味或双乙酰、高级醇等发酵副产物味及其他怪味	扣1~8分	
		有烟焦味，酱油味，酵母味	扣1~4分	
		其中②：爽口，饮后感觉爽快，调和，柔和，苦味愉快而迅速消失，无明显的涩味和焦糖味，有再饮欲望	占15分	
		口味不调和,不柔和,感觉上刺口、涩、粗、杂	扣1~6分	
		苦味粗，有后苦味	扣1~5分	
		有烟焦味或明显的焦糖味	扣1~4分	
		其中③：杀口，感到有二氧化碳气的刺激性，使人感到愉快清爽	占8分	
		杀口力不强	扣1~8分	
		其中④：醇厚，饮后感到醇厚、圆满，不感到口味单调	占15分	
		稍感淡薄	酌扣	
		淡而无味，口味淡薄	扣1~15分	

续表

项目	啤酒类别	标准	记分方法	得分
香	黄啤酒	有明显的酒花香气，新鲜无老化气味及生酒花气味	20分	
		有酒花香气不明显	扣1~5分	
		有老化气味	扣1~5分	
		有异香怪味	扣1~6分	
		有生酒花气	扣1~4分	
		嗅和口尝均感觉不出酒花香气而有异香	扣1~20分	
	黑啤酒	有明显的麦芽香气，香气无老化气味及不愉快气味	20分	
		有麦芽香气，但不明显	扣1~5分	
		有老化气味	扣1~5分	
		香气不愉快，不正常	扣1~5分	
		有异味	扣1~5分	
		鼻嗅与口尝均感觉不出麦芽香气并有异常气味	扣1~20分	

实训二

一、用评分检验方法进行冰淇淋感官检验

1. 概念

冰淇淋是一种冷冻乳制品，属固体冷饮食品，它以牛乳、乳制品（奶油，奶粉）、蔗糖为主要原料加入蛋或蛋制品、乳化剂、稳定剂及香料等经混合配制、杀菌、均质、成熟、凝冻成型、硬化等过程加工而成。

2. 分类

根据原料组成可分为普通冰淇淋（奶油，牛乳）和加料冰淇淋（香料，水果，坚果）。根据形体可分为硬质冰淇淋（冰棒，雪糕）和软质冰淇淋（任何容器可以放）。根据颜色可分为单色、双色、多色冰淇淋。按添加剂的位置可分为夹心的、异心的冰淇淋。按脂肪含量可将冰淇淋分为甲 14.16%，乙 10%~12%，丙 8%，丁 3%。

3. 特点

形体紧密柔软，组织结构润滑细腻，风味醇厚持久，冷凉甜美，营养丰富，极易消化吸收。一般含脂 8%~12%，水 14%~18%，总干物质 30%~35%。

二、感官检验的评分项目及标准（表6-31）

表6-31　　感官检验的评分项目及标准

项目	标准	扣分内容	扣分	得分
色泽	要求均匀一致（10分）	太深或太浅	6	
		色泽不一致（单色）	2	
		双色切开层次不分明	2	
		三色切开层次不分明	3	
		三色或双色其中一种色不符合要求	4	
		三色或两色中一种色太深或太浅	1	
		三色或两色中两种色太深或太浅	4	
		与涂巧克力外衣色泽不符	1	
		色泽不符合要求	4	
香味	香味迷人，浓淡相宜（20分）	香味太浓，刺鼻刺眼	5	
		香味较浓	2	
		太淡缺乏香味	5	
		较淡	2	
		不纯有异味	10	
		不纯净	6	
		不符合要求	10	
滋味	甜度适中并完全符合该产品质量要求（40分）	甜味太高，口味过于浓甜	5	
		太低缺乏甜味	10	
		甜味不足或过浓	5	
		巧克力外衣有异味	10	
		夹心冰淇淋或蛋卷中的果酱有异味	10	
		蛋卷有焦味	5	
		八珍、八宝冰淇淋某一辅料异味	10	
		不属于冰淇淋的外来怪味	30	
形体	体积与容积符合该品种质量要求（15分）	有软塌现象	3	
		有收缩现象	4	
		变形	5	
		软塌，收缩，变形	8	
		涂层破损	4	
		应涂层未涂好	4	

续表

项　目	标　准	扣分内容	扣　分	得　分
组　织	细腻润滑无凝粒，无明显冰晶粒（15分）	较大油粒，较大冰结晶	6	
		组织状态不松软	3	
		肉眼可见杂质	3	
		质地过黏，吃在嘴里难以融化	6	
		状态过于坚实	5	

90分以上特级，80~90分一级，70分以下不合格。

包装：松散，歪斜，破碎，反包的为不合格。

质量：可以允许正负3%的差别。

附　录

附表 1

χ^2 分布表

f	a											
	0.995	0.99	0.975	0.95	0.90	0.75	0.25	0.10	0.05	0.025	0.01	0.005
1	—	—	0.001	0.004	0.016	0.102	1.323	2.706	3.841	5.024	6.635	7.879
2	0.010	0.020	0.051	0.103	0.211	0.575	2.773	4.605	5.991	7.378	9.210	10.579
3	0.072	0.115	0.216	0.352	0.584	1.213	4.108	6.251	7.815	9.348	11.345	12.838
4	0.207	0.297	0.484	0.711	1.064	1.923	5.385	7.779	9.488	11.143	13.277	14.860
5	0.412	0.554	0.831	1.145	1.610	2.675	6.626	9.236	11.071	12.833	15.086	16.750
6	0.676	0.872	1.237	1.635	2.204	3.455	7.779	10.645	12.592	14.449	16.812	18.548
7	0.989	1.239	1.690	2.167	2.833	4.255	9.037	12.017	14.067	16.013	18.475	20.278
8	1.344	1.646	2.180	2.733	3.490	5.071	10.219	13.362	15.507	17.535	20.090	21.955
9	1.735	2.088	2.700	3.325	4.168	5.899	11.389	14.684	16.919	19.023	21.666	23.589
10	2.156	2.558	3.247	3.940	4.865	6.737	12.549	15.987	18.307	20.483	23.209	25.188
11	2.603	3.053	3.816	4.575	5.578	7.584	13.701	17.275	19.675	21.920	24.725	26.757
12	3.074	3.571	4.404	5.226	6.304	8.438	14.845	18.549	21.026	23.337	26.217	28.299
13	3.565	4.107	5.009	5.892	7.042	9.233	15.984	19.812	22.362	24.736	27.688	29.819
14	4.075	4.660	5.629	6.571	7.790	10.165	17.117	21.064	23.685	26.119	29.141	31.319
15	4.601	5.229	6.262	7.231	8.547	11.037	18.245	22.307	24.996	27.488	30.578	32.801
16	5.142	5.812	6.908	7.962	9.312	12.212	19.369	23.542	26.296	28.845	32.000	34.267
17	5.697	6.408	7.564	8.672	10.085	12.792	20.489	24.769	27.587	30.191	33.409	35.718
18	6.265	7.015	8.231	9.390	10.865	13.675	21.605	25.989	28.869	31.526	34.805	37.156
19	6.844	7.633	8.907	10.117	11.651	14.562	22.718	27.204	30.114	32.852	36.191	38.582
20	7.434	8.260	9.591	10.851	12.443	15.452	23.828	28.412	31.410	34.170	37.566	39.997
21	8.034	8.897	10.283	11.591	13.240	16.344	24.935	29.615	32.671	35.479	38.932	41.401
22	8.643	9.542	10.982	12.338	14.042	17.240	26.039	30.813	33.924	36.781	40.289	42.796
23	9.260	10.193	11.689	13.091	14.848	18.137	27.141	32.007	35.172	38.076	41.638	44.181
24	9.885	10.593	12.401	13.848	15.659	19.037	28.241	33.196	36.415	39.364	42.980	45.559
25	10.520	11.524	13.120	14.611	16.473	19.939	29.339	34.382	37.652	40.646	44.314	46.928
26	11.160	12.198	13.844	15.379	17.292	20.843	30.435	35.365	38.885	41.923	45.642	48.290
27	11.808	12.879	14.573	16.151	18.114	21.749	31.528	36.741	40.113	43.194	46.963	49.645
28	12.461	13.555	15.308	16.928	18.939	22.657	32.602	37.916	41.337	44.461	48.278	50.993
29	13.121	14.257	16.047	17.708	19.768	23.567	33.711	39.081	42.557	45.722	49.588	52.336

续表

f	a											
	0.995	0.99	0.975	0.95	0.90	0.75	0.25	0.10	0.05	0.025	0.01	0.005
30	13.787	14.954	16.791	18.493	20.599	24.478	34.800	40.256	43.773	46.979	50.892	53.672
31	14.458	15.655	17.539	19.281	21.434	25.890	35.887	41.422	44.985	48.232	52.191	55.003
32	15.134	16.362	18.291	20.072	22.271	26.304	36.973	42.585	46.194	49.480	53.486	56.328
33	15.815	17.047	19.047	20.867	23.110	27.219	38.058	43.745	47.400	50.725	54.776	57.648
34	16.501	17.789	19.806	21.664	23.952	28.136	39.141	44.903	48.602	51.966	56.061	58.964
35	17.682	18.509	20.569	22.465	24.797	29.054	40.223	46.059	49.802	53.203	57.342	60.275
36	17.887	19.233	21.336	23.269	25.643	29.973	41.304	47.212	50.998	54.437	58.619	61.581
37	18.586	19.950	22.106	24.075	25.492	30.893	42.383	48.363	52.192	55.668	59.892	62.883
38	19.289	20.691	22.878	24.884	27.343	31.815	43.462	49.513	53.384	56.896	61.162	64.181
39	19.996	21.426	23.654	25.695	28.196	32.737	44.539	50.660	54.572	58.120	62.428	65.476
40	20.707	22.164	24.433	26.509	29.051	33.660	45.616	51.805	55.758	59.342	63.691	66.766
41	21.421	22.906	25.215	27.326	29.907	34.585	46.692	52.949	56.942	60.561	64.950	68.053
42	22.138	23.650	25.999	28.144	30.765	35.510	47.766	54.090	58.124	61.777	66.206	69.336
43	22.859	24.398	26.785	28.965	31.625	36.436	48.840	55.230	59.304	62.990	67.459	70.615
44	23.584	25.148	27.575	29.787	32.487	37.363	49.913	56.369	60.481	64.201	68.710	71.893
45	24.311	25.901	28.366	31.612	33.350	38.291	50.985	57.505	61.656	65.410	69.957	73.166
46	25.041	26.557	29.160	31.439	34.215	39.220	52.056	58.641	62.830	66.617	71.201	74.437
47	25.775	27.416	29.956	32.268	35.081	40.149	53.127	59.774	64.001	67.821	72.443	75.704
48	26.511	28.177	30.755	33.098	35.949	41.079	54.196	60.907	65.171	69.023	73.683	76.969
49	27.249	28.941	31.555	33.930	36.818	42.010	55.265	62.038	66.339	70.222	74.919	78.231
50	27.991	29.707	32.357	34.764	37.689	42.942	56.334	63.167	67.505	71.420	76.154	79.490
51	28.735	30.475	33.162	35.600	38.560	43.874	57.401	64.295	68.669	72.616	77.386	80.747
52	29.481	31.246	33.968	36.437	39.433	44.808	58.468	65.422	69.832	73.810	78.616	82.001
53	30.230	32.018	34.776	37.276	40.303	45.741	59.534	66.548	70.993	75.002	79.843	83.253
54	30.981	32.793	35.586	38.166	41.183	46.676	60.600	67.673	72.153	76.192	81.069	84.502
55	31.735	33.570	36.398	38.958	42.060	47.610	61.665	68.796	73.311	77.380	82.292	85.749
56	32.490	34.350	37.212	39.801	42.937	48.546	62.729	69.919	74.468	78.567	83.513	86.994
57	33.248	35.131	38.027	40.646	43.816	49.482	63.793	71.040	75.624	79.752	84.733	88.236
58	34.008	35.913	38.844	41.492	44.696	50.419	64.857	72.160	76.778	80.936	85.950	89.477
59	34.770	36.698	39.662	42.339	45.577	51.356	65.919	73.279	77.931	82.117	87.166	90.715
60	35.534	37.485	40.482	43.188	46.459	52.294	66.981	74.397	79.082	83.298	88.379	91.952
61	36.300	38.273	41.303	44.038	47.342	53.232	68.043	75.514	80.232	84.476	89.591	93.186
62	37.058	39.063	42.126	44.889	48.226	54.171	69.104	76.630	81.381	85.654	90.802	94.419
63	37.838	39.855	42.950	45.741	49.111	55.110	70.165	77.754	83.529	86.830	92.010	95.649
64	38.610	40.649	43.776	46.595	49.996	56.050	71.225	78.860	83.675	88.004	93.217	96.878
65	39.383	41.444	44.603	47.450	50.883	56.990	72.285	79.973	84.821	89.117	94.422	98.105
66	40.158	42.240	45.431	48.305	51.770	57.931	73.344	81.085	85.965	90.349	95.626	99.330
67	40.935	43.038	46.261	49.162	52.659	58.872	74.403	82.197	87.108	91.519	96.828	100.554

续表

f	a											
	0. 995	0. 99	0. 975	0. 95	0. 90	0. 75	0. 25	0. 10	0. 05	0. 025	0. 01	0. 005
68	41. 713	43. 838	47. 092	50. 020	53. 543	59. 814	75. 461	83. 308	88. 250	92. 689	98. 028	101. 776
69	42. 494	44. 639	47. 924	50. 879	54. 483	60. 756	76. 519	84. 418	89. 391	93. 856	99. 228	102. 996
70	43. 275	45. 442	48. 758	51. 739	55. 329	61. 698	77. 577	85. 527	90. 531	95. 023	100. 425	104. 215
71	44. 058	46. 246	49. 592	52. 600	56. 221	62. 641	78. 634	86. 635	91. 670	96. 189	101. 621	105. 432
72	44. 843	47. 051	50. 428	53. 462	57. 113	63. 585	79. 690	87. 743	92. 808	97. 353	102. 816	106. 648
73	45. 629	47. 858	51. 265	54. 325	58. 006	64. 528	80. 747	88. 850	93. 945	98. 516	104. 010	107. 862
74	46. 417	48. 666	52. 103	55. 189	58. 900	65. 472	81. 803	89. 956	95. 081	99. 678	105. 202	109. 074
75	47. 206	49. 475	52. 945	56. 054	59. 795	66. 417	82. 858	91. 061	96. 217	100. 839	106. 393	110. 286
76	47. 977	50. 286	53. 782	56. 920	60. 690	67. 362	83. 913	92. 166	97. 351	101. 999	107. 583	111. 495
77	48. 788	51. 097	54. 623	57. 786	61. 585	68. 307	84. 968	93. 270	98. 484	103. 158	108. 771	112. 704
78	49. 582	51. 910	55. 466	58. 654	62. 483	69. 252	86. 022	94. 374	99. 617	104. 316	109. 958	113. 911
79	50. 376	52. 725	56. 309	59. 522	63. 380	70. 198	87. 077	95. 476	100. 749	105. 473	111. 144	115. 117
80	51. 172	53. 540	57. 153	60. 391	64. 278	71. 145	88. 130	96. 578	101. 879	106. 627	112. 329	116. 321
81	51. 969	54. 357	57. 998	61. 261	65. 176	72. 091	89. 184	97. 680	103. 010	107. 783	113. 512	117. 524
82	52. 767	55. 174	58. 845	62. 132	66. 075	73. 038	90. 237	98. 780	104. 139	108. 937	114. 695	118. 726
83	53. 567	55. 993	59. 692	63. 044	66. 976	73. 985	91. 289	99. 880	105. 267	110. 090	115. 876	119. 927
84	54. 368	56. 813	60. 540	63. 876	67. 875	74. 933	92. 342	100. 980	106. 395	111. 242	117. 057	121. 126
85	55. 170	57. 634	61. 389	64. 749	68. 777	75. 881	93. 394	102. 079	107. 522	112. 393	118. 236	122. 325
86	55. 973	58. 456	62. 239	65. 623	69. 679	76. 829	94. 446	103. 177	108. 648	113. 544	119. 414	123. 522
87	56. 777	59. 279	63. 089	66. 498	70. 581	77. 777	95. 497	104. 275	109. 773	114. 693	120. 591	124. 718
88	57. 582	60. 103	63. 941	67. 373	71. 484	78. 726	96. 548	105. 372	110. 898	115. 841	121. 767	125. 913
89	58. 389	60. 928	64. 793	68. 249	72. 387	79. 675	97. 599	106. 469	112. 022	116. 980	122. 942	127. 406
90	59. 196	61. 754	65. 647	69. 126	73. 291	80. 625	98. 650	107. 365	113. 145	118. 136	124. 116	128. 299

附表 2

排序检验法检验表（$\alpha=5\%$）

鉴评员数（n）	样品数（m）													
	2	3	4	5	6	7	8	9	10	11	12	13	14	15
2	—	—	—	—	—	—	—	—	—	—	—	—	—	—
	—	—	—	3 ~ 9	3 ~ 11	3 ~ 13	4 ~ 14	4 ~ 16	4 ~ 18	5 ~ 19	5 ~ 21	5 ~ 23	5 ~ 25	6 ~ 26
3	—	—	—	4 ~ 14	4 ~ 17	4 ~ 20	4 ~ 23	5 ~ 25	5 ~ 28	5 ~ 31	5 ~ 34	5 ~ 37	5 ~ 40	6 ~ 42
	—	4 ~ 8	4 ~ 11	5 ~ 13	6 ~ 15	6 ~ 18	7 ~ 20	8 ~ 22	8 ~ 25	9 ~ 27	10 ~ 29	10 ~ 32	11 ~ 34	12 ~ 36
4	—	5 ~ 11	5 ~ 15	6 ~ 18	6 ~ 22	7 ~ 25	7 ~ 29	8 ~ 32	8 ~ 36	8 ~ 40	9 ~ 43	9 ~ 47	10 ~ 50	10 ~ 54
	—	5 ~ 11	6 ~ 14	7 ~ 17	8 ~ 20	9 ~ 23	10 ~ 26	11 ~ 29	13 ~ 31	14 ~ 34	15 ~ 37	16 ~ 40	17 ~ 43	18 ~ 46

续表

鉴评员数（*n*）	样品数（*m*）													
	2	3	4	5	6	7	8	9	10	11	12	13	14	15
5	—	6 ~ 14	7 ~ 18	8 ~ 22	9 ~ 26	9 ~ 31	10 ~ 35	11 ~ 39	12 ~ 43	12 ~ 48	13 ~ 52	14 ~ 56	14 ~ 61	15 ~ 65
	6 ~ 9	7 ~ 13	8 ~ 17	10 ~ 20	11 ~ 24	13 ~ 27	14 ~ 31	15 ~ 35	17 ~ 38	18 ~ 42	20 ~ 45	21 ~ 49	23 ~ 52	24 ~ 56
6	7 ~ 11	8 ~ 16	9 ~ 21	10 ~ 26	11 ~ 31	12 ~ 36	13 ~ 41	14 ~ 46	15 ~ 51	17 ~ 55	18 ~ 60	19 ~ 65	19 ~ 71	20 ~ 76
	7 ~ 11	9 ~ 15	11 ~ 19	12 ~ 24	14 ~ 28	16 ~ 32	18 ~ 36	20 ~ 40	21 ~ 45	23 ~ 49	25 ~ 53	27 ~ 57	29 ~ 61	31 ~ 65
7	8 ~ 13	10 ~ 18	11 ~ 24	12 ~ 30	14 ~ 35	15 ~ 41	17 ~ 46	18 ~ 52	19 ~ 58	21 ~ 63	22 ~ 69	23 ~ 75	25 ~ 80	26 ~ 86
	8 ~ 13	10 ~ 18	13 ~ 22	15 ~ 27	17 ~ 32	19 ~ 37	22 ~ 41	24 ~ 46	26 ~ 51	28 ~ 56	30 ~ 61	33 ~ 65	35 ~ 70	37 ~ 75
8	9 ~ 15	11 ~ 21	13 ~ 27	15 ~ 33	17 ~ 39	18 ~ 46	20 ~ 52	22 ~ 58	24 ~ 64	25 ~ 71	27 ~ 77	29 ~ 83	30 ~ 90	32 ~ 96
	10 ~ 14	12 ~ 20	15 ~ 25	17 ~ 31	20 ~ 36	23 ~ 41	25 ~ 47	28 ~ 52	31 ~ 57	33 ~ 63	36 ~ 68	39 ~ 73	41 ~ 79	44 ~ 84
9	11 ~ 16	13 ~ 23	15 ~ 30	17 ~ 37	19 ~ 44	22 ~ 50	24 ~ 57	26 ~ 64	28 ~ 71	30 ~ 78	32 ~ 85	34 ~ 92	36 ~ 99	38 ~ 106
	11 ~ 16	14 ~ 22	17 ~ 28	20 ~ 37	23 ~ 40	26 ~ 46	29 ~ 52	32 ~ 58	35 ~ 64	38 ~ 70	41 ~ 76	45 ~ 81	48 ~ 87	51 ~ 93
10	12 ~ 18	15 ~ 25	17 ~ 33	20 ~ 40	22 ~ 48	25 ~ 55	27 ~ 63	30 ~ 70	32 ~ 78	34 ~ 86	37 ~ 93	39 ~ 101	41 ~ 109	44 ~ 116
	12 ~ 18	16 ~ 24	19 ~ 31	23 ~ 37	26 ~ 44	30 ~ 50	33 ~ 57	37 ~ 63	40 ~ 70	44 ~ 76	47 ~ 83	51 ~ 89	54 ~ 96	57 ~ 103
11	13 ~ 20	16 ~ 28	19 ~ 36	22 ~ 44	25 ~ 52	28 ~ 60	31 ~ 68	34 ~ 76	36 ~ 85	39 ~ 93	42 ~ 101	45 ~ 109	47 ~ 118	50 ~ 126
	14 ~ 19	18 ~ 26	21 ~ 34	25 ~ 41	29 ~ 48	33 ~ 56	37 ~ 62	41 ~ 69	45 ~ 76	49 ~ 83	53 ~ 90	57 ~ 97	60 ~ 105	64 ~ 112
12	15 ~ 21	18 ~ 30	21 ~ 39	25 ~ 47	28 ~ 56	31 ~ 65	34 ~ 74	38 ~ 82	41 ~ 91	44 ~ 100	47 ~ 109	50 ~ 118	53 ~ 127	56 ~ 136
	15 ~ 21	19 ~ 29	24 ~ 36	28 ~ 44	32 ~ 52	37 ~ 59	41 ~ 67	45 ~ 75	50 ~ 82	54 ~ 90	58 ~ 98	63 ~ 105	67 ~ 113	71 ~ 121
13	16 ~ 23	20 ~ 32	24 ~ 41	27 ~ 51	31 ~ 60	35 ~ 69	38 ~ 79	42 ~ 88	45 ~ 98	49 ~ 107	52 ~ 117	56 ~ 126	59 ~ 136	62 ~ 146
	17 ~ 22	21 ~ 31	26 ~ 39	34 ~ 47	35 ~ 56	40 ~ 64	45 ~ 72	50 ~ 80	54 ~ 89	59 ~ 97	64 ~ 105	69 ~ 113	74 ~ 121	78 ~ 130
14	17 ~ 25	22 ~ 34	26 ~ 44	30 ~ 54	34 ~ 64	38 ~ 74	42 ~ 84	46 ~ 94	50 ~ 104	54 ~ 114	57 ~ 125	61 ~ 135	65 ~ 145	69 ~ 155
	18 ~ 24	23 ~ 33	28 ~ 42	33 ~ 51	38 ~ 60	44 ~ 68	49 ~ 77	54 ~ 86	59 ~ 95	65 ~ 103	70 ~ 112	75 ~ 121	80 ~ 130	85 ~ 139
15	19 ~ 26	23 ~ 37	28 ~ 47	32 ~ 58	37 ~ 68	41 ~ 79	46 ~ 89	50 ~ 100	54 ~ 111	58 ~ 122	63 ~ 132	67 ~ 143	71 ~ 154	75 ~ 165
	19 ~ 26	25 ~ 35	30 ~ 45	36 ~ 54	42 ~ 63	47 ~ 73	53 ~ 82	59 ~ 91	64 ~ 101	70 ~ 110	75 ~ 120	81 ~ 129	87 ~ 138	92 ~ 148
16	20 ~ 28	25 ~ 39	30 ~ 50	35 ~ 61	40 ~ 72	45 ~ 83	49 ~ 95	54 ~ 106	59 ~ 119	63 ~ 129	68 ~ 140	73 ~ 151	77 ~ 163	82 ~ 174
	21 ~ 27	27 ~ 37	33 ~ 47	39 ~ 57	45 ~ 67	51 ~ 77	57 ~ 87	63 ~ 97	69 ~ 107	75 ~ 117	81 ~ 127	87 ~ 137	93 ~ 147	100 ~ 156
17	22 ~ 29	27 ~ 41	32 ~ 53	38 ~ 64	43 ~ 76	48 ~ 88	53 ~ 100	58 ~ 112	63 ~ 124	68 ~ 136	73 ~ 148	78 ~ 160	83 ~ 172	88 ~ 184
	22 ~ 29	28 ~ 40	35 ~ 50	41 ~ 61	48 ~ 71	54 ~ 82	61 ~ 92	67 ~ 103	74 ~ 113	81 ~ 123	87 ~ 134	94 ~ 144	100 ~ 155	107 ~ 165
18	23 ~ 31	29 ~ 43	34 ~ 56	40 ~ 68	46 ~ 80	51 ~ 93	57 ~ 105	62 ~ 108	68 ~ 130	73 ~ 143	79 ~ 155	84 ~ 168	90 ~ 180	95 ~ 193
	24 ~ 30	30 ~ 42	37 ~ 53	44 ~ 64	51 ~ 75	58 ~ 86	65 ~ 97	72 ~ 108	79 ~ 119	86 ~ 130	93 ~ 141	100 ~ 152	107 ~ 163	114 ~ 174
19	24 ~ 33	30 ~ 46	37 ~ 58	43 ~ 71	49 ~ 84	55 ~ 97	61 ~ 110	67 ~ 123	73 ~ 136	78 ~ 150	84 ~ 163	90 ~ 176	76 ~ 189	102 ~ 202
	25 ~ 32	32 ~ 44	39 ~ 56	47 ~ 67	54 ~ 79	62 ~ 90	69 ~ 102	76 ~ 114	84 ~ 125	91 ~ 137	99 ~ 148	106 ~ 160	114 ~ 171	121 ~ 183
20	26 ~ 34	32 ~ 48	39 ~ 61	45 ~ 75	52 ~ 88	58 ~ 102	65 ~ 115	71 ~ 129	77 ~ 143	83 ~ 157	90 ~ 170	96 ~ 184	102 ~ 198	108 ~ 212
	26 ~ 34	34 ~ 46	42 ~ 58	50 ~ 70	57 ~ 83	65 ~ 95	73 ~ 107	81 ~ 119	89 ~ 131	97 ~ 143	105 ~ 155	112 ~ 168	120 ~ 180	128 ~ 192
21	27 ~ 36	34 ~ 50	41 ~ 64	48 ~ 78	55 ~ 92	62 ~ 106	68 ~ 121	75 ~ 135	82 ~ 149	89 ~ 163	95 ~ 178	102 ~ 192	108 ~ 207	115 ~ 221
	28 ~ 35	36 ~ 48	44 ~ 61	52 ~ 74	61 ~ 86	69 ~ 99	77 ~ 112	86 ~ 124	94 ~ 137	102 ~ 150	110 ~ 163	119 ~ 175	127 ~ 188	135 ~ 201
22	28 ~ 36	36 ~ 52	43 ~ 67	51 ~ 81	58 ~ 96	65 ~ 110	72 ~ 126	80 ~ 140	87 ~ 155	94 ~ 170	101 ~ 185	108 ~ 200	115 ~ 215	122 ~ 230
	29 ~ 37	38 ~ 50	46 ~ 64	55 ~ 77	64 ~ 90	73 ~ 103	81 ~ 117	90 ~ 130	99 ~ 143	108 ~ 156	116 ~ 170	125 ~ 183	134 ~ 196	143 ~ 209
23	30 ~ 33	38 ~ 54	46 ~ 69	53 ~ 85	61 ~ 100	69 ~ 115	76 ~ 131	84 ~ 146	91 ~ 162	99 ~ 177	106 ~ 193	114 ~ 208	121 ~ 224	128 ~ 240

续表

鉴评员数（n）	样品数（m）													
	2	3	4	5	6	7	8	9	10	11	12	13	14	15
	31 ~ 41	40 ~ 52	49 ~ 66	58 ~ 80	67 ~ 94	76 ~ 108	85 ~ 122	95 ~ 135	104 ~ 149	113 ~ 163	122 ~ 177	131 ~ 191	141 ~ 204	150 ~ 218
24	31 ~ 41	40 ~ 56	48 ~ 72	56 ~ 88	64 ~ 104	72 ~ 120	80 ~ 136	88 ~ 152	96 ~ 168	104 ~ 184	112 ~ 200	120 ~ 216	127 ~ 233	135 ~ 249
	32 ~ 40	41 ~ 55	51 ~ 69	61 ~ 83	70 ~ 98	80 ~ 112	90 ~ 126	99 ~ 141	109 ~ 155	119 ~ 169	128 ~ 184	138 ~ 198	147 ~ 213	157 ~ 227
25	33 ~ 42	41 ~ 59	50 ~ 75	59 ~ 91	67 ~ 108	76 ~ 124	84 ~ 141	92 ~ 158	101 ~ 174	109 ~ 191	117 ~ 208	126 ~ 224	134 ~ 241	142 ~ 258
	33 ~ 42	43 ~ 57	53 ~ 72	63 ~ 87	73 ~ 102	84 ~ 116	94 ~ 131	104 ~ 146	114 ~ 161	124 ~ 176	134 ~ 191	144 ~ 206	154 ~ 221	164 ~ 236
26	34 ~ 44	43 ~ 61	52 ~ 78	61 ~ 95	70 ~ 112	79 ~ 129	88 ~ 146	97 ~ 163	106 ~ 180	114 ~ 198	123 ~ 215	132 ~ 232	140 ~ 250	149 ~ 267
	35 ~ 43	45 ~ 59	56 ~ 74	66 ~ 90	77 ~ 105	87 ~ 121	98 ~ 136	108 ~ 152	119 ~ 167	129 ~ 183	140 ~ 198	151 ~ 213	161 ~ 229	172 ~ 244
27	35 ~ 46	45 ~ 63	55 ~ 80	64 ~ 98	73 ~ 116	83 ~ 133	92 ~ 151	101 ~ 169	110 ~ 187	119 ~ 205	129 ~ 222	138 ~ 240	147 ~ 258	156 ~ 276
	36 ~ 45	47 ~ 61	58 ~ 77	69 ~ 93	80 ~ 109	91 ~ 125	102 ~ 141	113 ~ 157	124 ~ 173	135 ~ 189	146 ~ 205	157 ~ 221	168 ~ 237	179 ~ 253
28	37 ~ 47	47 ~ 65	57 ~ 83	67 ~ 101	76 ~ 120	86 ~ 138	96 ~ 156	106 ~ 174	115 ~ 193	125 ~ 211	134 ~ 230	144 ~ 248	153 ~ 267	162 ~ 286
	38 ~ 46	49 ~ 63	60 ~ 80	72 ~ 96	83 ~ 113	95 ~ 129	106 ~ 146	118 ~ 162	129 ~ 179	140 ~ 196	152 ~ 212	163 ~ 229	175 ~ 245	186 ~ 262
29	38 ~ 49	49 ~ 67	59 ~ 86	69 ~ 105	80 ~ 123	90 ~ 142	100 ~ 161	110 ~ 180	120 ~ 199	130 ~ 218	140 ~ 237	150 ~ 256	160 ~ 275	169 ~ 295
	39 ~ 48	51 ~ 65	63 ~ 82	74 ~ 100	86 ~ 117	98 ~ 134	110 ~ 151	122 ~ 168	134 ~ 185	146 ~ 202	158 ~ 219	170 ~ 236	182 ~ 253	194 ~ 270
30	40 ~ 50	51 ~ 69	61 ~ 89	72 ~ 108	83 ~ 127	93 ~ 147	104 ~ 166	114 ~ 186	125 ~ 205	135 ~ 225	145 ~ 245	156 ~ 264	166 ~ 284	176 ~ 304
	41 ~ 49	53 ~ 67	65 ~ 85	77 ~ 103	90 ~ 120	102 ~ 138	114 ~ 156	127 ~ 173	139 ~ 191	151 ~ 209	164 ~ 226	176 ~ 244	189 ~ 261	201 ~ 279
31	41 ~ 51	52 ~ 72	64 ~ 91	75 ~ 111	86 ~ 131	97 ~ 151	108 ~ 171	119 ~ 191	130 ~ 211	140 ~ 232	151 ~ 252	162 ~ 272	173 ~ 292	183 ~ 313
	42 ~ 51	55 ~ 69	67 ~ 88	80 ~ 106	93 ~ 124	106 ~ 142	119 ~ 160	131 ~ 179	144 ~ 197	157 ~ 215	170 ~ 233	183 ~ 251	196 ~ 269	208 ~ 288
32	42 ~ 54	54 ~ 74	66 ~ 94	77 ~ 115	89 ~ 135	100 ~ 156	112 ~ 176	123 ~ 197	134 ~ 218	146 ~ 238	157 ~ 259	168 ~ 280	179 ~ 301	190 ~ 322
	43 ~ 53	56 ~ 72	70 ~ 90	83 ~ 109	96 ~ 128	109 ~ 147	123 ~ 165	136 ~ 184	149 ~ 203	163 ~ 221	176 ~ 240	189 ~ 259	202 ~ 278	216 ~ 296
33	44 ~ 55	56 ~ 76	68 ~ 97	80 ~ 118	92 ~ 139	104 ~ 160	116 ~ 181	128 ~ 202	139 ~ 224	151 ~ 245	163 ~ 266	174 ~ 288	186 ~ 309	197 ~ 331
	45 ~ 54	58 ~ 74	72 ~ 93	86 ~ 112	99 ~ 132	113 ~ 151	127 ~ 176	141 ~ 189	154 ~ 209	168 ~ 226	182 ~ 247	196 ~ 266	209 ~ 286	223 ~ 305
34	45 ~ 57	58 ~ 78	70 ~ 100	83 ~ 121	95 ~ 143	108 ~ 164	120 ~ 136	132 ~ 208	144 ~ 230	156 ~ 252	168 ~ 274	180 ~ 296	192 ~ 318	204 ~ 340
	46 ~ 56	60 ~ 76	74 ~ 96	88 ~ 116	103 ~ 135	117 ~ 155	131 ~ 175	145 ~ 195	159 ~ 215	174 ~ 234	188 ~ 254	202 ~ 274	216 ~ 294	231 ~ 313
35	47 ~ 58	60 ~ 80	73 ~ 102	86 ~ 124	98 ~ 147	111 ~ 169	124 ~ 191	136 ~ 214	149 ~ 236	161 ~ 259	174 ~ 281	186 ~ 304	199 ~ 326	211 ~ 349
	48 ~ 57	62 ~ 78	77 ~ 98	91 ~ 119	106 ~ 139	121 ~ 159	135 ~ 180	150 ~ 200	165 ~ 220	179 ~ 241	194 ~ 261	209 ~ 281	223 ~ 302	238 ~ 322
36	48 ~ 60	62 ~ 82	75 ~ 105	88 ~ 128	102 ~ 150	115 ~ 173	128 ~ 196	141 ~ 219	154 ~ 242	167 ~ 265	180 ~ 288	193 ~ 311	205 ~ 335	318 ~ 358
	49 ~ 59	64 ~ 80	79 ~ 101	94 ~ 112	109 ~ 143	124 ~ 164	139 ~ 185	155 ~ 205	170 ~ 226	185 ~ 247	200 ~ 268	215 ~ 289	230 ~ 310	245 ~ 331
37	50 ~ 61	63 ~ 85	77 ~ 108	91 ~ 131	105 ~ 154	118 ~ 178	132 ~ 201	145 ~ 225	159 ~ 248	172 ~ 272	185 ~ 296	199 ~ 319	212 ~ 343	225 ~ 367
	51 ~ 60	66 ~ 82	81 ~ 104	97 ~ 125	112 ~ 147	128 ~ 168	144 ~ 189	159 ~ 211	175 ~ 232	190 ~ 254	206 ~ 275	222 ~ 296	237 ~ 318	253 ~ 339
38	51 ~ 63	65 ~ 87	80 ~ 110	94 ~ 134	108 ~ 158	122 ~ 182	136 ~ 206	150 ~ 230	164 ~ 254	177 ~ 279	191 ~ 303	205 ~ 327	219 ~ 351	232 ~ 376
	52 ~ 62	68 ~ 84	84 ~ 105	100 ~ 128	116 ~ 150	132 ~ 172	148 ~ 194	164 ~ 216	180 ~ 238	196 ~ 260	212 ~ 282	282 ~ 304	244 ~ 326	260 ~ 348

附表 3

排序检验法检验表（$a=1\%$）

鉴评员数（n）	样品数（m） 2	3	4	5	6	7	8	9	10	11	12	13	14	15
2	—	—	—	—	—	—	—	—	—	—	—	—	—	—
	—	—	—	—	—	—	—	—	3 ~ 19	3 ~ 21	3 ~ 23	3 ~ 26	3 ~ 27	3 ~ 29
3	—	—	—	—	—	—	—	—	4 ~ 29	4 ~ 32	4 ~ 35	4 ~ 38	4 ~ 41	4 ~ 44
	—	—	—	4 ~ 14	4 ~ 17	4 ~ 20	5 ~ 22	5 ~ 25	5 ~ 27	6 ~ 30	6 ~ 33	7 ~ 35	7 ~ 38	7 ~ 41
4	—	—	—	5 ~ 19	5 ~ 23	5 ~ 27	6 ~ 30	6 ~ 34	6 ~ 38	6 ~ 42	7 ~ 45	7 ~ 49	7 ~ 53	7 ~ 57
	—	—	5 ~ 15	6 ~ 18	6 ~ 22	7 ~ 25	8 ~ 28	8 ~ 32	9 ~ 35	10 ~ 38	10 ~ 42	11 ~ 45	12 ~ 48	13 ~ 51
5	—	—	6 ~ 19	7 ~ 23	7 ~ 28	8 ~ 32	8 ~ 37	9 ~ 41	9 ~ 46	10 ~ 50	10 ~ 55	11 ~ 59	11 ~ 64	12 ~ 68
	—	6 ~ 14	7 ~ 18	8 ~ 22	9 ~ 26	10 ~ 30	11 ~ 34	12 ~ 38	13 ~ 42	14 ~ 46	15 ~ 50	16 ~ 54	17 ~ 58	18 ~ 62
6	—	7 ~ 17	8 ~ 22	9 ~ 27	9 ~ 33	10 ~ 38	11 ~ 43	12 ~ 48	13 ~ 53	13 ~ 59	14 ~ 64	15 ~ 69	16 ~ 74	16 ~ 80
	—	8 ~ 16	9 ~ 21	10 ~ 26	12 ~ 30	13 ~ 35	14 ~ 40	16 ~ 44	17 ~ 49	18 ~ 54	20 ~ 58	21 ~ 63	28 ~ 07	24 ~ 72
7	—	8 ~ 20	10 ~ 25	11 ~ 31	12 ~ 37	13 ~ 43	14 ~ 49	15 ~ 55	16 ~ 61	17 ~ 67	18 ~ 73	19 ~ 79	20 ~ 85	21 ~ 91
	8 ~ 13	9 ~ 19	11 ~ 24	12 ~ 30	14 ~ 35	16 ~ 40	18 ~ 45	19 ~ 51	21 ~ 56	23 ~ 61	26 ~ 66	26 ~ 72	28 ~ 77	30 ~ 82
8	9 ~ 15	10 ~ 22	11 ~ 29	13 ~ 35	14 ~ 42	16 ~ 48	17 ~ 55	19 ~ 61	20 ~ 68	21 ~ 75	23 ~ 81	24 ~ 68	25 ~ 95	27 ~ 101
	9 ~ 15	11 ~ 21	13 ~ 27	15 ~ 33	17 ~ 39	19 ~ 45	21 ~ 51	23 ~ 57	25 ~ 63	28 ~ 68	30 ~ 74	32 ~ 80	34 ~ 86	36 ~ 92
9	10 ~ 17	12 ~ 24	13 ~ 32	15 ~ 39	17 ~ 46	19 ~ 53	21 ~ 60	22 ~ 68	24 ~ 75	26 ~ 82	27 ~ 90	29 ~ 97	31 ~ 104	32 ~ 112
	10 ~ 17	12 ~ 24	15 ~ 30	17 ~ 37	20 ~ 43	22 ~ 50	25 ~ 56	27 ~ 63	30 ~ 69	32 ~ 76	35 ~ 82	37 ~ 89	40 ~ 95	42 ~ 102
10	11 ~ 19	13 ~ 27	15 ~ 35	18 ~ 42	20 ~ 50	22 ~ 58	24 ~ 66	26 ~ 74	28 ~ 82	30 ~ 90	32 ~ 98	34 ~ 106	36 ~ 114	38 ~ 122
	11 ~ 19	14 ~ 26	17 ~ 33	20 ~ 40	23 ~ 47	25 ~ 55	28 ~ 62	31 ~ 69	34 ~ 76	37 ~ 83	40 ~ 90	48 ~ 97	46 ~ 104	49 ~ 111
11	12 ~ 21	15 ~ 29	17 ~ 38	20 ~ 46	22 ~ 55	25 ~ 63	27 ~ 72	30 ~ 80	32 ~ 89	34 ~ 98	37 ~ 106	39 ~ 115	41 ~ 124	44 ~ 132
	13 ~ 20	16 ~ 28	19 ~ 36	22 ~ 44	25 ~ 52	29 ~ 59	32 ~ 67	36 ~ 75	39 ~ 82	42 ~ 90	45 ~ 98	48 ~ 106	52 ~ 113	55 ~ 121
12	14 ~ 22	17 ~ 31	19 ~ 41	22 ~ 50	25 ~ 59	28 ~ 68	31 ~ 77	33 ~ 87	36 ~ 96	39 ~ 105	42 ~ 114	44 ~ 124	47 ~ 133	50 ~ 142
	14 ~ 22	18 ~ 30	21 ~ 39	25 ~ 47	28 ~ 56	32 ~ 64	36 ~ 72	39 ~ 81	43 ~ 89	47 ~ 97	50 ~ 106	54 ~ 114	58 ~ 122	46 ~ 130
13	15 ~ 24	18 ~ 34	21 ~ 44	25 ~ 53	28 ~ 63	31 ~ 73	34 ~ 83	37 ~ 93	40 ~ 103	43 ~ 113	46 ~ 123	50 ~ 132	53 ~ 142	56 ~ 152
	15 ~ 24	19 ~ 33	23 ~ 42	27 ~ 51	31 ~ 60	35 ~ 69	39 ~ 78	44 ~ 86	48 ~ 96	52 ~ 104	56 ~ 113	60 ~ 122	64 ~ 131	68 ~ 140
14	16 ~ 26	20 ~ 36	24 ~ 46	27 ~ 57	31 ~ 67	34 ~ 78	38 ~ 88	41 ~ 99	45 ~ 109	48 ~ 120	51 ~ 131	55 ~ 141	58 ~ 152	62 ~ 162
	17 ~ 25	21 ~ 35	25 ~ 45	30 ~ 54	34 ~ 64	39 ~ 73	43 ~ 83	48 ~ 92	52 ~ 103	57 ~ 111	61 ~ 121	66 ~ 130	76 ~ 140	75 ~ 149
15	18 ~ 27	22 ~ 38	26 ~ 40	30 ~ 60	34 ~ 71	37 ~ 83	41 ~ 94	45 ~ 105	49 ~ 116	53 ~ 127	50 ~ 139	60 ~ 150	64 ~ 161	68 ~ 172
	18 ~ 27	23 ~ 37	28 ~ 47	32 ~ 58	37 ~ 68	42 ~ 78	47 ~ 88	52 ~ 98	57 ~ 108	62 ~ 118	67 ~ 128	72 ~ 138	76 ~ 149	81 ~ 159
16	19 ~ 29	23 ~ 41	28 ~ 52	32 ~ 64	36 ~ 76	41 ~ 87	45 ~ 99	40 ~ 111	53 ~ 123	57 ~ 135	62 ~ 146	66 ~ 158	70 ~ 170	74 ~ 182
	19 ~ 29	25 ~ 39	30 ~ 50	35 ~ 61	40 ~ 72	46 ~ 82	51 ~ 93	50 ~ 104	61 ~ 115	67 ~ 125	72 ~ 136	77 ~ 147	83 ~ 157	88 ~ 168
17	20 ~ 31	25 ~ 43	30 ~ 55	35 ~ 67	39 ~ 80	44 ~ 92	49 ~ 104	53 ~ 117	58 ~ 129	62 ~ 142	67 ~ 154	71 ~ 167	76 ~ 179	80 ~ 192
	21 ~ 30	26 ~ 42	32 ~ 53	38 ~ 64	42 ~ 76	49 ~ 87	55 ~ 98	60 ~ 110	66 ~ 124	72 ~ 132	78 ~ 143	83 ~ 155	89 ~ 166	95 ~ 177
18	22 ~ 32	27 ~ 45	32 ~ 58	37 ~ 71	42 ~ 84	47 ~ 97	52 ~ 110	57 ~ 123	62 ~ 136	67 ~ 149	72 ~ 162	77 ~ 175	82 ~ 188	86 ~ 202
	22 ~ 32	28 ~ 44	34 ~ 56	40 ~ 68	46 ~ 80	52 ~ 92	99 ~ 103	65 ~ 115	71 ~ 127	77 ~ 129	83 ~ 151	89 ~ 163	95 ~ 175	102 ~ 186

续表

鉴评员数（n）	样品数（m）													
	2	3	4	5	6	7	8	9	10	11	12	13	14	15
19	23~34	29~47	34~61	40~74	45~88	50~102	59~115	61~129	67~142	72~156	77~170	82~184	86~197	93~211
	24~33	30~46	36~59	43~71	49~84	56~96	62~109	69~121	75~133	82~146	89~158	95~171	102~183	108~196
20	24~36	30~50	36~64	42~78	48~92	54~106	60~120	65~125	71~140	77~163	82~178	88~192	94~206	99~221
	25~35	32~48	38~62	45~75	52~88	59~101	60~114	73~127	80~140	87~153	94~166	101~179	108~192	115~203
21	26~37	32~52	38~64	45~81	51~96	57~111	63~126	66~141	75~156	82~170	88~185	94~200	100~215	106~230
	26~37	33~51	41~61	48~78	55~92	63~105	70~119	78~182	85~146	92~100	100~173	107~187	115~200	122~214
22	27~39	34~54	40~70	47~85	54~100	60~116	67~131	74~148	80~162	80~178	93~193	99~209	106~224	112~240
	28~38	35~53	43~67	51~81	58~96	66~110	74~124	82~138	90~152	98~166	106~180	113~195	212~209	129~223
23	28~41	36~56	43~72	50~88	57~104	64~120	71~136	78~152	85~168	91~185	98~201	105~217	112~233	119~249
	29~40	37~55	45~70	53~85	62~99	70~114	78~129	86~144	95~158	103~173	111~188	119~203	128~217	136~232
24	30~42	37~59	45~75	52~92	60~108	67~125	75~141	82~188	89~175	96~192	104~208	111~225	118~242	125~259
	30~42	39~57	47~73	56~88	65~103	73~119	80~134	91~140	99~165	108~180	117~195	126~210	134~226	143~241
25	31~44	39~61	47~78	55~95	63~112	71~129	78~147	86~164	94~181	101~199	109~216	117~233	124~251	132~268
	32~43	41~59	50~75	59~91	68~107	77~123	86~139	95~155	101~171	113~187	123~202	132~218	141~234	150~250
26	33~45	41~63	49~81	57~99	66~116	74~134	82~152	90~170	98~188	106~206	114~224	122~242	130~260	138~278
	33~45	42~62	52~78	61~95	71~111	80~128	90~144	100~166	109~177	119~193	128~210	138~226	147~243	157~259
27	34~47	43~65	51~84	60~102	69~120	77~139	86~157	94~176	103~194	111~213	120~231	128~250	137~268	145~287
	35~46	44~64	54~81	64~98	74~115	84~132	94~149	104~166	114~183	124~200	134~217	144~234	154~251	164~268
28	35~49	44~68	54~86	63~105	72~124	81~143	90~162	99~181	108~200	116~220	125~239	134~258	143~277	152~296
	36~48	46~66	56~84	67~101	77~119	88~136	93~154	108~172	119~189	129~207	140~224	150~242	161~259	171~277
29	37~50	46~70	56~89	65~109	75~128	84~148	94~167	103~187	112~207	122~226	131~246	140~266	149~286	158~306
	37~50	48~68	59~86	69~105	80~123	91~141	102~159	113~177	124~195	135~213	145~232	156~250	167~268	178~286
30	38~52	48~72	58~92	68~112	78~132	88~152	97~173	107~183	117~213	127~233	136~254	146~274	155~296	165~315
	39~51	50~70	61~89	72~108	83~127	95~145	106~164	117~183	129~201	140~220	151~239	163~257	174~276	185~295
31	39~54	50~74	60~95	71~115	81~136	91~157	101~178	112~198	122~219	132~240	142~261	152~282	162~303	172~324
	40~53	51~73	63~92	75~111	85~131	98~150	110~169	122~188	133~208	145~227	157~246	169~265	180~285	192~304
32	41~55	52~70	62~98	73~119	84~140	95~161	105~183	166~204	126~226	137~217	147~269	158~290	168~312	179~333
	41~55	53~75	65~95	77~115	90~134	102~154	114~174	120~194	138~214	151~233	163~253	175~273	187~293	199~313
33	42~57	53~79	65~100	76~122	87~144	98~166	109~188	120~210	134~232	142~254	153~276	164~298	174~321	185~343
	43~66	55~77	68~97	80~118	93~138	105~159	118~179	131~199	145~220	156~240	169~260	181~281	194~301	206~322
34	44~58	55~81	67~103	78~126	90~148	102~170	113~193	124~216	136~238	147~261	158~284	170~306	181~329	192~352
	44~58	57~79	70~100	83~121	96~142	109~163	122~184	125~205	148~226	161~217	174~268	187~289	201~309	214~330
35	45~60	57~83	69~106	81~129	93~152	105~175	117~198	120~221	141~244	152~208	164~291	176~314	187~338	199~361
	46~59	59~81	75~103	86~124	99~146	113~167	120~189	140~210	153~232	167~253	180~275	191~289	207~318	221~339
36	46~62	59~85	71~109	84~132	96~156	109~179	121~203	133~227	145~251	157~275	170~298	182~322	194~346	206~370
	47~61	61~83	74~106	88~128	102~150	116~172	130~194	144~216	158~238	172~260	186~282	200~304	214~326	228~348

续表

鉴评员数（n）	样品数（m）													
	2	3	4	5	6	7	8	9	10	11	12	13	14	15
37	48~63	61~87	74~111	86~136	99~160	112~184	125~208	137~242	150~257	163~281	175~306	188~330	200~355	213~379
	48~63	63~85	77~108	91~131	105~154	120~176	134~199	149~221	163~244	177~267	192~239	206~312	221~334	235~357
38	49~65	62~90	76~114	89~139	102~164	116~188	120~213	142~233	155~263	168~288	181~318	194~338	207~363	219~389
	50~64	64~83	79~111	94~134	109~157	123~181	138~304	153~227	168~250	183~296	198~296	213~319	227~323	242~366

附表 4

T 分布表

自由度	α								
	0.500	0.400	0.200	0.100	0.050	0.025	0.010	0.005	0.001
1	1.000	1.376	3.078	6.314	12.706	25.452	63.657	—	—
2	0.815	1.061	1.886	2.920	4.303	6.205	9.925	14.089	31.598
3	0.785	0.978	1.638	2.363	3.182	4.176	5.841	7.453	12.941
4	0.777	0.941	1.533	2.132	2.776	3.495	4.604	5.598	8.610
5	0.727	0.920	1.476	2.015	2.571	3.163	4.032	4.773	6.859
6	0.718	0.906	1.440	1.943	2.417	2.989	3.707	4.317	5.959
7	0.711	0.896	1.415	1.895	2.385	2.841	3.489	4.029	5.405
8	0.706	0.889	1.397	1.860	2.306	2.752	3.335	3.832	5.041
9	0.703	0.883	1.383	1.833	2.262	2.685	3.250	3.630	4.781
10	0.700	0.879	1.372	1.812	2.226	2.634	3.169	3.581	4.587
11	0.697	0.876	1.363	1.795	2.201	2.593	3.106	3.497	4.437
12	0.695	0.873	1.356	1.782	2.179	2.590	3.055	3.428	4.318
13	0.694	0.870	1.350	1.771	2.160	2.533	3.012	3.372	4.221
14	0.692	0.868	1.345	1.761	2.145	2.510	2.977	3.326	4.140
15	0.691	0.866	1.341	1.753	2.131	2.490	2.947	3.286	4.073
16	0.690	0.865	1.337	1.746	2.120	2.473	2.921	3.252	4.015
17	0.689	0.863	1.333	1.740	2.110	2.459	2.898	3.222	3.965
18	0.688	0.862	1.330	1.734	2.101	2.445	2.878	3.197	3.922
19	0.688	0.861	1.328	1.728	2.093	2.433	2.861	3.174	3.883
20	0.687	0.860	1.325	1.725	2.086	2.423	2.845	3.153	3.850
21	0.686	0.859	1.323	1.717	2.080	2.414	2.831	3.135	3.789
22	0.686	0.858	1.321	1.717	2.074	2.406	2.819	3.119	3.782
23	0.685	0.858	1.319	1.714	2.069	2.393	2.807	3.104	3.767
24	0.685	0.857	1.313	1.711	2.064	2.391	2.799	3.090	3.745
25	0.684	0.856	1.315	1.706	2.060	2.385	2.787	3.078	3.725

续表

自由度	α								
	0.500	0.400	0.200	0.100	0.050	0.025	0.010	0.005	0.001
26	0.684	0.856	1.315	1.706	2.055	2.379	2.779	3.067	3.707
27	0.684	0.855	1.314	1.703	2.052	2.373	2.771	3.056	3.690
28	0.683	0.855	1.313	1.701	2.048	2.368	2.763	3.047	3.674
29	0.683	0.854	1.311	1.696	2.045	2.364	2.756	3.038	3.659
30	0.683	0.854	1.310	1.691	2.042	2.360	2.750	3.030	3.646
35	0.682	0.852	1.306	1.690	2.030	2.342	2.724	2.996	3.591
40	0.681	0.851	1.303	1.684	2.201	2.329	2.704	2.971	3.551
45	0.680	0.850	1.301	1.680	2.014	2.319	2.690	2.952	3.520
50	0.680	0.849	1.299	1.676	2.008	2.310	2.678	2.937	3.496
55	0.679	0.849	1.297	1.673	2.004	2.304	2.669	2.925	3.476
60	0.679	0.849	1.296	1.671	2.000	2.229	2.660	2.915	3.460
70	0.678	0.847	1.294	1.667	1.994	2.290	2.648	2.899	3.435
80	0.678	0.847	1.293	1.665	1.989	2.284	2.638	2.887	3.416
90	0.678	0.846	1.291	1.662	1.986	2.278	2.631	2.878	3.402
100	0.677	0.846	1.290	1.661	1.982	2.276	2.625	2.871	3.390
120	0.677	0.845	1.289	1.658	1.980	2.270	2.617	2.860	3.373
∞	0.6745	0.8418	1.2816	1.6448	1.9800	2.2414	2.5758	2.8070	3.2905

附表 5

F 分布表

分母自由度 f_2	α	分子自由度 f_1															
		1	2	3	4	5	6	7	8	9	10	12	15	20	30	60	120
1	0.005	16211	20000	21615	22500	23056	23437	23715	23925	24091	24224	24426	24630	24836	25044	25253	25359
	0.010	4052	4999	5403	5624	5763	5859	5928	5981	6022	6056	6106	6157	6209	6261	6313	6339
	0.025	647.8	799.5	864.2	899.6	921.8	937.1	948.2	855.7	963.3	968.6	976.7	684.9	993.1	1001	1010	1014
	0.050	161.4	199.5	215.7	224.6	230.2	234.0	236.0	238.9	240.5	241.9	243.9	245.9	248.0	250.1	252.2	253.3
2	0.005	198.5	199.0	199.2	199.2	199.3	199.3	199.4	199.4	199.4	199.4	199.4	199.4	199.4	199.5	199.5	199.5
	0.010	98.50	99.00	99.17	99.25	99.30	99.33	99.36	99.37	99.39	99.40	99.42	99.43	99.45	99.47	99.48	99.49
	0.025	38.51	39.00	39.17	39.25	39.30	39.30	39.36	39.37	39.39	39.40	39.41	39.43	39.45	39.46	39.48	39.49
	0.050	18.51	19.00	19.16	19.25	19.30	19.33	19.35	19.37	19.38	19.40	19.41	19.43	19.45	19.46	19.48	19.49

续表

分母自由度f_2	α	分子自由度f_1															
		1	2	3	4	5	6	7	8	9	10	12	15	20	30	60	120
3	0.005	55.55	49.80	47.47	46.19	45.39	44.84	44.43	44.13	43.88	43.69	43.39	43.08	42.78	42.47	42.15	41.99
	0.010	34.12	30.82	29.46	28.71	28.24	27.91	27.67	27.49	27.35	27.23	27.05	27.87	26.69	26.50	26.32	26.22
	0.025	17.44	16.04	15.44	15.10	14.88	14.73	14.62	14.54	14.47	14.42	14.34	14.25	14.17	14.08	13.99	13.95
	0.050	10.13	9.552	9.277	9.117	9.014	8.941	8.887	8.845	8.812	8.786	8.745	8.703	8.660	8.617	8.572	8.549
4	0.005	31.33	26.28	24.26	23.15	22.46	21.97	21.62	21.55	21.41	20.97	20.70	20.44	20.17	19.89	19.61	19.47
	0.010	21.20	18.00	16.69	15.98	15.52	15.21	14.98	14.80	14.65	14.55	14.37	14.20	14.02	13.84	13.65	13.56
	0.025	12.22	10.65	9.979	9.604	9.364	9.197	9.074	8.980	8.905	8.844	8.751	8.656	8.560	8.461	8.360	8.309
	0.050	7.709	6.944	6.591	6.388	6.256	6.163	6.094	6.041	5.999	5.964	5.912	5.858	5.802	5.746	5.688	5.658
5	0.005	22.78	18.31	15.53	15.56	14.94	14.51	14.20	13.96	13.77	13.62	13.38	13.15	12.90	12.66	12.40	12.27
	0.010	16.26	13.27	12.06	11.39	10.97	10.67	10.46	10.29	10.16	10.05	9.888	9.722	9.553	9.370	9.202	9.112
	0.025	10.01	8.434	7.764	7.388	7.146	6.978	6.853	6.757	6.681	6.619	6.525	6.428	6.328	6.227	6.122	6.069
	0.050	6.608	5.786	5.410	5.192	5.050	4.950	4.876	4.818	4.772	4.735	4.678	4.619	4.558	4.496	4.431	4.398
6	0.005	18.63	14.54	12.92	12.03	11.46	11.07	10.79	10.57	10.25	10.13	10.03	9.814	9.598	9.358	9.122	9.002
	0.010	13.75	10.92	9.780	9.148	8.746	8.466	8.260	8.102	7.976	7.874	7.718	7.599	7.369	7.228	7.057	6.969
	0.025	8.813	7.260	6.599	6.227	5.988	5.820	5.696	5.600	5.523	5.461	5.366	5.269	5.168	5.065	4.956	4.904
	0.050	5.987	5.143	4.757	4.534	4.387	4.284	4.207	4.147	4.099	4.060	4.000	3.874	3.938	3.808	3.740	3.705
7	0.005	16.24	12.40	10.88	10.05	9.522	9.155	8.885	8.678	8.514	8.380	8.176	7.968	7.754	7.534	7.309	7.193
	0.010	12.25	9.547	8.451	7.847	7.460	7.191	6.993	6.840	6.719	6.620	6.469	6.314	6.155	5.992	5.824	5.737
	0.025	8.073	6.542	5.890	5.523	5.285	5.119	4.995	4.899	4.823	4.761	4.666	4.568	4.467	4.362	4.254	4.199
	0.050	5.591	4.737	4.347	4.120	3.972	3.868	3.787	3.726	3.677	3.636	3.575	5.511	3.444	3.376	3.304	3.267
8	0.005	14.69	11.04	9.536	8.805	8.302	7.952	7.694	7.495	7.339	7.211	7.015	6.814	6.608	6.396	6.177	6.065
	0.010	11.26	8.649	7.591	7.006	6.632	6.371	6.178	5.029	5.911	5.814	5.667	5.515	5.359	5.198	5.032	4.946
	0.025	7.571	6.060	5.416	5.053	4.817	4.652	4.529	4.433	4.357	4.295	4.200	4.101	4.000	3.894	3.784	3.728
	0.050	5.318	4.459	4.066	3.838	3.688	3.581	3.500	3.438	3.388	3.347	3.284	3.218	3.150	3.079	3.005	2.967
9	0.005	13.81	10.11	8.717	7.956	7.741	7.134	6.885	6.693	6.541	6.417	6.227	6.032	5.832	5.625	5.410	5.300
	0.010	10.56	8.022	6.992	6.422	6.057	5.592	5.613	5.467	5.351	5.256	5.111	4.962	4.808	4.649	4.483	4.398
	0.025	7.209	5.715	5.078	4.718	4.484	4.230	4.197	4.102	4.026	3.964	3.868	3.769	3.667	3.560	3.449	3.392
	0.050	5.117	4.256	3.863	3.633	3.482	3.374	3.293	3.230	3.179	3.173	3.073	3.006	2.936	2.864	2.787	2.748
10	0.005	12.83	9.247	8.081	7.343	6.872	6.545	6.302	6.116	5.968	5.847	5.661	5.471	5.274	5.070	4.859	4.750
	0.010	10.04	7.559	6.552	5.994	5.636	5.386	5.200	5.057	4.942	4.849	4.706	5.558	4.405	4.247	4.082	3.996
	0.025	6.937	5.456	4.826	4.468	4.236	4.072	3.950	3.855	3.779	3.717	3.621	3.522	3.419	3.311	3.198	3.140
	0.050	4.955	4.103	3.708	3.478	3.236	3.217	3.136	3.072	3.020	2.978	2.913	2.845	2.774	2.700	2.601	2.580

续表

分母自由度 f_2	α	分子自由度 f_1															
		1	2	3	4	5	6	7	8	9	10	12	15	20	30	60	120
12	0.005	11.75	8.510	7.226	6.521	6.071	5.757	5.524	5.345	5.202	5.086	4.906	4.721	4.530	4.331	4.123	4.015
	0.010	9.330	6.927	5.953	5.412	5.064	4.821	4.640	4.499	4.388	4.296	4.155	4.010	3.858	3.701	3.536	3.449
	0.025	6.554	4.096	4.474	4.121	3.891	3.728	3.606	3.512	3.436	3.374	3.277	3.177	3.073	2.963	2.848	2.787
	0.050	4.747	3.885	3.490	3.259	3.106	2.996	2.913	2.849	2.976	2.753	2.687	2.617	2.544	2.466	2.384	2.341
15	0.005	10.30	7.701	6.476	5.803	5.372	5.071	4.847	4.674	4.536	4.424	4.250	4.070	3.663	3.587	3.480	3.372
	0.010	8.683	6.359	5.417	4.893	4.556	4.318	4.142	4.004	3.895	3.805	3.666	3.522	3.372	3.214	3.047	2.960
	0.025	6.200	4.765	4.153	3.804	3.576	3.415	3.293	3.199	3.123	3.060	2.963	2.862	2.756	2.644	2.524	2.461
	0.050	4.543	3.682	3.287	3.056	2.901	2.790	2.707	2.641	2.538	2.544	2.475	2.404	2.328	2.247	2.160	2.114
20	0.005	9.944	6.986	5.818	5.174	4.762	4.472	4.257	4.090	3.956	3.847	3.678	3.502	3.318	3.123	2.916	2.806
	0.010	8.096	5.819	4.938	4.431	4.103	3.871	3.699	3.564	3.457	3.368	3.231	3.088	2.938	2.778	2.608	2.517
	0.025	5.872	4.461	3.859	3.515	3.289	3.128	3.007	2.913	2.836	2.774	2.676	2.573	2.464	2.349	2.223	2.156
	0.050	4.351	3.493	3.098	2.866	2.711	2.599	2.514	2.447	2.393	2.348	2.278	2.203	2.124	2.309	1.946	1.896
30	0.005	9.180	6.355	5.239	4.623	4.228	3.949	3.742	3.580	3.450	3.344	3.179	3.006	2.823	2.628	2.415	2.300
	0.010	7.562	5.390	4.510	4.018	3.699	3.474	3.304	3.173	3.066	2.979	2.843	2.700	2.549	2.386	2.208	2.111
	0.025	5.568	4.182	3.589	3.250	3.026	2.867	2.746	2.651	2.575	2.511	2.412	2.307	2.195	2.074	1.940	1.866
	0.050	4.171	3.316	2.922	2.090	2.534	2.420	2.334	2.266	2.211	2.165	2.092	2.015	1.932	1.841	1.740	1.684
60	0.005	8.495	5.795	4.729	4.140	3.760	3.492	3.291	3.134	3.008	2.904	2.742	2.570	2.387	2.187	1.962	1.834
	0.010	7.077	4.977	4.126	3.649	3.339	3.119	2.953	2.823	2.718	2.632	2.496	2.352	2.193	2.028	1.836	1.726
	0.025	5.286	3.925	3.342	3.008	2.786	2.627	2.507	2.412	2.334	2.270	2.169	2.061	1.944	1.815	1.667	1.581
	0.050	4.001	3.150	2.758	2.525	2.368	2.254	2.163	2.097	2.040	1.993	1.917	1.836	1.748	1.649	1.534	1.467
120	0.005	8.179	5.539	4.497	3.921	3.548	3.285	3.087	2.933	2.808	2.705	2.544	2.373	2.188	1.984	1.747	1.606
	0.010	6.851	4.786	3.949	3.480	3.174	2.956	2.792	2.663	2.559	2.472	2.336	2.192	2.035	1.860	1.656	1.533
	0.025	5.512	3.805	3.227	2.894	2.674	2.515	2.395	2.299	2.222	2.157	2.055	1.915	1.825	1.690	1.530	1.433
	0.050	3.920	3.072	2.680	2.447	2.290	2.175	2.087	2.016	1.969	1.910	1.834	1.750	1.659	1.564	1.429	1.352

主要参考文献

1. (美) HARRY T LAWLESS. HILDEGARDE. HEYMANN 著．王栋，李山崎，华兆哲，杨静译．食品感官评定原理与技术．北京：中国轻工业出版社，2001
2. 朱红等．食品感观分析入门．北京：中国轻工业出版社，1990
3. 李衡等．食品感官评定方法及实践．上海：上海科学技术出版社，1990
4. 大连轻工业学院等．食品分析．北京：中国轻工业出版社，1994
5. 张水华等．食品感官评定．广州：华南理工大学出版社，1999
6. 张意静．食品分析．北京：中国轻工业出版社，1999
7. 高海生．食品质量优劣及掺假的快速鉴别．北京：中国轻工业出版社，2002
8. 余疾风．现代食品感观分析技术．成都：四川科学技术出版社，1991
9. 黄晓钰等．食品化学综合实验．北京：中国农业出版社，2002
10. 张伯福等．食品鉴别选购问答．济南：山东科技出版社，1998
11. 黄伟坤等．食品检验与分析．北京：中国轻工业出版社，1997
12. 食品感官检验．北京：化学工业出版社，2005
13. 吴谋成．食品分析与感官评定（面向 21 世纪教材）．北京：中国轻工业出版社，2002
14. 大连轻工业学院等．食品分析．北京：轻工业出版社，1998
15. (美) S. Suzanne Niclsen 著．杨严俊等译．食品分析．北京：中国轻工业出版社，2002